ちくま学芸文庫

ルベグ積分入門

吉田洋一

筑摩書房

まえがき

この本は《ルベグ積分とはどんなものか》を初学者にたやすく理解させることを目的として書かれた．ここに初学者というとき，大学初年級程度の微分積分学の知識をもつ人々のことを意味する．この本をよむためには，それ以上の予備知識を必要としない．本論に入るに先だって，必要な予備知識はII章で詳しく解説してある．また，II章をよまないで，いきなり，本論のはじまりであるIII章からよみはじめることもできるように，III章以後においてII章所載の予備知識を必要とする個所には，その度ごとにII章の中の参照すべき個所を指示しておいた．なお，I章は《どうしてルベグ積分が必要になったか》というその由来と，この本全体の概観とを語る序説である．

III章からはじまる本論のV章までは1変数のルベグ積分についての解説である．ただし，定理の述べかたやその証明法はn変数の函数，さらに進んでは抽象的な測度空間における函数の積分を扱う場合にもそのまま通用するような線に沿うことをつとめた．したがって，III，IV，Vの3章だけよみさえすれば，単に1変数の場合だけでなく，一般に《ルベグ積分とはどんなものか》が一通り体得できるようになっている．これに加えて，1 変数の場合に特有の微分法と積分法との関係についての重要な一つの定理をも知りうる仕組みにしておいた．

もっとも，この微分法と積分法との関係については，さらに VI 章においてもっと深く掘り下げた解説が与えられている．なお，この VI 章は VII 章以下には関係がないので，これをとばして先へ進むこともできるわけである．ついでながら，前のページに，各章間のかかわりあいを示す系統図を掲げておいたので，これを見ればこの本をどういう順序で読むべきかを，読者自身の必要に応じて選択することができるであろう*.

この本を書くに当っては，話をできるだけ具体的なところからはじめ，順を追ってだんだんに抽象的，一般的なところへ進んで行く方針をとった．これはそういう方針で行った方が初学者にとっていっそう理解しやすいと考えたからにほかならない．理解といえば，読者の理解をさらに深くさせるために，ところどころ，やさしい《問》をさしはさんでおいた．巻末に解答をのせてはあるが，読者はできるだけ自分でこれらの問を解くようにすることが望ましい．これらの問の内容は，定理と同様に，あとになってしばしば引用されることを注意しておこう．

おわりに，付録として，いろいろな反例やそれに類する

---

* 文庫版ではこの図を本文扉ウラ（12 ページ）に移動した．（文庫編集部注）

ものを集めてのせておいた．多少好事家趣味的だというそしりもあるかも知れないが，全然無意味ともいえないであろう．なお，この本をよみ終えたのち，さらにこの方面でさきへ進みたい人のために手頃と思われる参考書をあげておいた．読者の参考となれば幸いである．

この本を書くについてはいろいろの人たちのお世話になった．東京教育大学教授赤 攝也君は細字で書かれたよみにくい原稿に目を通していろいろ貴重な注意を与えて下さった．また，立教大学大学院学生の木下潔君は校正に関して著者を援助すること多大なものがあった．さらに，培風館編集部の野原博，森平勇三，松村良子の諸氏の協力も忘れがたい．とくに，付録の3図は野原氏が徹夜で数値を計算するという労苦の結果できあがったものである．これら著者に好意をよせられた諸氏に，ここで，厚く感謝の意を表しておくものである．

1964年11月

吉　田　洋　一

目　次

IV. 可測函数

V. ルベグ積分

VI. 微分法と積分法

X.　直積測度空間と Fubini の定理

付録　反例そのほか

ルベグ積分入門

この本のよみかた

1°. ルベグ積分がどんなものかを手取り早く知りたい人は III 章, IV 章, V 章（ページ数　110）

2°. 確率論を学ぶ準備としてルベグ積分を知りたい人は III 章, IV 章, V 章と VIII 章の §1 から §4 まで（ページ数　125）

3°. 微分法と積分法との関係を深く究めたい人は III 章, IV 章, V 章, VI 章（ページ数　145）

をよめば十分である.

III 章以下で必要な予備知識は, その必要のおこる度に, II 章の中の参照すべき個所を指示してある.

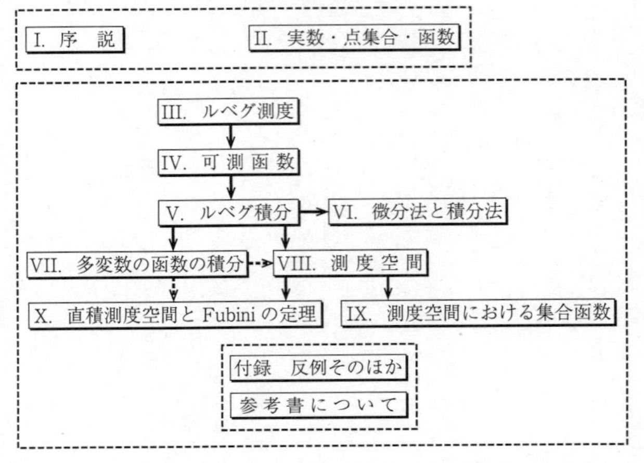

⇢ は, よんでおけば便利という程度のゆるい関係を示す.

I. 序　説――積分概念の展開――

この章では，ルベグ積分がどうして生まれるに至ったか，その由来についてのべた．はじめの半分は，いわば，微分積分学初歩の復習である．記述はおおまかだし，証明ははぶいてあるが，こういう《お話》でも，この本全体についての見当づけにはなるであろう．急ぐ読者はこの章をとばしても差しつかえない．

§1. 積分法と微分法

積分学初歩の復習から話をはじめよう．

積分法は，まず，微分法の**逆**の算法として知られている．

閉区間 $[a, b]$ を定義域とする函数 $f(x)$ が与えられているとき*，もし $[a, b]$ の各点 x で条件

(1)　$$F'(x) = f(x)$$

をみたすような函数 $F(x)$ があれば，それを $f(x)$ の**原始函数**という．ただし，$F'(a)$ は右微分係数，$F'(b)$ は左微分係数であってもよいことにしておく．

一般に，$[a, b]$ を定義域とする函数 $F(x)$ が $a<x<b$ なる x では微分可能，a では右微分可能，b では左微分可能のとき，かんたんに，$F(x)$ は $[a, b]$ で微分可能であるという．そのとき，a での右微分係数も $F'(a)$ で表わし，b での左微分係数も $F'(b)$ で表わすこととし，$F'(x)$ を $F(x)$ の導函数ということにする．(1) の

---

*　条件 $a \leqq x \leqq b$ をみたすような x 全体のことを閉区間 $[a, b]$ という．もとより，$a<b$ とする．

左辺はその意味での $F'(x)$ である．

$f(x)$ が与えられたとき，その原始函数を求めることを $f(x)$ を《**積分する**》ということばで表現する．

$F(x)$ が $f(x)$ の原始函数であるとき，C を定数とすると

$$(F(x)+C)' = F'(x) = f(x)$$

だから，$F(x)+C$ もまた $f(x)$ の原始函数である．逆に，$F(x), F_1(x)$ がともに $f(x)$ の原始函数ならば，$[a,b]$ の各点 x で

$$(F_1(x)-F(x))' = F_1{}'(x)-F'(x) = f(x)-f(x) = 0$$

だから，$F_1(x)-F(x)$ は $[a,b]$ で一つの定数にひとしい．これを C とすると，

$$F_1(x)-F(x) = C,\ \text{すなわち，}\ F_1(x) = F(x)+C.$$

以上のべたことから次のことがわかった：一般に $f(x)$ の一つの原始函数を記号

$$\int f(x)dx$$

で表わすことにすると，$F(x)$ が $f(x)$ のどんな原始函数であっても，

$$\int f(x)dx = F(x)+C.$$

おわりに，$F(x)$ が $f(x)$ の原始函数ならば，$F(x)$ は $[a,b]$ で微分可能なのだから，$F(x)$ は $[a,b]$ で連続な函数であることに注意する．

§2. 連続函数の原始函数

たとえばx^nとか$\cos x$とかいう函数がそれぞれ原始函数$(n+1)^{-1}x^{n+1}$, $\sin x$を有することはよく知られている. そのほか, 原始函数をもつ函数がいくつもあることも周知のとおりである. しかし, 函数$f(x)$を任意に与えたとき, いつでも, $f(x)$の原始函数が存在するといえるだろうか. 次の例1を見よう.

例 1. $f(x)$は次のような函数とする:

$f(0)=1$, $-1 \leqq x \leqq 1$, $x \neq 0$ならば$f(x)=0$. この函数は$x=0$で不連続な函数である.

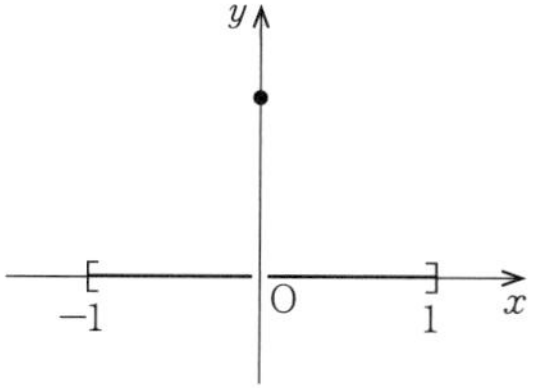

I-1 図

かりに, もしこの$f(x)$が原始函数$F(x)$をもつとすると, $[-1,0)$では* $F'(x)=0$だから, そこでは$F(x)=C_1$ (C_1は定数), 同様に, $(0,1]$では* $F(x)=C_2$ (C_2は定数).

しかるに, 原始函数$F(x)$は$[-1,1]$で連続函数だから,

$$F(0) = \lim_{x \to -0} F(x) = C_1, \quad F(0) = \lim_{x \to +0} F(x) = C_2.$$

よって, $C_1=C_2$で, しかも, $[-1,1]$でいたるところ$F(x)=C_1$でなければならない. そうだとすると, $[-1,1]$でいたるところ$F'(x)=0$ということになり, $F'(0) \neq 1 = f(0)$. これは$F(x)$が$f(x)$の原始函数であるという仮定と矛盾する. いいかえると, $f(x)$は原始函数をもたないのである.

---

* $[a,b)$は条件$a \leqq x < b$をみたすxの全体, $(a,b]$は条件$a < x \leqq b$をみたすxの全体を表わす.

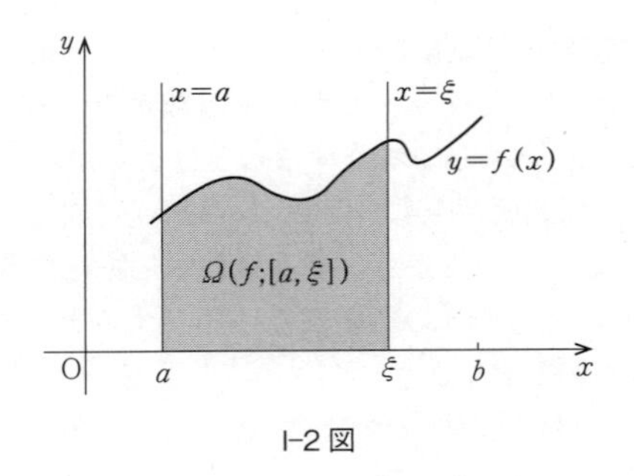

I-2 図

この例からみると，$f(x)$ に不連続点があるときには原始函数をもたない場合，すなわち積分ができない場合があるわけである．よって，範囲をしぼって，しばらく連続函数だけを考えよう．

$f(x)$ は $[a,b]$ で連続な函数であるとする．話をかんたんにするため，さらに，$f(x)>0$ であると仮定する．

このとき，直線 $x=a$，直線 $x=\xi$ $(a<\xi\leqq b)$，x 軸，グラフ $y=f(x)$ で囲まれる図形を $[a,\xi]$ の上の $f(x)$ の**縦線図形**とよび，記号

$$\Omega(f\,;[a,\xi])$$

で表わすことにする．この縦線図形は，いいかえると，条件

$$a\leqq x\leqq\xi,\qquad 0\leqq y\leqq f(x)$$

をみたす点 $\langle x,y\rangle$ 全体のことになるわけである．

いままでは，混乱を避けるため文字 ξ を使ってきたが，これからは ξ の代わりに x を使うこととし，縦線図形

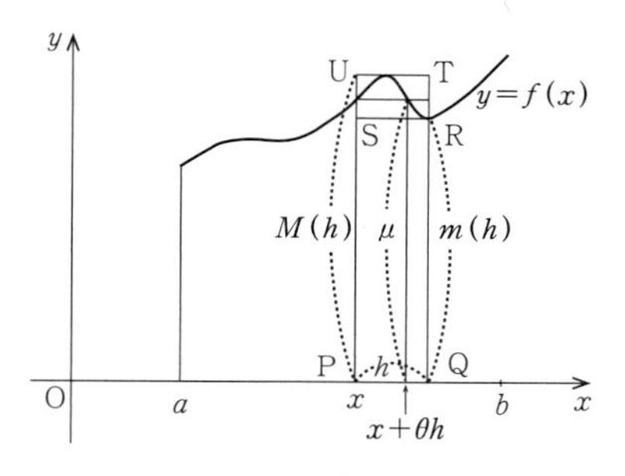

I-3 図

$\Omega(f\,;[a,x])$ の面積を $\Phi(x)$ で表わすことにすれば*,

$$\Phi'(x) = f(x)$$

である. 証明は次のとおり：

はじめに, $a \leqq x < b$ であるとし, $0<h<b-x$ なる h をとれば, $\Phi(x+h)-\Phi(x)$ は, I-3 図から見て明らかなように, 縦線図形 $\Omega(f\,;[x,x+h])$ の面積にひとしい. したがって, $[x,x+h]$ の点 $x+\theta h\,(0\leqq\theta\leqq 1)$ を適当にとれば, 底辺が h で高さが $f(x+\theta h)$ の矩形の面積にひとしい. すなわち,

(1)　$$\Phi(x+h)-\Phi(x) = h\cdot f(x+\theta h).$$

よって

$$\lim_{h\to+0}\frac{\Phi(x+h)-\Phi(x)}{h} = \lim_{h\to+0} f(x+\theta h)=f(x).$$

同様にして, $a<x\leqq b$ のとき

$$\lim_{h\to-0}\frac{\Phi(x+h)-\Phi(x)}{h} = f(x)$$

---

* $\Phi(a)=0$ と定める.

が示されるから，$\Phi(x)$ は x で微分可能で，

$$\Phi'(x)=f(x).$$

すなわち，$f(x)$ が連続函数ならば原始函数 $\Phi(x)$ をもつことが示されたわけである．

注意 1. 等式 (1) の導きかたを詳しくのべれば次のとおり：$[x,x+h]$ での $f(x)$ の最大値，最小値をそれぞれ $M(h), m(h)$ とすれば，I-3 図において

矩形 PQRS の面積 $\leqq \Omega(f\,;[x,x+h])$ の面積 $\leqq$ 矩形 PQTU の面積．すなわち，

$$h\cdot m(h) \leqq \Phi(x+h)-\Phi(x) \leqq h\cdot M(h).$$

よって，

$$\Phi(x+h)-\Phi(x) = h\cdot\mu$$

とおけば，$m(h)\leqq\mu\leqq M(h)$．しかるに，$f(x)$ は連続函数だから $f(x+\theta h)=\mu$ $(0\leqq\theta\leqq 1)$ なる $[x,x+h]$ の点 $x+\theta h$ をとると（中間値の定理），すなわち (1) が成りたつことになるのである．

以上において，とくに，$x=b$ とすれば，

(2)　　$\Phi(b) = \Omega(f\,;[a,b])$ の面積

であるわけである．したがって，$F(x)$ を $f(x)$ の任意の原始函数とすると，$F(x)=\Phi(x)+C$（C は定数）だから，$F(b)=\Phi(b)+C$，$F(a)=\Phi(a)+C$，$\Phi(a)=0$ から等式

$$\Omega(f\,;[a,b]) \text{ の面積} = F(b)-F(a)$$

がえられることに注意する．

§3. 連続函数の定積分

前節で連続函数が原始函数をもつことが，いちおう，示された．しかし，じつをいうと，あの証明は完全なものではない．$f(x)>0$ とかぎったことは，しばらく，おくとし

ても，縦線図形の面積の概念を使いながら，そもそも《面積》とは何かを明確にしていないからである．

もとより，あらかじめ，一般に《平面図形の面積とは何か》を明確に定義することにより，前節の証明を補強することも考えられる．しかし，面積の概念を使うことを断念して，まったく別の道によって連続函数の原始函数の存在を証明することも可能なのである．以下，そのあら筋をのべよう．

前節と同じく $f(x)$ は $[a, b]$ で連続な函数であるとする．$f(x)>0$ であると否とは問わない．

まず，準備として定積分なるものを定義する：

$[a, b]$ に

$$a=x_0<x_1<x_2<\cdots<x_{i-1}<x_i<\cdots<x_{n-1}<x_n=b$$

なる《分点》$x_0, x_1, \cdots, x_i, \cdots, x_n$ をとり，$[a, b]$ を小閉区間

$$\Delta:[x_0, x_1], [x_1, x_2], \cdots, [x_{i-1}, x_i], \cdots, [x_{n-1}, x_n]$$

に《分割》する．つぎに

$$x_{i-1} \leqq \xi_i \leqq x_i \quad (i=1, 2, \cdots, n)$$

とし，

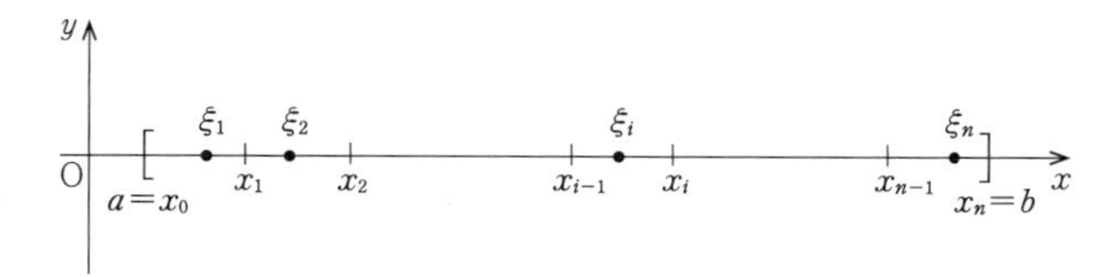

I-4 図

$$S_\Delta = \sum_{i=1}^{n} f(\xi_i)(x_i - x_{i-1})$$

とおいて，S_Δ を分割 Δ による $f(x)$ の**近似和**と名づける．（S_Δ は分割 Δ がきまっていても，ξ_i のえらびかたによりいつも同じ値であるとは限らない．）

こうした上で，

$$\rho_\Delta = \max\{x_1 - x_0, x_2 - x_1, \cdots, x_i - x_{i-1}, \cdots, x_n - x_{n-1}\}$$

とおき*，ρ_Δ を 0 に近づけてみる．つまり，分割 Δ をだんだんこまかくするのである．すると，これにともない，S_Δ は一定値に近づくことが知られている．その一定値を I で表わせば，すなわち，

(1) $$S_\Delta \longrightarrow I \quad (\rho_\Delta \to 0).$$

これを詳しくいうと，次のとおりである：

《ε がどんな正数であっても，正数 δ をうまくえらんで

(2) $$\rho_\Delta < \delta \text{ ならば } |S_\Delta - I| < \varepsilon$$

ならしめることができる．》このとき，$[x_{i-1}, x_i]$ の点 ξ_i をどうえらんでも I の値には変わりがないことに注意する．

上のようにして閉区間 $[a, b]$ とそこで連続な函数 $f(x)$ とで定まる数 I をあらためて記号

$$\int_a^b f(x)dx$$

で表わすこととし，これを a から b までの $f(x)$ の**定積分**，a をこの定積分の下限，b をその上限と称する．この記

* $\max\{a_1, a_2, \cdots, a_n\}$ は $a_1, a_2, \cdots, a_n$ のうちの最大のものを表わす．

号を使えば，(1) は

$$S_\Delta \longrightarrow \int_a^b f(x)dx \quad (\rho_\Delta \to 0)$$

と書かれるわけである．

ところで，$f(x)$ は $[a, b]$ で連続なのだから，もとより，$[a, \xi]$ $(a \leqq \xi \leqq b)$ においても連続である．したがって，上と同様にして，$[a, \xi]$ における定積分

$$\int_a^\xi f(x)dx$$

を考えることができるわけである．よって，

$$\Psi(\xi) = \int_a^\xi f(x)dx \quad (\text{ただし，} \Psi(a)=0 \text{とする})$$

とおけば，ここに $[a, b]$ を定義域とする関数 $\Psi(\xi)$ がえられる．

この函数 $\Psi(\xi)$ については，$[a, b]$ の各点 ξ で等式

$$\Psi'(\xi) = f(\xi)$$

の成りたつことが証明されるのである*．ξ の代わりに x と書けば，この等式は

(3) $$\Psi'(x) = f(x)$$

だから，$\Psi(x)$ は，とりもなおさず，$f(x)$ の原始函数であるということになる．

これで連続函数の原始函数の存在の問題はかたづいたが，ついでに，次のことに注意しよう：

---

* (1)，(3) の証明法については入江盛一，積分学（新数学シリーズ 19）を参照されたい．

いま，$F(x)$ が $f(x)$ の任意の原始函数であるとすれば，§1により

$$(4) \qquad F(x)=\Psi(x)+C \quad (C\text{は定数})$$

であるから，

$$(5) \qquad \int_a^b f(x)dx=\Psi(b)=F(b)-F(a).$$

すなわち，原始函数がわかればそれを使って定積分を表わしうるということになった．

いままでは原始函数を主題としてきたが，じつは，定積分自身数学において重要な役割をもつ概念である．等式(5)は，連続函数の定積分の値を求める問題が，原始函数を求める問題，いいかえれば，微分法の逆の算法に帰せられるということを示しているわけである．このことを《**微分積分学の基本定理**》とよぶことがある．

もう一つ，$f(x)>0$ のとき，縦線図形の面積を表わす函数 $\Phi(x)$ は $f(x)$ の原始函数であるはずであった(§2)．そうだとすると，$\Phi(a)=0$ なのだから(4)により，$\Phi(x)=\Psi(x)$．また，(5)および§2，(2)により，

$$\int_a^b f(x)dx=\Phi(b)=\Omega(f\,;[a,b])\ \text{の面積}$$

でなければならない．こういうところから，ここであらためて，《縦線図形 $\Omega(f\,;[a,b])$ の面積とは $\int_a^b f(x)dx$ のことである》と定義することも可能である．

定積分の定義には《面積》なる概念をすこしも使っていないから，上のような定義を採用すれば，平面図形のなか

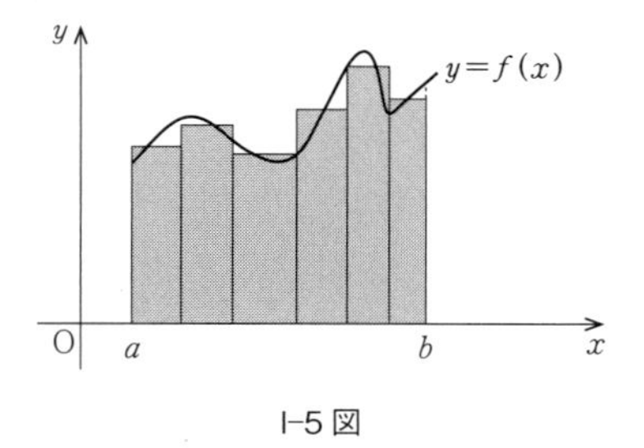

I-5 図

でも，とくに縦線図形だけはその面積が明確に定義されたことになるわけである．なお，近似和 S_Δ は図形的にみればI-5 図で黒く塗った部分の面積にあたるわけで，このことからみても，いまのべた縦線図形の面積の定義は不自然でないことがうかがわれるであろう．

§4. リーマン積分

前節で，$f(x)$ が $[a, b]$ で連続な函数であるときは

(1) $$S_\Delta \longrightarrow I \quad (\rho_\Delta \to 0)$$

であるといっておいた．いいかえると，$f(x)$ が $[a, b]$ で連続であることは (1) が成立するための十分条件なのである．しかし，このことは必要条件ではないことに注意する．

例 1. §2，例 1 の函数 $f(x)$：

$$f(0) = 1, \quad -1 \leqq x \leqq 1, \quad x \neq 0 \text{ ならば } f(x) = 0$$

は $x=0$ で不連続な函数である．いま，分割 Δ で $x_{i-1} \leqq 0 \leqq x_i$ であるとすると，$\xi_i=0$ とするか，$\xi_i \neq 0$ とするかによって，$S_\Delta=$

$1\cdot(x_i - x_{i-1})$ か $S_\Delta=0$. よって，いずれにしても，$\rho_\Delta\to 0$ のとき $S_\Delta\to 0$ だから $I=0$ とおけば (1) が成りたっている.

注意 1. このように (1) が成りたつためには $f(x)$ が連続であることは必要でないが，**$f(x)$ は $[a,b]$ で有界*でなければならないことが知られている**（付録, §1). $f(x)$ が有界のとき，$f(x)$ の不連続な点が有限個しかなければ，上と同じ手法をもちいて (1) の成りたつことが証明できる．しかし，$[a,b]$ で $f(x)$ が有界だからといって，(1) がいつも成りたつとはかぎらない（§5, 例 1).

こういうところから，$[a,b]$ で定義された函数 $f(x)$ について (1) が成りたつとき，とくに，$f(x)$ は $[a,b]$ で**リーマン積分可能**，あるいは略して **R 積分可能**な函数であるといい，前とおなじく I を

$$\int_a^b f(x)dx$$

と書いて，これを $f(x)$ の $[a,b]$ における**リーマン（定）積分**，または **R（定）積分**とよぶことになっている．この定義によれば，$[a,b]$ で連続な函数は $[a,b]$ で R 積分可能，また例 1 の函数 $f(x)$ は $[-1,1]$ で R 積分可能であるわけである．ちなみに，Riemann（リーマン）というのは 19 世紀のドイツの数学者の名前である.

$[a,b]$ で $f(x)$ が R 積分可能であるときは，$[a,\xi]$ $(a\leqq\xi\leqq b)$ でも $f(x)$ はやはり R 積分可能であることが知られている．よって，前節とおなじく，

---

* $f(x)$ が $[a,b]$ で有界というのは，$[a,b]$ のどの点 x をとっても，$l\leqq f(x)\leqq L$（l, L は定数）であることを意味する.

$$\Psi(\xi) = \int_a^\xi f(x)dx \quad (\Psi(a)=0)$$

によって $\Psi(\xi)$ を定義した上で，ξ の代わりに x と書けば，ここに $[a, b]$ を定義域とする函数 $\Psi(x)$ がえられる．この $\Psi(x)$ は $f(x)$ の**リーマン不定積分**とよばれる．

この $\Psi(x)$ については第一に

1) $\Psi(x)$ は $[a, b]$ で連続な函数である

こと，つぎに

2) ξ で $f(x)$ が連続ならば，$\Psi'(\xi)=f(\xi)$ である

ことが知られている．

ただし，2) は ξ で $f(x)$ が連続でないときのことには触れていない．

一般的にいえば，そういうときには，$\Psi(x)$ は微分可能でないことが多いのである（例は付録，§2）．

したがって，一般に $\Psi(x)$ は $f(x)$ の原始函数であるとはいいがたい．

じつは，$f(x)$ が $[a, b]$ で R 積分可能で，しかも $\Psi(x)$ が微分可能であっても，$f(x)$ がそもそも原始函数をもつとは限らない（この節の例 1）．逆に，また，有界な函数 $f(x)$ が原始函数をもっていても R 積分可能であるとは限らないのである（反例 付録，§3）．

ただし，$f(x)$ が R 積分可能でしかも原始函数をもっている場合，すなわち，$[a, b]$ で

$$F'(x) = f(x)$$

なる函数 $F(x)$ がある場合には，

$$(2)\qquad F(\xi)-F(a) = \int_a^\xi f(x)\,dx$$

であることは容易に証明することができる.

微分学の平均値の定理を使えば

$$F(x_i)-F(x_{i-1}) = F'(\xi_i)(x_i-x_{i-1}) = f(\xi_i)(x_i-x_{i-1}),$$
$$x_{i-1} < \xi_i < x_i \quad (i=1,2,\cdots,n)$$

だから,

$$\sum_{i=1}^n [F(x_i)-F(x_{i-1})] = \sum_{i=1}^n f(\xi_i)(x_i-x_{i-1}).$$

この右辺は分割 $\varDelta$ による $f(x)$ の一つの近似和 $S_\varDelta$ であり, 左辺は $F(x_n)-F(x_0)=F(b)-F(a)$ であるから,

$$F(b)-F(a) = S_\varDelta.$$

しかるに, $f(x)$ は R 積分可能なのだから $\rho_\varDelta \to 0$ なるとき $S_\varDelta \to \int_a^b f(x)dx$. よって,

$$F(b)-F(a) = \int_a^b f(x)\,dx.$$

いまは, $\xi=b$ として (2) を証明したが, 他の ξ についての証明も同様である.

ここで, もう一度くりかえして

3) $f(x)$ が原始函数をもち, しかも有界であっても, R 積分可能とは限らない

ことを強調しておこう (反例 付録, §3). これは R 積分の大きな欠点の一つであるが, もう一つ, R 積分には不便なことがあるのである:

4) 函数 $f_1(x), f_2(x), \cdots, f_n(x), \cdots$ はいずれも $[a,b]$ で R 積分可能で, $[a,b]$ の各点 x で $\lim_n f_n(x)=f(x)$ であるとする. このとき, 《極限函数》 $f(x)$ が有界であって

も，$f(x)$ は $[a,b]$ で R 積分可能であるとは限らない（反例 付録，§4）．また，たとえ $f(x)$ が R 積分可能でも

$$\text{(3)} \qquad \lim_{n}\int_a^b f_n(x)dx = \int_a^b f(x)dx$$

であるとは限らない（反例 付録，§5）．すなわち，この函数列は《**項別積分**》できるとは限らないのである．

それならば，どんなとき $f(x)$ が R 積分可能で，しかも等式（3）が成立するか．この問題に答えるために，まず，一様収束ということばについて説明しておく：

函数列 $f_1(x), f_2(x), \cdots, f_n(x), \cdots$ が $[a,b]$ で $f(x)$ に収束するというのは，ε がどんな正数であっても，$[a,b]$ の各点 x で，自然数 N_x を十分大きくとると

$$n \geqq N_x \text{ ならば } |f(x)-f_n(x)| < \varepsilon$$

ならしめうるということである．ところで，この N_x は ε が与えられたとき，それに応じてえらばれるのであるが，そのえらびかたは x が $[a,b]$ のどの点であるかによって，一般には，一定しがたい．

ε が与えられたとき，各 x について N_x をえらび，そのなかから最大のものをとって，これを単に N と書くことにすると，$[a,b]$ のどの点 x に対しても

$$\text{(4)} \qquad n \geqq N \text{ ならば } |f(x)-f_n(x)| < \varepsilon$$

となるように，いちおうはみえる．しかし，$[a,b]$ の点は無限にたくさんあるので，たとえば

$$N_{x_1} = 10, \quad N_{x_2} = 10^2, \quad \cdots, \quad N_{x_p} = 10^p, \cdots$$

であったとすると，これらのうちには最大のものはないわ

けである．

そこで，とくに，ε をどんなに与えても，それに応じて，$[a,b]$ のどの $\boldsymbol{x}$ に対しても (4) が一挙に成りたつような自然数 N がえらべるような場合，この函数列は $[a,b]$ で $f(x)$ に**一様収束**するといわれるのである．

なお，一般に $[a,b]$ の各点 x で数列 $f_1(x), f_2(x), \cdots, f_n(x), \cdots$ が収束するとき，《函数列 $\{f_n(x)\}$ は $[a,b]$ で**点収束**する》ということがある．一様収束は点収束に強い条件のついた特別の場合にあたるわけである．

さきにあげた問題に対する答は次のとおりである．

5）$f_n(x)$ $(n=1,2,\cdots)$ が $[a,b]$ で R 積分可能で，函数列

(5)　$$f_1(x), f_2(x), \cdots, f_n(x), \cdots$$

が $[a,b]$ で $f(x)$ に一様収束すれば，$f(x)$ は $[a,b]$ で R 積分可能で，

$$\lim_n \int_a^b f_n(x)dx = \int_a^b \lim_n f_n(x)dx = \int_a^b f(x)dx.$$

すなわち，この函数列は《項別積分》できるのである．

この定理自身重要な定理には相違ないが，同時に一様収束という条件は相当手きびしい条件といわなければならない．項別積分できるためにこういう手きびしい条件を課せられるということは，これも R 積分の欠点の一つとして数えてもよいであろう．

なお，$f_n(x)$ $(n=1,2,\cdots)$ がいずれも $[a,b]$ で連続で，函数列 (5) が $[a,b]$ で $f(x)$ に一様収束すれば，$f(x)$ も

$[a, b]$ で連続な函数であることも付記しておこう.

§5. ルベグ積分

今世紀のはじめごろ, フランスの数学者 Lebesgue (ルベグ) は定積分の定義を改良して, $[a, b]$ で定義された函数 $f(x)$ に対し新たな意味の《定積分》

$$(1) \qquad (\mathrm{L})\int_a^b f(x)dx$$

を定義しようと企てた.

もっとも, $[a, b]$ で定義された函数ならどんな $f(x)$ であってもそれに対して《定積分》(1) を定義できるというわけにはいかない. この定義の適用できる $f(x)$ の範囲は, おのずから, 限定されてはいるが, リーマン積分とちがって $f(x)$ は, かならずしも, 有界であることを必要としないし, また, その適用範囲は R 積分可能な函数の範囲をつつみ, さらにこれを越えることはるかに大きいものがあるのである.

しかも, たまたま, $f(x)$ が R 積分可能な函数であるときは, (1) の値はいままでにわれわれの知っている R 積分 $\int_a^b f(x)dx$ の値と一致するようにできているのである. Lebesgue により, 定積分の概念は《拡張》されたというべきであろう.

この《定積分》(1) は $[a, b]$ における $f(x)$ の**ルベグ積分**, もしくは **L 積分**とよばれる. 混同のおそれのないときには, (1) を単に $\int_a^b f(x)dx$ と書くこともある. と同時に，$\int_a^b f(x)dx$ がR積分であることをとくに強調したいときは，これを $(\mathrm{R})\int_a^b f(x)dx$ と書くこともつけ加えておこう．

L積分がどんなものか説明するに先だって，R積分の定義をすこしばかりふりかえってみよう．$f(x)$ が $[a,b]$ でR積分可能であるとは

$$(2) \qquad S_\varDelta=\sum_{i=1}^n f(\xi_i)(x_i-x_{i-1}) \longrightarrow I \quad (\rho_\varDelta\to 0)$$

であることであった．このとき，ξ_i が $[x_{i-1},x_i]$ のどの点であっても，$\rho_\varDelta\to 0$ とともにいつでも $S_\varDelta$ が一定値 I に近づくことが要求される．したがって，$\rho_\varDelta$ とともに各 $[x_{i-1},x_i]$ の長さ x_i-x_{i-1} が0に近いとき，$[x_{i-1},x_i]$ のなかにそこにおける $f(x)$ の値の変動の幅――いわゆる $f(x)$ の振幅――の大きいものがあまりたくさんあると工合がわるいわけである．

$f(x)$ が連続函数のときは $[x_{i-1},x_i]$ の長さが0に近づけば $f(x)$ の振幅も0に近づくので問題はない．また，§4でみたように，$f(x)$ が連続函数でなくてもR積分可能なことがあることはあるのであるが，いまのべたことからわかるように，その際，不連続点があまりたくさんあってはいけないことになってくる（付録，§3，1)）．

例1． $a\leqq x\leqq b$ で x が有理数ならば $f(x)=1$，x が無理数ならば $f(x)=-1$ であるような函数 $f(x)$ を考える．この函数 $f(x)$ は $[a,b]$ の各点で不連続な函数である．これについて近似和をつくってみると，

ξ_i がいずれも有理数ならば $S_\Delta = \sum_{i=1}^{n} 1\cdot(x_i - x_{i-1}) = b-a.$

ξ_i がいずれも無理数ならば $S_\Delta = \sum_{i=1}^{n} -1\cdot(x_i - x_{i-1}) = -(b-a).$

これでは，明らかに，(2) の成りたつような一定数 I はありえない．したがって，この $f(x)$ はR積分可能でないのである．

じつをいうと，ξ_i のとりかたを限定して，たとえば，$\xi_i = x_i$ と定めることにしても，(2) が成りたつためには $f(x)$ の不連続点があまり多いと工合が悪いのである．というのは，分割 Δ には何の制限（たとえば $[a, b]$ を n 等分するといった制限）もついていない．あらゆる分割 Δ を採用して，ただ ρ_Δ を 0 に近づけるというだけなのだから，このことからも不連続点が多くてはいけないことがうかがわれるであろう．

こうしてみると，いままでのように，$[a, b]$ の《分点分割》に執着していたのでは，R積分よりも広い範囲の函数を包容できるような新しい積分概念はえられそうにもないようである．

Lebesgue は，いわば横軸（x 軸）での分点分割ともいうべき $[a, b]$ の分点分割のかわりに，縦軸（y 軸）における分点分割から出発する．

かんたんのため，$f(x)$ が $[a, b]$ で有界である場合，すなわち，

$$l \leqq f(x) < L$$

なる定数 l, L がある場合を考える．まず，

$$l = y_0 < y_1 < y_2 < \cdots < y_{i-1} < y_i < \cdots < y_{n-1} < y_n = L$$

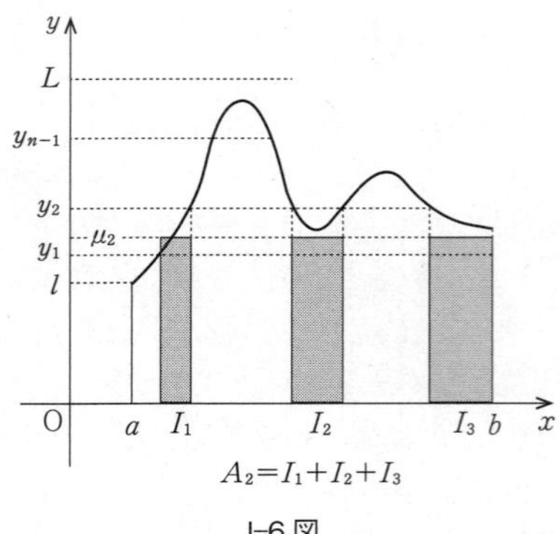

I-6 図

として,

(3)　　$y_{i-1} \leqq f(x) < y_i \quad (i=1, 2, \cdots, n)$

であるような $[a, b]$ の点 x の全体——条件 (3) を満足する点 x 全部から成る《点集合》——を A_i $(i=1, 2, \cdots, n)$ で表わすことにする.

注意 1. $A_1, A_2, \cdots, A_n$ をよせ集めると, ちょうど $[a, b]$ になる. よって, これは $[a, b]$ の分割の一種であると考えられる. ただし, R 積分の場合とちがって, x 軸上の $[a, b]$ の**分点**分割ではなく, y 軸上閉区間 $[l, L]$ の分点分割を仲介とした新規な分割である.

いま, A_i の長さを $m(A_i)$ で表わし, また, $y_{i-1} \leqq \mu_i < y_i$ なる任意の μ_i をとって《近似和》

$$S = \sum_{i=1}^{n} \mu_i m(A_i)$$

をつくる．$\max\{y_1-y_0, y_2-y_1, \cdots, y_n-y_{n-1}\}\to 0$ ならしめるとき，もしここに一定数 I があって，

$$S \longrightarrow I \tag{4}$$

であるならば，

$$I = (\mathrm{L})\int_a^b f(x)dx$$

とおこうというのが Lebesgue の定積分の定義なのである*．

なお，(4) が成りたつとき，$f(x)$ は $[a, b]$ で**ルベグ積分可能**，もしくは**L 積分可能**であるといわれる．

この定義については，いささか注釈が必要である：

まず，$m(A_i)$ は点集合 A_i の長さを表わすといったが，A_i は一般に区間ではないことが多い．I–6 図では A_2 が区間 I_1, I_2, I_3 から成っているが，A_i はいつもこんな簡単な点集合とは限らないのである．それならば，区間でないような点集合の長さ（測度）とは何を意味するか――これを前もってきめてかからないと，上の定義は無意味なものであることを免れない．

つぎに，点集合の長さを定義しようと企てるためには，まず，点集合そのものについての知識を必要とすることは当然である．

こうして，本書における記述の順序はおのずから定まってくる．まず，II 章の点集合論からはじまり，つづいて III

---

* 詳しいことは V，§10.

章の測度論（長さの理論）とつづく．さらにその次には，L積分可能な函数の範囲を限定するために可測函数なるものを論ずる．これだけ準備した上で，はじめて，L積分が定義できるのである．

なお，§4でのべたR積分の《欠点》3)，4) はL積分により，完全に除去はできないまでも，次の1)，2) の示すように，大幅に緩和されるのである：

1) $f(x)$ が $[a,b]$ で有界で，原始函数 $F(x)$ をもつならば，すなわち，$F'(x)=f(x)$ ならば，$f(x)$ は $[a,b]$ でL積分可能で

$$F(x) = F(a) + (\mathrm{L})\int_a^x f(t)dt$$

$$= F(a) + (\mathrm{L})\int_a^x F'(t)dt^*.$$

注意 2. $f(x)$ が有界というと一見まだきびしい制限のようにも思われるが，R積分だと有界でない限りどんな函数でも，そもそもR積分不能であったことを思いだしておこう．

2) $f_1(x), f_2(x), \cdots, f_n(x), \cdots$ が $[a,b]$ でL積分可能であるとし，$[a,b]$ の各点 x で $\lim_n f_n(x)=f(x)$ であるとする．このとき，もし，

$$|f_n(x)| \leqq M \quad (a \leqq x \leqq b,\quad n=1,2,\cdots)$$

なる定数 M があれば，$f(x)$ もまた $[a,b]$ でL積分可能で

$$\lim_n (\mathrm{L})\int_a^b f_n(x)dx = (\mathrm{L})\int_a^b \lim_n f_n(x)dx$$

---

* V，§9，1)．

$$= (\mathrm{L})\int_a^b f(x)dx$$

である（V, §6, 5)).

この二つの定理のうち，とくに，2) はルベグ積分のもたらしたもっとも美しい成果の一つであるといわれているものである．極言すれば，ルベグ積分の目的はこの 1)，2) という成果をかちとることにあるのだといってもいいであろう．

§6. ルベグ積分の抽象化

いままでは1変数の函数のルベグ積分についてばかり話をしてきた．いうまでもないと思うが，多変数の函数についても同様の方法でルベグ積分を定義することができるのである．

その際1変数の場合と同じく，まず，前もって測度を定義しその性質を検討した上で，積分の定義にとりかかるのが普通の順序である．1変数のとき，測度が長さの意味を拡張した概念であるように，2変数のときは平面における面積，3変数のときには（3次元）空間における体積が測度に相当するものである．このように，測度論が積分論ではたすべき役割はまことに大きい．そういうところから，積分を論じた本に《測度論》という名のついているものもあるくらいである．

もっとも，高級な本では，《測度》ということばは今のべたのよりもずっと広い意味で扱われている．直線上の長さ，平面の上の面積，3 次元空間の体積，ひいては n 次元空間においてこれら長さ，面積，体積に相当するものという考え方から，さらに飛躍して，通常われわれが空間とは考えていないような抽象的な集合内にも，いわゆる公理主義的方法によって測度なるものを導入してこれを測度空間と名づけ，その上で積分なるものを定義しようと試みるのである．そういう抽象的な積分論が仕上がると，1 変数，2 変数，…，n 変数の函数の積分（直線上，平面上，…，n 次元空間での積分）はその特殊な場合にすぎないものと考えられるわけである．

このように，古典的な理論からその基礎となっている命題を抽象的な形でとり出してこれらを公理とし，その公理系から出発して抽象的な理論を展開しようとする行きかたは現代数学の一般的傾向である．上に積分論についてのべたことはその傾向の現われの一つにほかならない．実をいうと，まず，この抽象的な測度論，積分論を展開して理論の構造を明らかにした上で，そういう高所から特殊な場合である 1 変数，n 変数の函数の積分論へ《降下》する方が紙幅も節約できるし，書くものにとっての気安さもまた格別である．

しかし，この本では，入門書であるということを考慮して，あえて反対の方針を採ってみた．いわば，ヘリコプターで，いきなり，山頂に着陸して山を下ることをせずに，麓からこつこつ歩いて登りながら山の全容を見きわめようとするのである．

詳しくいうと，まず，1変数の函数の積分について詳説したのち，多変数の函数の場合に進み，さらにLebesgue-Stieltjes（ルベグ・スティルチェス）積分なるものを取り上げるという方式を採用し，これら具体的ともいうべき積分論の積み重ねのなかから，公理系を抽出して，終りに近いVIII章，IX章，X章で，はじめて，抽象的な測度空間論，積分論をそれまでの総まとめとして扱おうというのである．こうして抽象的な現代の積分論がどうして造られるに至ったか，その由来を明らかにしながら——歴史的という意味ではない——記述を進めるのが初学者向きの本として適切ではなかろうかというのが著者の考え方なのである．

このような方針をとったため，1変数の函数の場合でも，定理の証明には，1変数函数だけに関する特殊な定理の場合を除いて，抽象的な測度空間の場合にも通用するような方法を採用した．いいかえると，III，IV，Vの3章をよんだだけでも，初学者に理解しやすい具体的な形を採りながら，実はルベグ積分の一般論をひととおり（抽象的な理論に至るまで）修得してしまったことになるわけなのである．

II. 実数・点集合・函数

この章では実数・点集合・函数について簡単な説明を与える．内容はこの本をよむために必要な予備知識の範囲ぎりぎりにとどめた．これらの事柄について多少でも知識をもつ読者は，この章をとばして先きへ進み，必要に応じてこの章を参照するというのも一つの行きかたであろう．事実，I 章，II 章は準備段階にすぎず，この本の本論は III 章からはじまるのである．III 章以後では，この章の参照すべき個所をその度ごとに指示するよう努めておいた．

§1. 集　合

集合とはものの集まりのことである．たとえば，このページに印刷された文字の全体は一つの集合である．また，1, 3, 7 という三つの数をまとめると，この三つの数から成る集合ができる．この集合を $\{1,3,7\}$ で表わす．また，自然数 $1,2,3,\cdots,n,\cdots$ の全体も一つの集合を形づくる．本書ではこの集合を $\boldsymbol{N}$ で表わすことにする：

(1) $$\boldsymbol{N}=\{1,2,3,\cdots,n,\cdots\}.$$

A が集合であるとき，A のメンバーを A の元（げん）という．x が集合 A の元であるとき，

$$x\in A \quad \text{または} \quad A\ni x$$

と書く．また，x が A の元でないときは，このことを

$$x\notin A \quad \text{または} \quad A\not\ni x$$

という記号で表わす．たとえば

$$15 \in \boldsymbol{N}, \quad \sqrt{2} \notin \boldsymbol{N}.$$

本書では集合を表わすのに，ふつう，大文字を使い，集合の元を表わすのには小文字をもちいることにする（例外もある）．

例 1. $\{a\}$．これは a なる元ただ一つから成る集合である．ただ一つしか元をもたない集合というと変に聞こえるが，こういうものも集合として扱う方が便利なのである．

例 2. 条件 $a \leqq x \leqq b$（a, b は実数で $a<b$）をみたす実数全部から成る集合を $[a, b]$ であらわし，これを**閉区間**と称する．a は $[a, b]$ の左端，b は $[a, b]$ の右端とよばれる．

《条件 $a \leqq x \leqq b$ を満足するすべての x から成る集合》という代わりに，これを記号 $\{x | a \leqq x \leqq b\}$ で表わす習慣である．この書き方を使えば，すなわち，

$$[a, b] = \{x | a \leqq x \leqq b\}. \tag{2}$$

一般に，$\{ * | \sim\sim\sim \}$ という記号は条件 $\sim\sim\sim$ を満足するすべての $*$ から成る集合を意味することとする．集合を表示するのには，(1) のようにその元を列挙する行きかたと (2) のようにその集合の元がみたすべき条件を示す行きかたと 2 通りあるわけである．

例 3. $(a, b) = \{x | a < x < b\}$, $[a, b) = \{x | a \leqq x < b\}$, $(a, b] = \{x | a < x \leqq b\}$．これらはそれぞれ，$a$ を左端 b を右端とする**開区間**，**右半開区間**，**左半開区間**と称する．また，これらと閉区間とを総称して単に**区間**とよぶ．

A, B は集合であるとし，$x \in A$ ならば $x \in B$ であるとき，

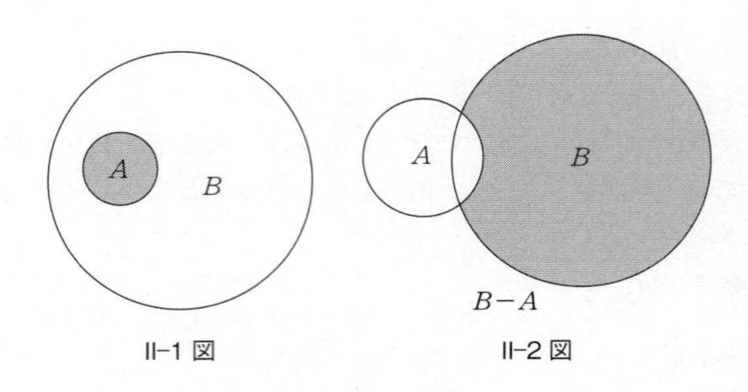

II–1 図 II–2 図

$$A \subseteq B$$

と書いて A は B の**部分集合**であるという（II–1 図）．この定義によれば，

$$A \subseteq A$$

である．とくに，$A \subseteq B, A \neq B$ のときは，A は B の**真部分集合**であるといい，このことを強調するため

$$A \subset B$$

と書くことがある．

$A \subseteq B, B \subseteq A$ ならば $A = B$ である．

例 4. $(a, b) \subset [a, b) \subset [a, b]$，$(a, b) \subset (a, b] \subset [a, b]$．

集合 B の元であって A の元でないものすべてから成る集合を

$$B - A$$

で表わし，これを B と A との**差**，または B に関する A の**余集合**（または補集合）と称する（II–2 図）．

$$B - A = \{x \mid x \in B, x \notin A\}.$$

例 5. $a < c < b < d$ のとき，$[a, b) - [c, d) = [a, c)$（II–3 図）．

例 6. $\boldsymbol{N}-\{1\}=\{2, 3, 4, \cdots, n, \cdots\}$*.

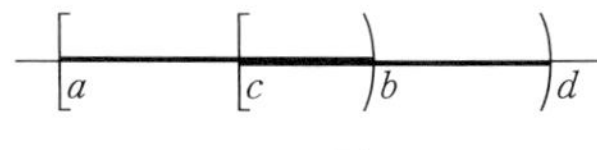

II-3 図

$B \subseteq A$ のときには $B-A$ は存在しない．そういうときには，$B-A=\varnothing$ と書いて，《$B-A$ は**空集合**である》という．$\varnothing$ は空集合の記号である．空集合とは元をもたない集合という意味で，本来集合の仲間に入れるのもおかしな気がするが，こういうフィクションを使った方が便利なのである．どんな集合 X をとっても，いつでも

$$\varnothing \subseteq X,$$

また，

$$X \subseteq \varnothing \text{ なら } X=\varnothing$$

であるという約束になっている．

§2. 実　数

この本でとりあつかう数はすべて実数である．実数のうち，

$$(1) \qquad \frac{p}{q}=pq^{-1} \quad \begin{pmatrix} p=0, \pm 1, \pm 2, \cdots \\ q=1, 2, 3, \cdots \end{pmatrix}$$

の形に書かれるものを**有理数**と称する．有理数以外の実数は**無理数**とよばれる．$\sqrt{2}$，π（円周率），e（自然対数の底）などは無理数である．なお，整数 $0, \pm 1, \pm 2, \cdots$ は（1）において $q=1$ である場合と考えられるから，有理数である．

---

* $\{1\}$ は数 1 だけを元とする集合である（例 1）．

本書では実数すべてから成る集合を $\boldsymbol{R}$ で表わし，有理数全部から成る集合を $\boldsymbol{Q}$ で表わす．ついでに，整数全部の集合を $\boldsymbol{Z}$ で表わすこともきめておこう：

$$\boldsymbol{Z} = \{0, \pm 1, \pm 2, \cdots\}, \quad \boldsymbol{N} \subset \boldsymbol{Z} \subset \boldsymbol{Q} \subset \boldsymbol{R}.$$

1）$A \subseteq \boldsymbol{R}$，すなわち，$A$ は実数から成る集合であるとする．

$$x \in A \text{ ならば } x \leqq M$$

なる実数 M があるとき，A は**上に有界**であるといい，M は A の**上界**とよばれる．M が A の上界ならば $M \leqq M'$ なる M' も明らかに A の上界である．

このように A が上に有界なときには A の上界はたくさんあるが，そのなかにもっとも小さいものがあって，これを A の**上限**とよんでいる．A の上限は記号

$$\sup A$$

で表わす習慣である*.

$L = \sup A$ ということは，いまの定義によって，

i）$x \in A$ ならば $x \leqq L$,

ii）$L' < L$ ならば $x \in A$，$x > L'$ なる x がある

というのと同じことになる．

つぎに，

$$x \in A \text{ ならば } x \geqq m$$

なる定数 m があるとき A は**下に有界**であるといい，m は A の**下界**とよばれる．下界のうちにはもっとも大きいも

---

* sup, inf はそれぞれラテン語 supremum, infimum の略である．

のがあって，これを A の**下限**と称し記号

$$\inf A$$

で表わす[前ページ*].

$l=\inf A$ ということは

i′)　$x\in A$ ならば $x\geqq l$,

ii′)　$l'>l$ ならば $x\in A, x<l'$ なる x がある

というのと同じことになる.

A が上にも下にも有界なときは，単に A は**有界**であるといわれる.

例 1.　$\sup[a,b]=\sup(a,b)=\sup[a,b)=\sup(a,b]=b$.
$\inf[a,b]=\inf(a,b)=\inf[a,b)=\inf(a,b]=a$.

例 2.　$n_1, n_2, \cdots, n_p, \cdots$ が自然数で $n_1<n_2<\cdots<n_p<n_{p+1}<\cdots$ ならば，$\boldsymbol{N}'=\{n_1, n_2, \cdots, n_p, \cdots\}$ は上に有界でない集合である.

［証明］　$\boldsymbol{N}'$ がかりに上に有界であるとし，$L=\sup\boldsymbol{N}'$ とおいてみる．$L-1<L$ だから，上限の性質 ii）により，$x>L-1$, $x\in\boldsymbol{N}'$ なる x がなければならない．$x=n_p$ とすれば，$n_p>L-1$. よって，$n_{p+1}\geqq n_p+1>L$．しかるに，$L=\sup\boldsymbol{N}'$ だから $n_{p+1}\leqq L$. これは明らかに矛盾である.

例 2 において，とくに，$\boldsymbol{N}=\boldsymbol{N}'$ の場合を考えると，

(2)　　　$\boldsymbol{N}$ は上に有界でない集合である

ことがわかる.

2)　$a<b$ ならば $a<c<b$ なる実数 c がある．$\boldsymbol{R}$ のこの性質を $\boldsymbol{R}$ は**稠密な集合**であるということばで表わしている．また，$a<b$ ならば $a<c<b$ なる有理数 c がある．このことを $\boldsymbol{Q}$ は $\boldsymbol{R}$ で**稠密**であるということばで表わすことになっている．なお，$a<b$ ならば $a<c<b$ なる無理数 c

があることもいいそえておこう*.

3) aが任意の実数であるとき，nを自然数とすれば$a<a+\dfrac{1}{n}$だから，2）により$a<r_n<a+\dfrac{1}{n}$なる有理数があるはずである．明らかに，

$$\lim_n r_n = a \quad (r_n>a)$$

であるから，**任意の実数は有理数列の極限値と考えうる**ことがわかる．

最後に，周知のように，直線上に0,1を表わす2点を定めることにより，実数を直線上の点で表示することができる．実数の表示に使われる直線は**数直線**とよばれる．こうしてみると，$A\subseteq \boldsymbol{R}$のとき，$A$は実数の集合であるといっても，数直線上の**点集合**であるといっても同じことになるわけである．とくに，$\boldsymbol{R}$は数直線上のすべての点から成る点集合と考えられる．

問1. $A'\subseteq A\subseteq \boldsymbol{R}$で$A$が有界ならば$A'$も有界であることを確かめる．

§3. 函数・写像

$A\subseteq \boldsymbol{R}$とし$A$の各元$x$に対しそれぞれ$f(x)$なる実数が対応しているとき，ここに$A$を**定義域**とする**函数**——詳しくいうと，1実変数の実函数——fが与えられたという．$f(x)$は点xにおける函数fの値とよばれる．とくに

---

* 1），2）に関しては能代清，極限論と集合論（岩波書店）参照．

区間を定義域とする函数は読者にとって親しいものであろう.

もっと一般に, A, B は任意の集合であるとし, A の各元 x に対しそれぞれ $f(x)$ なる B の元が対応しているとき, ここに A から B の**中への写像**または**函数**が与えられたという. このことを, かんたんに, 記号

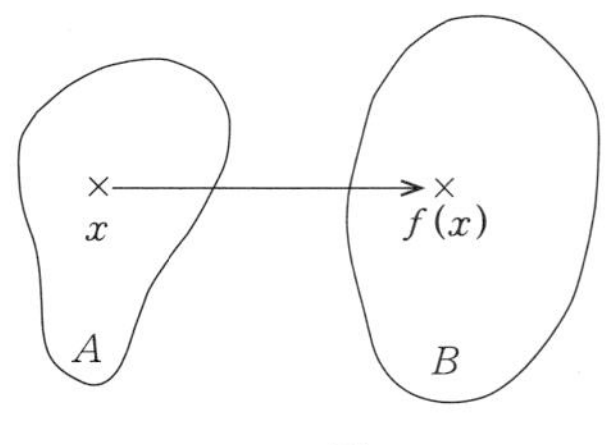

II-4 図

$$f : A \to B, \qquad A \xrightarrow{f} B$$

などで表わすことがある. A をこの写像 f の**定義域**, B をその**終域**と称する.

上記の1実変数の実函数はこういう写像の一種で

$$f : A \to \boldsymbol{R} \quad (A \subseteq \boldsymbol{R})$$

であるわけである.

$f : A \to B$ のとき, $f(x)$ は写像 f **による** x **の像**とよばれる. さらに進んで, $X \subseteq A$ のとき

$$f(X) = \{f(x) \mid x \in X\}$$

とおいて, $f(X)$ を写像 f による X の像と称する: $f(X) \subseteq B$.

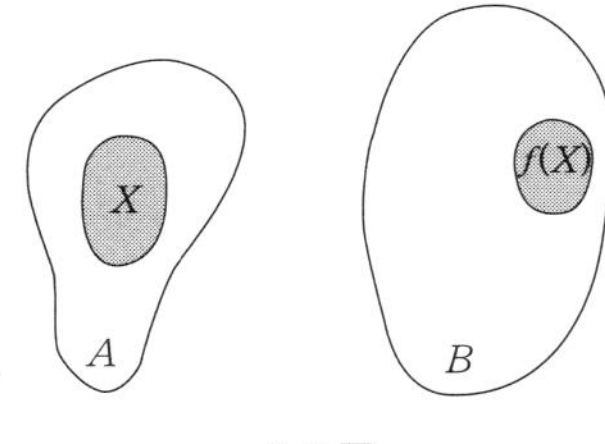

II-5 図

とくに，$f(A)=B$ のとき，f は A から B の**上への写像**（A から B への**全射**）であるといわれる．

例 1．A は任意の集合，f は $\boldsymbol{N}=\{1,2,3,\cdots,n,\cdots\}$ から A の中への写像，すなわち $f:\boldsymbol{N}\to A$ であるとする．$a_n=f(n)$ であるとき

(1) $$a_1, a_2, \cdots, a_n, \cdots$$

と書きならべたものを A の元から成る**列**とよび，a_n をこの列の n 番目の**項**と称する．列 (1) をかんたんに，$\{a_n\}_{n=1,2,\cdots}$ で表わすことがある．また，集合とおなじ記号をもちいて

$$\{a_1, a_2, \cdots, a_n, \cdots\}$$

と書いたりもする．ただし，この場合，ちがった番号の項で A の同じ元であるものがありうることに注意する．

$A=\boldsymbol{R}$ の場合が，すなわち，**数列**であって，これは読者にとって親しいものであろう．

いま，$h:\boldsymbol{N}\to\boldsymbol{N}$ とし，

$$p\in\boldsymbol{N}, q\in\boldsymbol{N}, p<q \text{ ならば } h(p)<h(q)$$

であるような写像 h を考えて，$n_p=h(p)$ とおけば，$\boldsymbol{N}'=h(\boldsymbol{N})\subseteq\boldsymbol{N}$ で

$$\boldsymbol{N}'=\{h(1), h(2), \cdots, h(p), \cdots\}=\{n_1, n_2, \cdots, n_p, \cdots\}.$$

ここで，さきの写像 f（$f:\boldsymbol{N}\to A$）の定義域を $\boldsymbol{N}'$ に限定し，f による $\boldsymbol{N}'$ から A の中への写像を考えると，この写像により，

$$\{a_{h(1)}, a_{h(2)}, a_{h(3)}, \cdots, a_{h(p)}, \cdots\}, \text{ すなわち，} \{a_{n_1}, a_{n_2}, \cdots, a_{n_p}, \cdots\}$$

という列ができる．この列をもとの列 (1) の**部分列**と称する．たとえば，$h(p)=2p$ なる h を考えると

$$a_2, a_4, a_6, \cdots, a_{2p}, \cdots$$

という (1) の部分列がえられる．

$f:A\to B, g:B\to C$ のとき，$x\in A$ なる各 x に C の元 $g(f(x))$ を対応させる写像を $g\circ f$ と書く：

$$g\circ f : A \to C, \qquad g\circ f(x) = g(f(x)).$$

$g\circ f$ は f と g との**合成写像**とよばれる.

§4. 逆写像・1対1の対応

$f : A \to B$ のとき, $Y \subseteq B$ なる Y に対し

$$f^{-1}(Y) = \{x \mid f(x) \in Y\}$$

を f による Y の**原像**と称する. 明らかに,

$$f^{-1}(B) = f^{-1}(f(A)) = A.$$

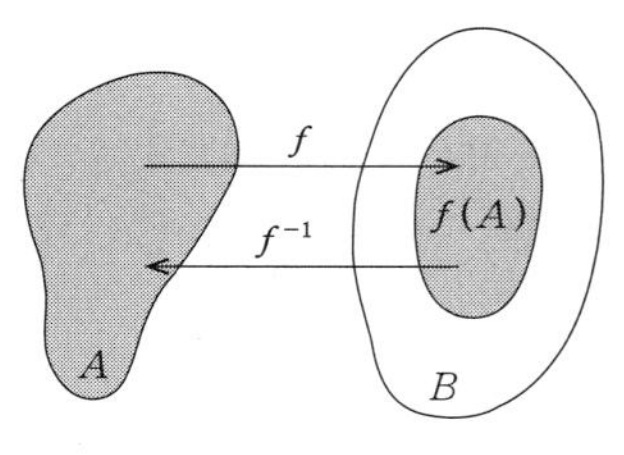

II-6 図

Y が $f(A)$ と共通の元をもたないときは, $f^{-1}(Y) = \varnothing$ であると考える.

とくに Y がただ一つの元 y しかもたないとき, すなわち, $Y = \{y\}$ のときには, $\{x \mid f(x) \in \{y\}\} = \{x \mid f(x) = y\}$ である. このときには, $f^{-1}(\{y\})$ の代わりに, $f^{-1}(y)$ と書いて, これを B の元 y の f による**原像**という:

$$f^{-1}(y) = \{x \mid f(x) = y\}.$$

$y \notin f(A)$ なら, もとより, $f^{-1}(y) = \varnothing$ である.

$f^{-1}(y)$ がただ一つの元だけしかもたないときには, この記号は $f(x) = y$ なる x 自身を表わすことが多い. 上記のように $f^{-1}(y)$ を $y = f(x)$ なる x 全部の集合を表わす記号として使うのは $f^{-1}(\{y\})$ の略記法なのである.

例 1. 正弦函数 sin は $\boldsymbol{R}$ から $\boldsymbol{R}$ の中への写像である:

$$\sin : \boldsymbol{R} \to \boldsymbol{R}, \quad \sin(\boldsymbol{R}) = [-1, 1].$$

いま，$y\in[-1,1]$ とし，$\sin x_0=y$ なる x_0 を一つとれば，

$$\sin^{-1}y=\{n\pi+(-1)^n x_0\,|\,n=0,\pm1,\pm2,\cdots\}$$
$$=\{n\pi+(-1)^n x_0\,|\,n\in\boldsymbol{Z}\}.$$

ここに $\boldsymbol{Z}$ は整数すべてから成る集合である（§2）.

前のとおり，$f:A\to B$ とし，$y\in f(A)$ なるどの y についても $f^{-1}(y)$ がただ一つしか元をもたないとき，f は A から B の中への**単射**とよばれる．これは，$x_1\in A, x_2\in A$, $x_1\neq x_2$ ならば $f(x_1)\neq f(x_2)$ というのと同じことである．f が単射ならば $f(A)$ から A の上への写像 f^{-1}——単射 f^{-1}——が与えられることになるわけである．

とくに重要なのは，$f(A)=B$ で f が単射である場合である．この場合 f は A から B への**全単射**であるといわれ，このことを記号

$$f:A\sim B,\qquad A\overset{f}{\sim}B$$

などであらわす．$f:A\sim B$ ならば，明らかに $f^{-1}:B\sim A$ である．このとき，f^{-1} は f の**逆写像**とよばれる．f は，また，f^{-1} の逆写像である．

なお，f が A から B の中への単射であるときは，$f:A\sim f(A)$ であることに注意する．

例 2. $x\in\boldsymbol{N}$ のとき，$f(x)=2x$ とすると，f は $\boldsymbol{N}$ から $\boldsymbol{N}$ の中への単射である．また，$\boldsymbol{N}$ から $f(\boldsymbol{N})=\{2,4,\cdots,2n,\cdots\}$ への全単射である．

例 3. $a<b$ のとき，$x\in(0,1)$ なる x に $a+x(b-a)$ を対応させる写像は $(0,1)$ から (a,b) への全単射である．

例 4. $x\in\boldsymbol{R}$ のとき $f(x)=(1+e^{-x})^{-1}$ によって定められる写像 f は $\boldsymbol{R}$ から $\boldsymbol{R}$ の中への単射で，$f(\boldsymbol{R})=(0,1)$.

問 1. 例 4 を証明する.

1) A から B への全単射が存在するとき,

$$A \sim B$$

と書くことにすると,

i) $A \sim A$,

ii) $A \sim B$ ならば $B \sim A$,

iii) $A \sim B, B \sim C$ ならば $A \sim C$.

［証明］ i) $f(x)=x\ (x \in A)$ なる写像 f は A から A への全単射である（この f を**恒等写像**という）.

ii) $f : A \sim B$ ならば $f^{-1} : B \sim A$ である.

iii) $f : A \sim B$, $g : B \sim C$ とすれば, $g \circ f$ は A から C への全単射である（$g \circ f$ の意味は§3を参照）.

注意 1. $A \sim B$ のとき,《A と B との間に**1 対 1 の対応**がつく》ということばを使うことがある.

注意 2. 上記 i) を**反射律**, ii) を**対称律**, iii) を**推移律**という. 上記の集合間の関係 $\sim$ がこの i), ii), iii) なる条件をみたしていることを《$\sim$ は**同値関係**である》ということばで表わす習慣である. この同値関係ということばは, 上記の場合にかぎらず, 一般に, 反射律, 対称律, 推移律を満足するようなあらゆる《関係》を指すのに用いられる. たとえば,

問 2. 平面幾何学で △ABC が △A′B′C′ に相似であるとき, そのことを記号 △ABC∽△A′B′C′ で表わすと, ∽ は同値関係である. このことを確かめる.

§5. 可付番集合

A は集合であるとし, ある自然数 n に対し,

$$\{1, 2, \cdots, n\} \sim A$$

であるとき，A は**有限集合**であるという．空集合 $\emptyset$ も有限集合と考える．

A が有限集合で $A \sim B$ ならば B も有限集合である．$\{1, 2, \cdots, n\} \sim A$ とすると，推移律により，$\{1, 2, \cdots, n\} \sim B$ となるからである．

また，A が有限集合であるとき，$f:\{1, 2, \cdots, n\} \sim A$ であるとすると，$A = \{f(1), f(2), \cdots, f(n)\}$．よって，$a_p = f(p)$ $(p=1, 2, \cdots, n)$ とおくと，A は $\{a_1, a_2, \cdots, a_n\}$ と書くことができる．

とくに，A が有限集合で $A \subseteqq \boldsymbol{R}$ ならば，A は有界な集合（§2）である．これは $A = \{a_1, a_2, \cdots, a_n\}$ として，$M = \max\{a_1, a_2, \cdots, a_n\}$, $m = \min\{a_1, a_2, \cdots, a_n\}$ とおくと，$x \in A$ なら $m \leqq x \leqq M$ であることから明らかである．

有限でない集合は**無限集合**とよばれる．

A が無限集合で $A \sim B$ なら B も無限集合である．なぜなら，もし B が有限集合なら，上でみたように，A も有限集合であるはずだからである．

$\boldsymbol{N}$ は無限集合である．なぜならば，$\boldsymbol{N} \subseteqq \boldsymbol{R}$ だから，もし $\boldsymbol{N}$ が有限集合なら $\boldsymbol{N}$ は有界でなければならない．ところが，§2，(2) により $\boldsymbol{N}$ は上に有界でありえないからである．

$\boldsymbol{N} \sim A$ であるとき，A は**可付番無限集合**（または**可算集合**）とよばれる．

$\boldsymbol{N} \sim \boldsymbol{N}$ だから $\boldsymbol{N}$ 自身も可付番無限集合である．

例 1. 正の偶数全部から成る集合 $\{2, 4, 6, \cdots, 2n, \cdots\}$ は可付番無限集合である（§4, 例 2）.

例 2. $\boldsymbol{Z}=\{0, \pm 1, \pm 2, \cdots\}$ は可付番無限集合である．これは，$f(0)=1$, $f(1)=2$, $f(-1)=3$, $f(2)=4, \cdots$, 一般に，n が自然数のとき，$f(n)=2n$, $f(-n)=2n+1$ とおくと，$f: \boldsymbol{Z} \sim \boldsymbol{N}$ であることからわかる．

A が可付番無限集合のとき，$A \sim B$ ならば B も可付番無限集合である．これは $\boldsymbol{N} \sim A, A \sim B$ から $\boldsymbol{N} \sim B$ がでてくることから明らかである．

A が可付番無限集合であるとき，$f: \boldsymbol{N} \sim A$ であるとすれば，

$$A=\{f(1), f(2), \cdots, f(n), \cdots\}.$$

ここで $a_n=f(n)$ とおくと

$$A=\{a_1, a_2, \cdots, a_n, \cdots\}. \tag{1}$$

注意 1. (1) の右辺においては，$a_1, a_2, \cdots, a_n, \cdots$ のなかには同じものがない．§4, 例 1 における列のときはこれらのなかに同じものがありうるのである．

注意 2. 無限集合がすべて可付番無限集合であるとはかぎらない．たとえば，$[a, b)$ は可付番でない無限集合である（III, §12, 例 4）.

有限集合と可付番無限集合とを総称して**可付番集合**とよぶことにする．

上でみたところにより，A が可付番集合で $A \sim B$ ならば B は可付番集合である．

可付番集合につき重要な定理を二つほどあげておく：

1) 可付番集合の部分集合は可付番集合である．とくに

有限集合の部分集合は有限集合である.

［証明］ $A'\subseteq A$ であるとし，A' が可付番であることを示そう．$A'=\varnothing$ ならば，定義により，A' は有限集合，したがって可付番集合である．よって，$A'\neq\varnothing$ の場合だけを考える.

A の元を $a_1, a_2, \cdots, a_n, \cdots$ と書きならべておいて，この中から A' の元でないものを除きとると残りがすなわち A' である．この残ったものに，先頭から番号を $1, 2, 3, \cdots$ と付けなおせば，A' の可付番であることがわかる.

このことをやかましくいえば，次のようなことになる：

i) A が可付番無限集合のとき：$f:\boldsymbol{N}\sim A, A=\{f(1), f(2), \cdots, f(n), \cdots\}$ とすると，$x=f(n)$ ならば $n=f^{-1}(x)$．すなわち，A の各元 x の番号は $f^{-1}(x)$ であることに注意する.

いま，A' の元 x のうちで番号 $f^{-1}(x)$ が最小のものを $f(n_1)$ とする．つぎに，$A'-\{f(n_1)\}$ の元 x のうちで番号 $f^{-1}(x)$ が最小のものを $f(n_2)$ とし，つづいて，$A'-\{f(n_1), f(n_2)\}$ の元 x のうち番号 $f^{-1}(x)$ の最小のものを $f(n_3)$ とする……．この手続きを k 回行なって

$$A'-\{f(n_1), f(n_2), \cdots, f(n_k)\} = \varnothing$$

となったときには

$$A' = \{f(n_1), f(n_2), \cdots, f(n_k)\}$$

だから，$h(p)=f(n_p)\ (p=1, 2, \cdots, k)$ とおくと，$h:\{1, 2, \cdots, k\}\sim A'$．よって，$A'$ は有限集合である.

つぎに，どんな大きな自然数 p に対しても，$A'-\{f(n_1), f(n_2), \cdots, f(n_p)\}\neq\varnothing$ であるときは，そのたびに，$A'-\{f(n_1), f(n_2), \cdots, f(n_p)\}$ の元 x のうちで番号 $f^{-1}(x)$ の最小なもの $f(n_{p+1})$ をとり，この手続きをどこまでも続けていく．こうして，

$$A'' = \{f(n_1), f(n_2), \cdots, f(n_p), \cdots\}$$

がえられるが，この A'' は，じつは，A' にほかならない．$A'' \subseteq A'$ は明らかなのだから $A' \subseteq A''$ を示そう：

x を A' の任意の元，x の番号 $f^{-1}(x)$ を N とする．$n_1 < n_2 < \cdots < n_p < \cdots$ なのだから，ある p に対し N が

$$A' - \{f(n_1), f(n_2), \cdots, f(n_p)\}$$

の元の番号のうちで最小のものである時期が，かならず，くるはずである．（なぜなら，もしそういう時期がこないとすると，$n_p < N$ $(p=1, 2, \cdots)$ となり，$\{n_1, n_2, \cdots, n_p, \cdots\}$ が上に有界な集合であるというおかしなことになるからである（§2，例 2）．そのときには $N = f^{-1}(x) = n_{p+1}$，したがって $x = f(n_{p+1})$ なのだから $x \in A''$，すなわち，$A' \subseteq A''$．

こうして

$$A' = \{f(n_1), f(n_2), \cdots, f(n_p), \cdots\}$$

が示されたので，$h(p) = f(n_p)$ とおくと，$h : \boldsymbol{N} \sim A'$．よって，$A'$ は可付番無限集合である．

ii） A が有限集合のとき：さきにのべたように，$A = \emptyset$ のときは明らかである．また，$\{1, 2, \cdots, k\} \sim A, A' \subseteq A$ のとき A' が有限集合なことはほとんど自明であるが，i）にならって次のように証明することもできる．

$A' \neq \emptyset$ として i）と同様に順々に $f(n_1), f(n_2), \cdots$ を定めていく．もとより，$n_p \in \{1, 2, \cdots, k\}$．したがって，$n_p \leqq k$ だから，この手続きをいつまでも続けるわけにはいかない．どこかで中断されないと，

$$\{n_1, n_2, \cdots, n_p, \cdots\} \subseteq \{1, 2, \cdots, k\}$$

だから，$n_1 < n_2 < \cdots < n_p < n_{p+1} < \cdots$ なのに $\{n_1, n_2, \cdots, n_p, \cdots\}$ が有界集合であることになるからである（§2，例 2，問 1）．してみれば，ある自然数 p に対し，$A' - \{f(n_1), f(n_2), \cdots, f(n_p)\} = \emptyset$，すなわち，

$$A' = \{f(n_1), f(n_2), \cdots, f(n_p)\}.$$

ここで，i）と同様に $h(p)=f(n_p)$ とおけば，$\{1,2,3,\cdots,p\}\sim A'$.

注意 3. 1）の後半をいいかえると，$A'\subseteq A$ で A' が無限集合なら A も無限集合であるということになる.

2） A が空でない可付番集合ならば A から $\boldsymbol{N}$ の中への単射が存在する．また，A から可付番集合の中への単射が存在すれば A は可付番集合である.

［証明］ i） A が有限集合で $f:\{1,2,\cdots,n\}\sim A$ ならば，f^{-1} は A から $\boldsymbol{N}$ の中への単射である．また，$f:\boldsymbol{N}\sim A$ ならば f^{-1} は A から $\boldsymbol{N}$ の中への単射（実は $\boldsymbol{N}$ への全単射）である.

ii） g が A から可付番集合 B の中への単射であるとすると，$g(A)\subseteq B$, $g:A\sim g(A)$. $g(A)$ は1）により可付番集合だから，$A\sim g(A)$ なる A も可付番集合である.

§6. 可付番集合のいろいろ

A, B が集合であるとき

$$A\times B = \{\langle x,y\rangle \mid x\in A, y\in B\}$$

とおいて，$A\times B$ を A と B との**直積集合**，あるいは，単に直積という．$A=B$ であってもいいことにする.

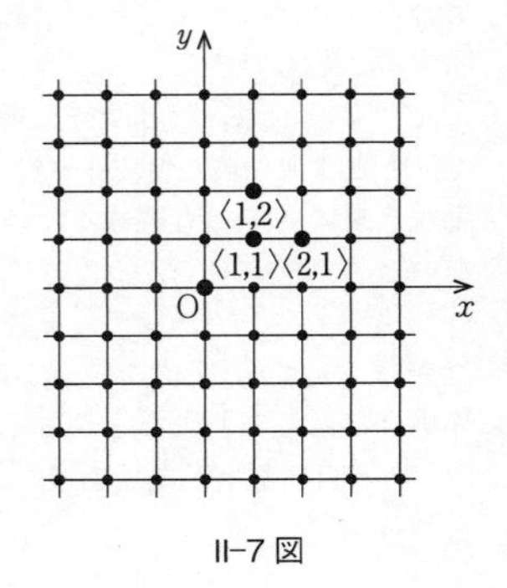

II–7 図

例 1. 平面解析幾何学で平面上の点は座標 $\langle x,y\rangle$ で表わされる．ここに，$x \in \boldsymbol{R}, y \in \boldsymbol{R}$ だから，平面は $\boldsymbol{R} \times \boldsymbol{R}$ であると考えられる．

例 2. $\boldsymbol{Z} \times \boldsymbol{Z}$ は p, q が整数であるような平面上の点 $\langle x, y \rangle$ 全部から成る集合である．$\boldsymbol{Z} \times \boldsymbol{Z}$ の元の表わす平面上の点は**格子点**とよばれる（$\boldsymbol{Z}$ の意味は§2参照）．

1)　直積 $\boldsymbol{N} \times \boldsymbol{N}$ は可付番無限集合である．

［証明］　$\boldsymbol{N} \times \boldsymbol{N}$ のすべての元を

(1)　$\langle 1, 1 \rangle$; $\langle 2, 1 \rangle, \langle 1, 2 \rangle$; $\langle 3, 1 \rangle, \langle 2, 2 \rangle, \langle 1, 3 \rangle$;
　　$\langle 4, 1 \rangle, \cdots$; $\langle s-1, 1 \rangle, \langle s-2, 2 \rangle, \cdots \langle 1, s-1 \rangle$; $\cdots$

のように書き並べた上で，順々に

$$f(\langle 1, 1 \rangle) = 1 \,;\, f(\langle 2, 1 \rangle) = 2,$$
$$f(\langle 1, 2 \rangle) = 3 \,;\, f(\langle 3, 1 \rangle) = 4, \cdots$$

とおくと $f : \boldsymbol{N} \times \boldsymbol{N} \sim \boldsymbol{N}$ なる全単射 f がえられる（II–8図）．

この f について詳しく説明すると次のとおりである．

(1) の並べかたは二つの方針に基づいている：

i)　$p+q < p'+q'$ ならば $\langle p, q \rangle$ を $\langle p', q' \rangle$ の前におく．

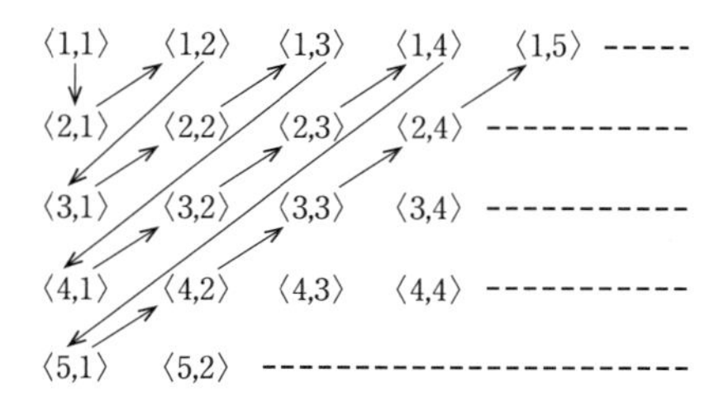

II–8 図

ii) $p+q=p'+q'$, $q<q'$ $(p>p')$ ならば $\langle p,q\rangle$ を $\langle p',q'\rangle$ の前におく．したがって，(1) において $\langle s-1,1\rangle$ の前には $1+2+\cdots+(s-2)=2^{-1}(s-2)(s-1)$ 個の $\boldsymbol{N}\times\boldsymbol{N}$ の元があるわけである．よって，$\langle p,q\rangle$ は (1) において $2^{-1}(p+q-2)(p+q-1)+q$ 番目のところにあることがわかる．すなわち．

$$f(\langle p,q\rangle) = 2^{-1}(p+q-2)(p+q-1)+q.$$

$\langle p,q\rangle\neq\langle p',q'\rangle$ ならば明らかに $f(\langle p,q\rangle)\neq f(\langle p',q'\rangle)$ だから，f は $\boldsymbol{N}\times\boldsymbol{N}$ から $\boldsymbol{N}$ の中への単射である．

この f が $\boldsymbol{N}\times\boldsymbol{N}$ から $\boldsymbol{N}$ への全単射であること，すなわち，$f(\boldsymbol{N}\times\boldsymbol{N})=\boldsymbol{N}$ であることは次のようにして知られる：$n\in\boldsymbol{N}$ なる任意の n をとり

$$(s-1)(s-2) < 2n \leqq s(s-1)$$

なる自然数 s を定め，$q=n-2^{-1}(s-1)(s-2)$，$p=s-q$ とおけば，$f(\langle p,q\rangle)=n$．これは，$n\in\boldsymbol{N}$ ならば $n\in f(\boldsymbol{N}\times\boldsymbol{N})$，いいかえれば，$f(\boldsymbol{N}\times\boldsymbol{N})=\boldsymbol{N}$ を意味する．

この定理からいろいろの結果がでてくる．まず

2) 有理数すべてから成る集合 $\boldsymbol{Q}$ は可付番無限集合である．

［証明］ $\boldsymbol{N}\subseteq\boldsymbol{Q}$ で $\boldsymbol{N}$ は無限集合だから $\boldsymbol{Q}$ は無限集合である（§5，注意3）．よって，$\boldsymbol{Q}$ が可付番であることさえ示せば十分である．

$x=\dfrac{p}{q}$ $(p\in\boldsymbol{Z}, q\in\boldsymbol{N})$ で，$\dfrac{p}{q}$ は既約であるときめておく．$f:\boldsymbol{Z}\sim\boldsymbol{N}$（§5，例2）とし，

$$g\left(\frac{p}{q}\right) = \langle f(p),q\rangle$$

とおくと，g は $\boldsymbol{Q}$ から可付番集合 $\boldsymbol{N}\times\boldsymbol{N}$ の中への単射である．よって，§5，2) により $\boldsymbol{Q}$ は可付番集合である．

問 1. $a<b$ ならば $(a,b)\cap\boldsymbol{Q}$ は可付番無限集合であることを証明する.

問 2. 平面上の格子点の集合 $\boldsymbol{Z}\times\boldsymbol{Z}$ が可付番無限集合であることを証明する.

3) A,B が可付番集合ならば, 直積 $A\times B$ は可付番集合である.

［証明］ A,B から $\boldsymbol{N}$ の中への単射をそれぞれ f,g とする (§5, 2)) : $f:A\to\boldsymbol{N}$, $g:B\to\boldsymbol{N}$. $\langle x,y\rangle\in A\times B$ なる各 $\langle x,y\rangle$ に対し, $h(\langle x,y\rangle)=\langle f(x),g(y)\rangle$ とおけば, h は $A\times B$ から可付番集合 $\boldsymbol{N}\times\boldsymbol{N}$ の中への単射である. よって, $A\times B$ は可付番集合である.

4) $A=\{a_{pq}\,|\,p\in\boldsymbol{N},q\in\boldsymbol{N}\}$ ならば A は列の形に書くことができる.

［証明］ $a_{pq}=g(\langle p,q\rangle)$, $g:\boldsymbol{N}\times\boldsymbol{N}\to A$ とし, また, 1) の証明における f をとって $f:\boldsymbol{N}\times\boldsymbol{N}\sim\boldsymbol{N}$ とすると, $g\circ f^{-1}:\boldsymbol{N}\to A$ である*. ここに g は $\boldsymbol{N}\times\boldsymbol{N}$ から A の上への写像だから, $g\circ f^{-1}$ は $\boldsymbol{N}$ から A の上への写像である. よって, $a_n=g\circ f^{-1}(n)\,(n\in\boldsymbol{N})$ とおけば

$$A=\{a_1,a_2,\cdots,a_n,\cdots\}.$$

注意 1. $A=\{a_{pq}\,|\,p\in\boldsymbol{N},q=1,2,\cdots,q(p)\}$ ならば, 4) の証明における f をもちいて

$$E=\{\langle p,q\rangle\,|\,p\in\boldsymbol{N},q=1,2,\cdots,q(p)\},\quad \boldsymbol{N}'=f(E)$$

とおくと, $\boldsymbol{N}'\subseteq\boldsymbol{N}$. すなわち

$$\boldsymbol{N}'=\{n_1,n_2,\cdots,n_i,\cdots\},\quad n_i\in\boldsymbol{N},\quad n_i<n_{i+1}\quad(i=1,2,\cdots).$$

ここで, また, 4) の証明のときのように, $a_{pq}=g(\langle p,q\rangle)$ とおく

---

* $g\circ f^{-1}$ の意味は§3の終りのところに書いてある.

と，$g\circ f^{-1}$ は $\boldsymbol{N}'$ から A の上への写像だから，

$$A=\{a_{n_1}, a_{n_2}, \cdots, a_{n_i}, \cdots\}.$$

よってこの場合にも A は列の形に書けるわけである．

§7. 集合の結びと交わり

集合 A のすべての元と集合 B のすべての元とを寄せ集めてできる集合を

$$A\cup B$$

で表わし，これを A と B との**結び**（和集合）と称する．明らかに

(1) $$A\subseteq A\cup B,\quad B\subseteq A\cup B.$$

問 1. 次のことを証明する：i) $A\subseteq B$ ならば $A\cup B=B$ ii) $A\cup B=B$ ならば $A\subseteq B$.

例 1. $a<c<b<d$ のとき，$[a, b)\cup[c, d)=[a, d)$.

例 2. $\boldsymbol{Z}=\{1, 2, \cdots, n, \cdots\}\cup\{0, -1, -2, \cdots, -n, \cdots\}$.

もっと一般に，集合 $A_1, A_2, \cdots, A_n$ のどれかの元であるようなもの全部から成る集合を

$$A_1\cup A_2\cup\cdots\cup A_n$$

または $\bigcup_{p=1}^{n} A_p$

であらわし，これを $A_1, A_2, \cdots, A_n$ の結びという．

さらに進んで，集合列

(2) $A_1, A_2, \cdots, A_n, \cdots$

の項 A_n のどれかの元であるようなものを全部集めてでき

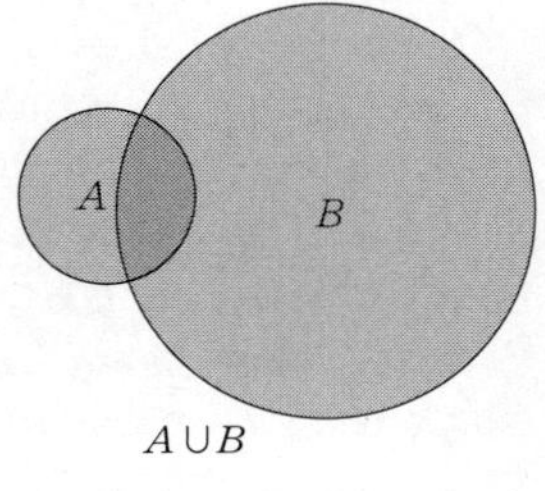

$A\cup B$

II–9 図

る集合を

$$(3)\qquad A_1 \cup A_2 \cup \cdots \cup A_n \cup \cdots,\ \text{または}\ \bigcup_{n=1}^{\infty} A_n$$

であらわし，これを集合列 (2) の結び（和集合）という．(3) の代わりに

$$(4)\qquad \bigcup \{A_n \mid n \in \boldsymbol{N}\},\quad \bigcup_{n \in \boldsymbol{N}} A_n$$

と書いたりもする．

例 3. $\boldsymbol{R} = \bigcup_{n=1}^{\infty} [-n, n) = \bigcup_{n \in \boldsymbol{N}} [-n, n)$.

つぎに，もう一歩進めて，Λ は任意の集合，$\boldsymbol{A}$ はその元が集合であるような集合で，$f : \Lambda \to \boldsymbol{A}$ なる写像 f が与えられているとする．$\lambda \in \Lambda$ なる λ に対し $f(\lambda) = A_\lambda$ とし，$A_\lambda\ (\lambda \in \Lambda)$ のどれかの元であるようなもの全部でできる集合を

$$(5)\qquad \bigcup \{A_\lambda \mid \lambda \in \Lambda\}\ \text{または}\ \bigcup_{\lambda \in \Lambda} A_\lambda$$

で表わす．(5) は $A_\lambda\ (\lambda \in \Lambda)$ の**結び**（和集合）とよばれる．

(4) は (5) において $\Lambda = \boldsymbol{N}$ の場合にあたることに注意する．

例 4. $a < b$, $\Delta = \left\{\delta \,\middle|\, \dfrac{b-a}{2} > \delta > 0\right\}$ なら，$\bigcup_{\delta \in \Delta} [a+\delta, b-\delta] = (a, b)$.

1)　$A_p\ (p = 1, 2, \cdots, n, \cdots)$ が，いずれも，可付番集合であるときは，$\bigcup_{p=1}^{n} A_p$, $\bigcup_{p=1}^{\infty} A_p$ は可付番集合である．

［証 明］ $A_p' = A_p - \bigcup_{q=1}^{p-1} A_q$ とおくと，$\bigcup_{p=1}^{n} A_p' = \bigcup_{p=1}^{n} A_p$, $\bigcup_{p=1}^{\infty} A_p = \bigcup_{p=1}^{\infty} A_p'$ だから，A_p のうちどの二つ

をとっても共通な元をもたないと仮定して証明する．§5, 2）により，h_p を A_p から $\boldsymbol{N}$ の中への単射であるとし，$h_p(A_p)=B_p$ とおくと

$$B_p \subseteq \boldsymbol{N}, \qquad h_p : A_p \sim B_p$$

だから，A_p の元は $h_p{}^{-1}(q)\,(q \in B_p)$ で表わされる．したがって，

$$\bigcup_{p=1}^{\infty} A_p = \{h_p{}^{-1}(q) \mid q \in B_p, p=1,2,\cdots\}.$$

ここで，$f(h_p{}^{-1}(q))=\langle p,q\rangle$ とおくと，写像 f は $\bigcup_{p=1}^{\infty} A_p$ から可付番集合 $\boldsymbol{N}\times\boldsymbol{N}$ の中への単射だから*，$\bigcup_{p=1}^{\infty} A_p$ は可付番集合である（§5, 2））．$\bigcup_{p=1}^{n} A_p$ についての証明も同様である．

こんどは集合の交わりを定義する．

集合 A と B に共通な元全部の集合を

$$A \cap B$$

で表わし，これを A と B との**交わり**（積集合**）という．

$$A \cap B = \{x \mid x \in A, x \in B\}.$$

A, B が共通の元をもたないときは，$A \cap B$ は空集合と考え，次のように書く：

$$A \cap B = \emptyset.$$

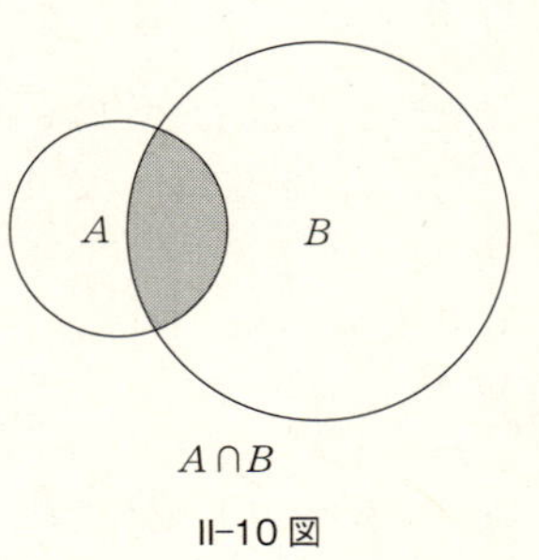

$A \cap B$

II–10 図

---

*　$p \neq p'$ なら $\langle p,q\rangle \neq \langle p',q'\rangle$ に注意する．

**　直積集合（§6）と混同しないように．

明らかに,

$$A \cap B \subseteq A, \qquad A \cap B \subseteq B.$$

問 2. 次を証明する. i) $A \subseteq B$ ならば $A \cap B = A$. ii) $A \cap B = A$ ならば $A \subseteq B$.

結びのときと同様に一般に, $A_\lambda\ (\lambda \in \Lambda)$ のすべてに共通な元全部から成る集合を

$$\bigcap\{A_\lambda | \lambda \in \Lambda\} \text{ または } \bigcap_{\lambda \in \Lambda} A_\lambda$$

で表わし, これを $A_\lambda\ (\lambda \in \Lambda)$ の**交わり**（積集合）という. $A_\lambda\ (\lambda \in \Lambda)$ すべてに共通な元がないときは, その結びは空集合 $\varnothing$ である.

とくに, $\Lambda = \{1, 2, \cdots, n\}$ のときは $\bigcap_{\lambda \in \Lambda} A_\lambda$ は

$$\bigcap_{p=1}^{n} A_p \text{ または } A_1 \cap A_2 \cap \cdots \cap A_n$$

と書かれる.

また, $\Lambda = \boldsymbol{N}$ のときは,

$$\bigcap_{n=1}^{\infty} A_n \text{ または } A_1 \cap A_2 \cap \cdots \cap A_n \cap \cdots$$

と書くことが多い.

例 5. $a < b, \Delta = \{\delta | \delta > 0\}$ なら, $\bigcap_{\delta \in \Delta}(a-\delta, b+\delta) = [a, b]$.

例 6. $\bigcap_{n=1}^{\infty}\left(0, \dfrac{1}{n}\right) = \varnothing$.

問 3. $A \cap (B \cup C) = (A \cap B) \cup (A \cap C), A \cup (B \cap C) = (A \cup B) \cap (A \cup C)$ を証明する.

問 4. $A - B = A - (A \cap B)$ をたしかめる*.

---

* $A - B = \{x \mid x \in A, x \notin B\}$ (§1).

2)　次に掲げる等式は，いずれも，**de Morgan**（ド・モルガン）の公式として知られている．

(6)
$$A-\bigcup_{\lambda\in\Lambda}A_\lambda=\bigcap_{\lambda\in\Lambda}(A-A_\lambda)$$

(7)
$$A-\bigcap_{\lambda\in\Lambda}A_\lambda=\bigcup_{\lambda\in\Lambda}(A-A_\lambda)$$

［証明］ i)　(6) の証明：$\lambda\in\Lambda$ ならいつでも $A_\lambda\subseteq\bigcup_{\lambda\in\Lambda}A_\lambda$ だから，

$$A-\bigcup_{\lambda\in\Lambda}A_\lambda\subseteq A-A_\lambda,$$

よって，

$$A-\bigcup_{\lambda\in\Lambda}A_\lambda\subseteq\bigcap_{\lambda\in\Lambda}(A-A_\lambda).$$

つぎに，$x\in\bigcap_{\lambda\in\Lambda}(A-A_\lambda)$ なら，$x\in A, x\notin A_\lambda\ (\lambda\in\Lambda)$，すなわち，$x\in A, x\notin\bigcup_{\lambda\in\Lambda}A_\lambda$. よって，$x\in A-\bigcup_{\lambda\in\Lambda}A_\lambda$. したがって

$$\bigcap_{\lambda\in\Lambda}(A-A_\lambda)\subseteq A-\bigcup_{\lambda\in\Lambda}A_\lambda.$$

ii)　(7) の証明：$\bigcap_{\lambda\in\Lambda}A_\lambda\subseteq A_\lambda$ だから $A-A_\lambda\subseteq A-\bigcap_{\lambda\in\Lambda}A_\lambda$. よって

$$\bigcup_{\lambda\in\Lambda}(A-A_\lambda)\subseteq A-\bigcap_{\lambda\in\Lambda}A_\lambda.$$

つぎに，$x\in A-\bigcap_{\lambda\in\Lambda}A_\lambda$ ならば，$x\in A, x\notin\bigcap_{\lambda\in\Lambda}A_\lambda$ だから，$x\in A$ で，ある λ に対し $x\notin A_\lambda$. すなわち，ある λ に対し，$x\in A-A_\lambda$ である．したがって，$x\in\bigcup_{\lambda\in\Lambda}(A-A_\lambda)$. これは

$$A-\bigcap_{\lambda\in\Lambda}A_\lambda \subseteq \bigcup_{\lambda\in\Lambda}(A-A_\lambda)$$

を意味する．

de Morgan の公式の特別の場合として

$$A-\bigcup_{p=1}^{n}A_p=\bigcap_{p=1}^{n}(A-A_p),\quad A-\bigcap_{p=1}^{n}A_p=\bigcup_{p=1}^{n}(A-A_p).$$

$$A-\bigcup_{n=1}^{\infty}A_n=\bigcap_{n=1}^{\infty}(A-A_n),\quad A-\bigcap_{n=1}^{\infty}A_n=\bigcup_{n=1}^{\infty}(A-A_n).$$

§8. 開 集 合

これからは $\boldsymbol{R}$ の部分集合，すなわち，数直線上の点集合についての話である．

$a\in\boldsymbol{R}$ で，ρ が正数のとき

$$U(a\,;\rho)=(a-\rho,a+\rho)=\{x\,|\,|x-a|<\rho\}$$

とおいて，$U(a\,;\rho)$ を a の ρ **近傍**と称する．もとより

$$a\in U(a\,;\rho).$$

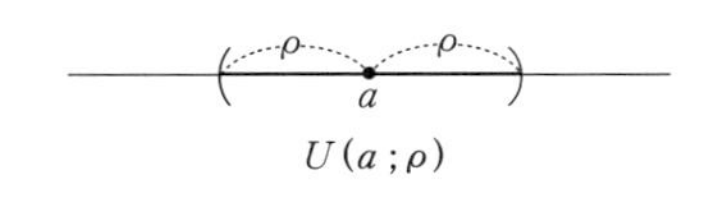

$U(a\,;\rho)$

II-11 図

正数 ρ を十分小さくえらぶと

$$U(a\,;\rho)\subseteq A$$

であるとき，a は点集合 A の**内点**であるといわれる．

例 1． $a<x<b$, $\rho=\min\{x-a,b-x\}$ とおくと，$U(x\,;\rho)\subseteq[a,b]$．よって，$x$ は $[a,b]$ の内点である．これに反して，正数 ρ をどんなに小さくえらんでみても，$a-\frac{\rho}{2}\in U(a\,;\rho)$, $a-\frac{\rho}{2}\notin[a,b]$ だから，a は $[a,b]$ の点ではあるが，その内点ではない．同様に，b は $[a,b]$ の点であるがその内点ではない．同様に，a

は $[a, b)$ の内点でないこともわかる.

点集合 A のどの点 x も A の内点であるとき, A は**開集合**であるという.

$\boldsymbol{R}$ は明らかに開集合である.

空集合 $\emptyset$ も開集合と考えることに約束する.

例 2. $x \in (a, b)$ のとき, 例 1 のときと同様に $\rho = \min\{x-a, b-x\}$ とおくと, $U(x; \rho) \subseteq (a, b)$. よって, 開区間 (a, b) は開集合である. とくに, $\boldsymbol{R}$ の点の任意の ρ 近傍 $U(x; \rho) = (x-\rho, x+\rho)$ は開集合である.

例 3. $\boldsymbol{R}$ から有限個の点をとりのぞいた残りの集合は開集合である.

例 4. $\boldsymbol{R} - \boldsymbol{N}$ は開集合である.

問 1. 例 3, 例 4 を証明する.

今後, 文字 G は開集合を表わすものと約束しておく. G', G_n なども同様である.

1)　開集合の結びは開集合である.

2)　有限個の開集合の交わりは開集合である.

［証明］ 1) の証明 : $A = \bigcup_{\lambda \in \Lambda} G_\lambda$, $x \in A$ ならば, ある $\lambda \in \Lambda$ に対して $x \in G_\lambda$ だから, 正数 ρ を十分小さくとると, $U(x; \rho) \in G_\lambda$. しかるに $G_\lambda \subseteq A$ だから $U(x; \rho) \subseteq A$.

2) の証明 : $A = G_1 \cap G_2 \cap \cdots \cap G_n$ とする. $A \neq \emptyset$ のときだけが問題である. $x \in A$ のとき, 正数 $\rho_p (p = 1, 2, \cdots, n)$ を十分小さくえらぶと

$$U(x; \rho_p) \subseteq G_p \quad (p = 1, 2, \cdots, n).$$

よって,

$$\rho = \min\{\rho_1, \rho_2, \cdots, \rho_n\}$$

とおけば，$U(x\,;\rho)\subseteq U(x\,;\rho_p)\subseteq G_p$ $(p=1,2,\cdots,n)$．よって

$$U(x\,;\rho)\subseteq G_1\cap G_2\cap\cdots\cap G_n=A.$$

注意 1. 2）において《有限個》という仮設は重要である．

$$[a,b]=\bigcap_{n=1}^{\infty}\left(a-\frac{1}{n},b+\frac{1}{n}\right)$$

からわかるように，無限に多くの開集合の交わりは，かならずしも，開集合ではない．

$G\subseteq A$ なる開集合全部の結びを A^i で表わし，A^i を A の**内核**という：

$$A^i=\bigcup_{G\subseteq A}G$$

A^i は，1）により，開集合である．

注意 2. 条件 $G\subseteq A$ をみたす G のどれかの元である点全部の集合を

$$\bigcup\{G|G\subseteq A\}\ \text{または}\ \bigcup_{G\subseteq A}G$$

で表わす．一般に，$\bigcup\{*|\sim\sim\sim\}$ または $\bigcup_{\sim\sim\sim}*$ は条件 $\sim\sim\sim$（ここでは $G\subseteq A$）をみたす集合 $*$（ここでは G）全部の結びを表わす記号である．§7 で説明しておいた $\bigcup_{\lambda\in\Lambda}A_\lambda$, $\bigcup\{A_\lambda|\lambda\in\Lambda\}$ はこの特別な場合と考えられる．$\bigcap\{*|\sim\sim\sim\}$, $\bigcap_{\sim\sim\sim}*$ の意味も明らかであろう．

明らかに，

(1) $$A^i\subseteq A.$$

また，$G\subseteq A$ ならば，定義により，

(2) $$G\subseteq A^i$$

である.

とくに，A 自身が開集合のときは，$A \subseteq A$ なのだから，A^i の定義により，$A \subseteq A^i$. よって (1) により，$A = A^i$. 逆に，$A = A^i$ ならば A が開集合であることはいうまでもない.

かんたんのため，$(A^i)^i$ を A^{ii} と書くことにすると，A^i は開集合だから

$$A^{ii} = A^i.$$

おわりに，x が A の内点ならば，ある正数 ρ に対し，$U(x\,;\rho) \subseteq A$. しかるに，$U(x\,;\rho)$ は開集合だから，$U(x\,;\rho) \subseteq A^i$. よって，$x \in A^i$. 逆に，$x \in A^i$ ならば，ある ρ に対し，$U(x\,;\rho) \subseteq A^i \subseteq A$. よって，$x$ は A の内点であることがわかる. すなわち，

3) A^i は A の内点全部から成る集合である.

例 5. $[a, b]^i = (a, b)$，$[a, b)^i = (a, b)$ (例 1 参照).

一般に，x が点集合 U の内点であるとき，U は x の**近傍**とよばれる：

$$x \in U^i \subseteq U.$$

U^i は開集合だから，U が x の近傍ならば

$$x \in G \subseteq U \tag{3}$$

なる開集合 $G(=U^i)$ があるわけである. 逆に，条件 (3) をみたすような開集合 G があれば，$x \in G \subseteq U^i$. すなわち，x は U の内点だから，U は x の近傍である.

4) U が x の近傍で $U \subseteq V$ ならば，x は V の内点だから V も，定義により，x の近傍である.

また，U が x の近傍であるとは，定義により，

$$x \in U(x\,;\,\rho) \subseteq U$$

なる ρ 近傍 $U(x\,;\,\rho)$ があることを意味するといってもよいわけである．

とくに，$x \in U$ で U 自身開集合のときには，U は x の**開近傍**であるという．

$U(x\,;\,\rho)$ 自身 x の開近傍である．

問 2. A が A の各元の近傍ならば A は開集合であることを証明する．

§9. 開集合の構造

この節の本論にはいるのに先きだって，これから使うことばについて，次のような約束 i)，ii) を設けておく．

i) 今後，たんに半開区間というとき，とくにことわらないでも，いつでも右半開区間を意味することにする．

ii) 集合列

$$(1) \qquad A_1, A_2, \cdots, A_n, \cdots$$

が《**交わらない**》というのは

$$p \neq q \text{ ならば } A_p \cap A_q = \emptyset$$

を意味することにする．集合列 (1) が交わらないとき，その結びを，とくに，**直和**ということがある．

こう約束した上で，次の定理を証明しよう：

1) 開集合は交わらない半開区間の列の結び（直和）として表わすことができる．

［証明］ G は開集合であるとし，まず，

$$[n, n+1) \subseteq G \quad (n=0, \pm 1, \pm 2, \cdots)$$

なる半開区間全部の結びを A_1 とする：

$$A_1 = \bigcup\{[n, n+1) \mid n \in \boldsymbol{Z}, [n, n+1) \subseteq G\}.$$

つづいて

$$A_2 = \bigcup\left\{\left[\frac{n}{2}, \frac{n+1}{2}\right) \middle| n \in \boldsymbol{Z}, \left[\frac{n}{2}, \frac{n+1}{2}\right) \subseteq G - A_1\right\}$$

とおき，順々に，$p=1, 2, 3, \cdots$ について

$$A_p = \bigcup\left\{\left[\frac{n}{2^{p-1}}, \frac{n+1}{2^{p-1}}\right) \middle| n \in \boldsymbol{Z},\right.$$

$$\left.\left[\frac{n}{2^{p-1}}, \frac{n+1}{2^{p-1}}\right) \subseteq G - \bigcup_{i=1}^{p-1} A_i\right\}$$

とおくと，ここに，

$$A_1, A_2, \cdots, A_p, \cdots$$

がえられる．これらの集合が交わらないことは明らかであろう．ここで

$$A = \bigcup_{p=1}^{\infty} A_p$$

とおけば，各 A_p は交わらない半開区間の列の結びだから，A も交わらない半開区間の列の結びであることがわかる（§7，1））．

$A=G$ を示せば証明はおわりである．それには，$A \subseteq G$ なのだから，$G \subseteq A$ を示しさえすればよいわけである．

x は G の任意の点であるとし，$U(x\,;\rho) \subseteq G$ なる正数 ρ をとり

II-12 図

(2)
$$\frac{1}{2^{p-1}} < \rho$$

なる自然数 p をえらぶ.

$$\boldsymbol{R} = \bigcup_{n \in \boldsymbol{Z}} \left[\frac{n}{2^{p-1}}, \frac{n+1}{2^{p-1}} \right)$$

なのだから，ある $n \in \boldsymbol{Z}$ に対し

$$x \in \left[\frac{n}{2^{p-1}}, \frac{n+1}{2^{p-1}} \right)$$

でなければならない．しかるに，(2) によれば，明らかに

$$\left[\frac{n}{2^{p-1}}, \frac{n+1}{2^{p-1}} \right) \subseteq U(x\,;\,\rho).$$

すなわち，$x \in G$ ならばある整数 n，ある自然数 p に対し

$$x \in \left[\frac{n}{2^{p-1}}, \frac{n+1}{2^{p-1}} \right) \subseteq G$$

なのだから，そういう p のうちで最小のものをとれば

$$\left[\frac{n}{2^{p-1}}, \frac{n+1}{2^{p-1}} \right) \subseteq G - \bigcup_{i=1}^{p-1} A_i.$$

よって，$x \in G$ ならば，$x \in A_p \subseteq A$．すなわち，$G \subseteq A$.

問 1． G が $\boldsymbol{R}$ における有界な開集合ならば，G は開区間の列の

直和として表わされることを証明する.

§10. 閉集合

$A \subseteq \boldsymbol{R}$ のとき

$$A^c = \boldsymbol{R} - A$$

とおいて, A^c を A の**余集合**(補集合)と称する(§1参照).
$A^{cc} = (A^c)^c$ とおくことにすると

(1) $$A^{cc} = A.$$

また,

$$A \subseteq B \text{ ならば } B^c \subseteq A^c$$

である.

この記法を使うと, de Morgan の公式(§7, 2))の特別の場合として

(2) $$\Bigl(\bigcup_{\lambda \in \Lambda} A_\lambda\Bigr)^c = \bigcap_{\lambda \in \Lambda} A_\lambda{}^c, \quad \Bigl(\bigcap_{\lambda \in \Lambda} A_\lambda\Bigr)^c = \bigcup_{\lambda \in \Lambda} A_\lambda{}^c.$$

なお

$$A - B = A \cap B^c$$

に注意する.

開集合の余集合を**閉集合**と称する.

今後, 文字 F, F_n などは閉集合を表わすものと約束する: $F = G^c$.

$F = G^c$ の余集合を考えると, (1) により

$$F^c = G^{cc} = G.$$

すなわち, 閉集合の余集合は開集合である.

$\boldsymbol{R} = \emptyset^c$ で $\emptyset$ は開集合だから $\boldsymbol{R}$ は閉集合である. また,

$\emptyset = \boldsymbol{R}^c$ で $\boldsymbol{R}$ は開集合だから $\emptyset$ は閉集合である．よって，$\boldsymbol{R}$ と $\emptyset$ は開集合でもあり，閉集合でもあるような集合である．

例 1. $\{x|x<a\}, \{x|x>b\}$ は，すぐわかるように，ともに開集合である．よって，$a<b$ のとき $[a,b]=(\{x|x<a\}\cup\{x|x>b\})^c$ は閉集合である．

例 2. A が有限点集合ならば A^c は開集合だから（§8，例 3），A は閉集合である．

例 3. $\boldsymbol{N}^c=\boldsymbol{R}-\boldsymbol{N}$ は開集合だから（§8，例 4），$\boldsymbol{N}$ は閉集合である．

例 4. $A=\left\{0, 1, \dfrac{1}{2}, \dfrac{1}{3}, \cdots, \dfrac{1}{n}, \cdots\right\}$ は閉集合である．

問 1. 例 4 を証明する．

例 5. $a\in[a,b)$ で a は $[a,b)$ の内点でないから（§8，例 1），$[a,b)$ は開集合ではない．また，$b\in[a,b)^c=\{x|x<a\}\cup\{x|x\geqq b\}$ で b は $[a,b)^c$ の内点でないから，$[a,b)^c$ は開集合ではない．したがって，$[a,b)$ は閉集合ではない．すなわち，$[a,b)$ は開集合でも閉集合でもない集合である．

de Morgan の公式によれば

$$\left(\bigcap_{\lambda\in\Lambda} F_\lambda\right)^c = \bigcup_{\lambda\in\Lambda} F_\lambda{}^c$$

で，$F_\lambda{}^c$ は開集合だから，§8，1）により，この等式の右辺は開集合である．よって

1）　閉集合の交わりは閉集合である．

また，$F_1, F_2, \cdots, F_n$ が閉集合であるとき，

$$\left(\bigcup_{p=1}^{n} F_p\right)^c = \bigcap_{p=1}^{n} F_p{}^c$$

において，$F_p{}^c$ は開集合だから，この等式の右辺は開集合である（§8，2)）．よって

2) **有限個の閉集合の結びは閉集合である．**

つぎに，$G-F=G\cap F^c$, $F-G=F\cap G^c$ だから

3) $G-F$ は開集合，$F-G$ は閉集合である．

A が点集合であるとき

$$A^a = \bigcap_{A\subseteq F} F$$

とおいて，A^a を A の**閉包**と名づける．

$$A \subseteq A^a.$$

どんな A をとっても，$A\subseteq \boldsymbol{R}$ で $\boldsymbol{R}$ は閉集合だから，$A\subseteq F$ なる閉集合 F はいつでも存在する．したがって，どの点集合 A も閉包 A^a をもっているわけである．1）により，A^a は閉集合である．

4) A が閉集合であるための必要十分条件は

$$A = A^a.$$

［証明］ i） A が閉集合のときは，$A\in\{F|A\subseteq F\}$ だから，

$$A = \bigcap_{A\subseteq F} F = A^a.$$

ii） 逆に，$A=A^a$ のときは，A^a が閉集合なのだから，A は閉集合である．

5) $x\in A^a$ のときは，x のどの近傍 U をとっても，$U\cap A\neq\emptyset$ である．

［証明］ $x\in G\subseteq U$ とし，$A\cap G\neq\emptyset$ を示す．かりに，

$A\cap G=\emptyset$ とすると，$A\subseteq G^c$ で G^c は閉集合だから，A^a の定義により，$A^a\subseteq G^c$．よって，$A^a\cap G=\emptyset$．これは $x\in A^a$，$x\in G$ という仮設に反する結果である．

逆に

6) x のどの近傍 U をとっても $U\cap A\neq\emptyset$ ならば $x\in A^a$ である．

［証明］ かりに，$x\notin A^a$ とすると，$x\in A^{ac}$ で A^{ac} は開集合だから，A^{ac} は x の開近傍である．しかるに，$A\subseteq A^a$ なのだから，$A^{ac}\subseteq A^c$．よって，$A^{ac}\cap A\subseteq A^c\cap A=\emptyset$．すなわち，$A^{ac}\cap A=\emptyset$．これは，$x$ のどの近傍 U をとっても $U\cap A\neq\emptyset$ という仮設に反する結果である．

（証明終）

x のどの近傍 U をとっても $U\cap A\neq\emptyset$ であるときは，x は A の**触点**とよばれる．A^a は，とりもなおさず，A の触点全部の集合である．

A の点はかならず A の触点であるが，逆に A の触点は A の点であるとは限らない（例6）．

例 6. $[a,b]$ の点は，明らかに，(a,b) の触点である．また，$[a,b]$ 以外の点，たとえば，$b<x$ なる x をとれば $U(x\,;\,x-b)\cap(a,b)=\emptyset$ だから，x は (a,b) の触点ではない．$x<a$ なる x についても同様である．よって

$$(a,b)^a=[a,b].$$

例 7. F が上に有界な閉集合であるとき，$b=\sup F$ とおくと，$b\in F$．F が下に有界なとき，$a=\inf F$ とおくと，$a\in F$．

［証明］前半だけ証明する．U を b の任意の近傍とし，$U(b\,;\,\rho)\subseteq U$ とする．

$b-\rho<b$ だから，上限の定義により，$x\in F, b-\rho<x$ なる x があるはずである．しかるに，$x\in F$ なら $x\leqq b$ なのだから，$b-\rho<x<b+\rho$．よって，$x\in U(b\,;\rho)\subseteq U$，すなわち，$F\cap U\neq\emptyset$，これは x が $F^a=F$ の点であることを意味する．　(証明終)

x のどの近傍 U をとっても，$U\cap(A-\{x\})\neq\emptyset$ であるとき，x は A の**集積点**であるという．x が A の集積点ならば，もとより，x は A の触点である．

問 2. x が A の集積点ならば x のどの近傍 U をとっても，$U\cap A$ に属する点が無限にたくさんある．逆に，x のどの近傍 U をとっても $U\cap A$ に属する点が無限にたくさんあれば x は A の集積点である．以上のことを証明する．

§11. 無限大の記号

$+\infty$ や $-\infty$ なる記号は微分積分学の初歩にもすでに登場している．たとえば，$f(x)=x^{\frac{1}{3}}$ とすると $f'(0)=+\infty$ というのはその一例である．ルベグ積分論では，便宜上，$-\infty, +\infty$ に実数に準じた性格を与え，実数に準じた扱いをする．

まず，実数全部の集合 $\boldsymbol{R}$ に $-\infty, +\infty$ をつけ加えた集合を $\overline{\boldsymbol{R}}$ で表わす：

$$\overline{\boldsymbol{R}}=\boldsymbol{R}\cup\{-\infty, +\infty\}.$$

こう定めると，$f(x)=x^{\frac{1}{3}}$ のとき，f の導函数 f' は $\boldsymbol{R}$ から $\overline{\boldsymbol{R}}$ の中への写像ということになる．こういうところから，今後，A $(A\subseteq\boldsymbol{R})$ から $\overline{\boldsymbol{R}}$ の中への写像も A を定義域とする函数とよぶことにする．とくに，A から $\boldsymbol{R}$ の中への写像は A を定義域とする**有限な函数**とよばれる．

また，x が実数で，したがって $-\infty$ でも $+\infty$ でもないとき，このことを強調するために，x を《**有限な数**》ということがある．

$\overline{\boldsymbol{R}}$ の元の大小関係について次のような約束をする：a が実数（有限な数）であるときは，

$$a<+\infty,\quad -\infty<a,\quad \text{また，}\quad -\infty<+\infty.$$

なお，

$$(a,+\infty)=\{x|a<x<+\infty\},$$
$$(-\infty,a)=\{x|-\infty<x<a\},$$
$$[a,+\infty)=\{x|a\leqq x<+\infty\},$$
$$(-\infty,a]=\{x|-\infty<x\leqq a\},$$
$$[a,+\infty]=\{x|a\leqq x\leqq +\infty\},$$
$$[-\infty,a]=\{x|-\infty\leqq x\leqq a\},$$
$$(-\infty,+\infty)=\boldsymbol{R},\quad [-\infty,+\infty]=\overline{\boldsymbol{R}}$$

などの記号ももちいられる．

$+\infty,-\infty$ を導入したおかげで，§2 で定義した上限下限の概念が有界でない点集合についても次のようにして定義される：

A が上に有界でないときは $\sup A=+\infty$ とおいて，$+\infty$ を A の上限という．§2 におけると同様に，$\sup A=+\infty$ は次の i)，ii）が成りたつことと同じ意味になる：

i） $x\in A$ ならば $x\leqq+\infty$,

ii） $L'<+\infty$ ならば $x\in A, L'<x$ なる x がある．

同様に，A が下に有界でないときは $\inf A=-\infty$ とおいて，$-\infty$ を A の下限とよぶ．§2 におけると同様に，

$\inf A = -\infty$ は次の i), ii) が成りたつことと同じことになる：

i) $x \in A$ ならば $x \geqq -\infty$,

ii) $-\infty < l'$ ならば $x \in A, x < l'$ なる x がある.

$+\infty, -\infty$ に関係のある加減乗除については，次のような約束をもうける：a は有限な数（実数）であるとし，

$$a+(+\infty) = (+\infty)+a = +\infty, \quad (+\infty)-a = +\infty,$$
$$a-(+\infty) = -\infty, \quad (+\infty)+(+\infty) = +\infty,$$
$$a+(-\infty) = (-\infty)+a = -\infty, \quad (-\infty)-a = -\infty,$$
$$a-(-\infty) = +\infty, \quad (-\infty)+(-\infty) = -\infty.$$

$a>0$ ならば

$$a\cdot(+\infty) = (+\infty)\cdot a = +\infty,$$
$$a\cdot(-\infty) = (-\infty)\cdot a = -\infty.$$

$a<0$ ならば

$$a\cdot(+\infty) = (+\infty)\cdot a = -\infty,$$
$$a\cdot(-\infty) = (-\infty)\cdot a = +\infty.$$
$$(+\infty)\cdot(+\infty) = +\infty,$$
$$(-\infty)\cdot(-\infty) = +\infty,$$
$$(+\infty)\cdot(-\infty) = (-\infty)\cdot(+\infty) = -\infty,$$
$$\frac{a}{+\infty} = 0, \quad \frac{a}{-\infty} = 0,$$
$$0\cdot(+\infty) = (+\infty)\cdot 0 = 0,$$
$$0\cdot(-\infty) = (-\infty)\cdot 0 = 0.$$

注意 1. $(+\infty)-(+\infty)$, $(-\infty)-(-\infty)$, $(+\infty)+(-\infty)$, $(-\infty)+(+\infty)$, $\dfrac{\pm\infty}{\pm\infty}$, $\dfrac{a}{0}$, $\dfrac{\pm\infty}{0}$ という演算は定義されない.

これらの算法は無意味なものとして，これを扱わないことに約束する．なお，本文の最後の2行の$0\cdot(+\infty)$などは通常無意味とされているが，積分論ではこれが0にひとしいと定めておいた方が便利なのである．

注意 2. 今後は，$x<+\infty$ は x が実数か $-\infty$ であること，$-\infty<x$ は x が実数か $+\infty$ であること，$-\infty<x<+\infty$ は x が実数であることを表わすことに注意する．

最後に絶対値についての約束を書いてこの節をおわる：

$$|+\infty| = |-\infty| = +\infty.$$

§12. 数列の極限値

$+\infty$ と $-\infty$ を導入したので，これからは，数列

(1) $$\{a_1, a_2, \cdots, a_n, \cdots\}$$

というとき，$a_n=+\infty$ や $a_n=-\infty$ であってもいいことにする．そう約束した上で，数列 (1) の**極限値**を次のように定義する：

$\alpha=\lim_n a_n$ というのは

(2) $\lambda<\alpha<\Lambda$ なる λ, Λ を任意に与えたとき，$n\geqq N$ ならば $\lambda<a_n<\Lambda$

なる自然数 N をいつでもえらべることをいう．いいかえると，$\lambda<a_n<\Lambda$ でない a_n はあるにしても有限個であるということを意味する．

注意 1. $\alpha=+\infty$ のときには，$+\infty<\Lambda$ なる Λ はないので，(2) において，$\lambda<a_n<\Lambda$ の代わりに $\lambda<a_n$ とする．また，$\alpha=-\infty$ のときは，$\lambda<a_n<\Lambda$ の代わりに $a_n<\Lambda$ とする．

注意 2. $-\infty<\alpha<+\infty$ のときは，$\alpha=\lim_n a_n$ の定義を，ふつう

行なわれているように，次のようにしても上の定義と同じことに帰着する：

(2′) ε がどんな正数でも，$n \geqq N$ ならば $|a_n-\alpha|<\varepsilon$ なる自然数 N をえらぶことができる．

注意 3. 級数 $\sum_{n=1}^{\infty} a_n$ の和は $\lim_n \sum_{p=1}^{n} a_p$ であると定義する．ただし，$+\infty+(-\infty)$ という算法は無意味だから，a_n のなかに $+\infty$ と $-\infty$ が両方あるときには級数 $\sum_{n=1}^{\infty} a_n$ の和は考えられない．

数列 (1) はいつでも極限値をもつとはかぎらない．しかし，そういう場合にも**最大極限値*** $\overline{\lim_n} a_n$, **最小極限値**** $\underline{\lim_n} a_n$ なるものを考えることができる．その定義は次のとおりである．

$$\text{(3)} \qquad \bar{a}_n = \sup\{a_n, a_{n+1}, \cdots, a_{n+p}, \cdots\},$$
$$\underline{a}_n = \inf\{a_n, a_{n+1}, \cdots, a_{n+p}, \cdots\}$$

とおくとき

$$\text{(4)} \qquad \overline{\lim_n} a_n = \inf\{\bar{a}_1, \bar{a}_2, \cdots, \bar{a}_n, \cdots\},$$
$$\underline{\lim_n} a_n = \sup\{\underline{a}_1, \underline{a}_2, \cdots, \underline{a}_n, \cdots\}.$$

注意 4. $\bar{a}_n \geqq \bar{a}_{n+1}$，$\underline{a}_n \leqq \underline{a}_{n+1} (n=1,2,\cdots)$ だから，$\overline{\lim_n} a_n = \lim_n \bar{a}_n$, $\underline{\lim_n} a_n = \lim_n \underline{a}_n$（この節の終りの問 2 による）．

例 1. $a_n = (-1)^n\left(1+\dfrac{1}{n}\right)$ とすると，$\bar{a}_{2n-1} = \bar{a}_{2n} = 1+\dfrac{1}{2n}$，$\underline{a}_{2n} = \underline{a}_{2n+1} = -\left(1+\dfrac{1}{2n+1}\right)$ だから $\overline{\lim_n}(-1)^n\left(1+\dfrac{1}{n}\right)=1$，$\underline{\lim_n}(-1)^n\cdot\left(1+\dfrac{1}{n}\right)=-1$.

---

*　優極限値，上極限値ともいう．

**　劣極限値，下極限値ともいう．

1)　$\overline{\alpha}=\overline{\lim_{n}}a_n$ であるための必要十分条件は次の a)，b) である：

a)　$\lambda<\overline{\alpha}$ ならば $\lambda<a_n$ なる a_n が無限にたくさんある.

b)　$\overline{\alpha}<\Lambda$ ならば $\Lambda\leqq a_n$ なる a_n はあるにしても有限個である.

［証明］ i)（必要）：$\overline{\alpha}=\overline{\lim_{n}}a_n$ とすると，(4) により，$\lambda<\overline{\alpha}$ なら $\overline{a}_n>\lambda\ (n=1,2,\cdots)$ だから，(3) により，n がどの自然数でも $a_{n+p}>\lambda$ なる a_{n+p} がある*．また，$\overline{\alpha}<\Lambda$ ならば，$\overline{a}_N<\Lambda$ なる $\overline{a}_N$ があるはずである*．$\overline{a}_N=\sup\{a_N, a_{N+1},\cdots,a_{N+p},\cdots\}$ だから，$n\geqq N$ ならば，$a_n<\Lambda$.

ii)（十分）：条件 a)，b) がみたされているとする．a) により，$\lambda<\overline{\alpha}$ なる任意の λ に対し $\overline{a}_n>\lambda(n=1,2,\cdots)$．よって，(4) により，$\overline{\lim_{n}}a_n\geqq\lambda$．したがって，$\overline{\lim_{n}}a_n\geqq\overline{\alpha}$．また，$\overline{\alpha}<\Lambda$ なる任意の Λ に対して，b) により，自然数 N を十分大きくえらぶならば $a_{N+p}<\Lambda\,(p=1,2,\cdots)$．すなわち，$\overline{a}_{N+p}\leqq\Lambda\,(p=1,2,\cdots)$．よって，(4) により，$\overline{\lim_{n}}a_n\leqq\Lambda$．したがって，$\overline{\lim_{n}}a_n\leqq\overline{\alpha}$.

2)　$\underline{\alpha}=\underline{\lim_{n}}a_n$ であるための必要十分条件は次の a′)，b′) である：

a′)　$\underline{\alpha}<\Lambda$ ならば $a_n<\Lambda$ なる a_n が無限にたくさんある.

b′)　$\lambda<\underline{\alpha}$ ならば $a_n\leqq\lambda$ なる a_n は，あるにしても，有

＊　上限，下限の定義による（§11）.

限個である.

証明法は1）と同様である.

3） $\lim_n a_n$ が存在するための必要十分条件は $\overline{\lim_n} a_n = \underline{\lim_n} a_n$ である．なお，このとき，$\lim_n a_n = \overline{\lim_n} a_n = \underline{\lim_n} a_n$.

［証明］ i)（必要）: $\alpha = \lim_n a_n$ とし，$\overline{\alpha} = \alpha$ とおけば1）の a)，b）が成りたつから $\alpha = \overline{\lim_n} a_n$. また，$\underline{\alpha} = \alpha$ とおけば，2）の a′)，b′）が成りたつから，$\alpha = \underline{\lim_n} a_n$.

ii)（十分）: $\alpha = \overline{\lim_n} a_n = \underline{\lim_n} a_n$，$\lambda < \alpha < \Lambda$ とし，1）の b）で $\overline{\alpha} = \alpha$ とおくと $\Lambda \leqq a_n$ なる a_n は有限個しかない．また，2) の b′) で $\underline{\alpha} = \alpha$ とおくと，$a_n \leqq \lambda$ なる a_n は有限個しかない．したがって，$\lambda < a_n < \Lambda$ でない a_n は有限個しかない．よって，N を十分大きくとると，

$$n \geqq N \text{ ならば } \lambda < a_n < \Lambda.$$

すなわち，$\lim_n a_n = \alpha$.

問 1. $a_n \leqq b_n (n=1, 2, \cdots)$ なるとき $\underline{\lim_n} a_n \leqq \underline{\lim_n} b_n$，$\overline{\lim_n} a_n \leqq \overline{\lim_n} b_n$ を証明する.

問 2. $a_n \leqq a_{n+1} (n=1, 2, \cdots)$ なるときは，極限値 $\lim_n a_n$ が存在し，しかも $\lim_n a_n = \sup\{a_1, a_2, \cdots, a_n, \cdots\}$ なることを証明する.

問 3. $\underline{\lim_n}(-a_n) = -\overline{\lim_n} a_n$ を証明する.

III. ルベーグ測度

区間 $[a, b)$ の長さは $b-a$ であると考えられている．ところが，ルベーグ積分を考えるためには，序説（I 章）でのべたように，区間以外の（数直線上の）点集合についても《長さ》を考えなければならない．この広い意味の《長さ》をどう定義するか，その性質はどんなものかを説明するのがこの章の主題である．数直線上で《測度》というのは，今いった広い意味の《長さ》を指すことばである．

§1. 測度の問題

閉区間 $[a, b]$ や半開区間 $[a, b)$ などについては $b-a$ をその長さとよぶのがふつうである．数直線 $\boldsymbol{R}$ における点集合で区間でないものにも区間の長さに相当するものを定義したいというのが当面の問題である．このように長さの概念を拡張するに際し，長さということばの代わりに今後は《**測度**》ということばを使うことにする．

測度がいまのべたようなものであるとすると，それは常識上当然こうあるべきだと期待されるような条件をみたしていなければならない．A が $\boldsymbol{R}$ 上の点集合であるとき，その測度を $m(A)$ で表わすこととし，ここに今いった条件を書きならべてみよう．

L1） $0 \leqq m(A) \leqq +\infty$．とくに $A=\emptyset$ ならば $m(A)=0$．

L2)　$A_1, A_2, \cdots, A_n, \cdots$ が交わらない*点集合の列ならば

$$m\left(\bigcup_{n=1}^{\infty} A_n\right) = \sum_{n=1}^{\infty} m(A_n).$$

注意 1. この場合 $\bigcup_{n=1}^{\infty} A_n$ はいわゆる直和*である．

L3)　$m([a, b)) = b - a$.

L4)　点集合 B が A と合同ならば $m(A) = m(B)$.

注意 2. L2) の右辺の意味は次の約束に従う：$a_n \geqq 0$ $(n=1, 2, \cdots)$ のとき，a_n のなかに $+\infty$ にひとしいものがあれば，$\sum_{n=1}^{\infty} a_n = +\infty$ と定める（II, §12, 注意 3）．その他の場合には $\sum_{n=1}^{\infty} a_n$ は通常の意味の正項級数の和と考える．

注意 3. L2) において，$n > k$ ならば $A_n = \emptyset$ である場合を考えると，L1) により，$m(A_n) = 0$ $(n = k+1, k+2, \cdots)$ で，$\bigcup_{n=1}^{\infty} A_n = \bigcup_{n=1}^{k} A_n$ だから

$$m\left(\bigcup_{n=1}^{k} A_n\right) = \sum_{n=1}^{k} m(A_n)$$

であることに注意する．

理想をいえば，以上の 4 条件すべてをみたすような測度 m を $\boldsymbol{R}$ 上のあらゆる点集合について定義すべきであることはいうまでもない．しかしながら，残念なことに，そういう理想は望んでも実現しえないことが知られているのである**．

したがって，測度について語ることを断念しないためには次善の策をとって，なるべく広い範囲の点集合について測度を定義しようと試みるほかに道はない．このような試

---

*　II, §9（67 ページ）．

**　付録，§6．

みへの道程として，いささか回り道になるが，次節以下しばらくの間《外測度》なるものを考えることにする．

注意 4. 測度ということばは平面 $\boldsymbol{R}^2(=\boldsymbol{R}\times\boldsymbol{R})$ においては面積にあたるものを指し，3 次元空間 $\boldsymbol{R}^3(=\boldsymbol{R}\times\boldsymbol{R}\times\boldsymbol{R})$ では体積にあたるものを指すことばである．もっと一般に，n 次元空間 $\boldsymbol{R}^n$ においても測度なるものが考えられている．

§2. 外測度

前節の条件 L1)—L4) をすこし緩やかにしたら $\boldsymbol{R}$ 上のすべての点集合について多少とも区間の長さに類似したものを定義できないだろうか——こういう問題に対する回答として与えられるものが，すなわち，ここにいう**外測度**である．点集合 A の外測度を $m^*(A)$ で表わすことにすれば，L1)—L4) に代わるべき《緩やかな条件》とは次の C1)—C5) である．

C1)　$0\leqq m^*(A)\leqq+\infty$，とくに $A=\emptyset$ ならば $m^*(A)=0$.

C2)　$A\subseteq B$ ならば $m^*(A)\leqq m^*(B)$.

C3)　$m^*(\bigcup_{n=1}^{\infty}A_n)\leqq\sum_{n=1}^{\infty}m^*(A_n)$.

C4)　$m^*([a,b))=b-a$.

C5)　点集合 B が A と合同ならば $m^*(A)=m^*(B)$.

注意 1. C3) においては，L2) とちがって，$\bigcup_{n=1}^{\infty}A_n$ は直和であることを要求されていない．また，§1，注意 3 と同様に

$$m^*\left(\bigcup_{n=1}^{k}A_n\right)\leqq\sum_{n=1}^{k}m^*(A_n).$$

外測度をどういう方法で定義するかは，§3，§4 で準備をととのえた上で §5 で説明する．

§3. Borel-Lebesgue の被覆定理

今後たびたび必要になるので，次の Borel-Lebesgue（ボレル・ルベグ）の被覆定理*をここで証明しておく．これは測度論ばかりでなく，数学解析全般において大きな役割を演ずる重要な定理である．

まず，被覆ということばの定義から話をはじめる：$A \subseteq \bigcup_{\lambda \in \Lambda} A_\lambda$であるとき，$\{A_\lambda | \lambda \in \Lambda\}$ は A を**被覆する**といい，$\{A_\lambda | \lambda \in \Lambda\}$ を A の**被覆**という．とくに，A_λ がいずれも開集合のときは A の**開被覆**とよばれる．また，Λ，したがって，$\{A_\lambda | \lambda \in \Lambda\}$ が有限集合のときは A の**有限被覆**ということばがもちいられる．

例 1. A の各点 x においてその任意の開近傍 $U(x)$ をとると，$A \subseteq \bigcup_{x \in A} U(x)$，ゆえに，$\{U(x) | x \in A\}$ は A の開被覆である．

1)（Borel-Lebesgue の被覆定理） F は有界閉集合，$\{G_\lambda | \lambda \in \Lambda\}$ は F の開被覆：

$$F \subseteq \bigcup_{\lambda \in \Lambda} G_\lambda$$

であるとき，$\{G_\lambda | \lambda \in \Lambda\}$ のなかから有限個の G_λ をえらんで F の有限被覆をつくることができる：

$$F \subseteq G_{\lambda(1)} \cup G_{\lambda(2)} \cup \cdots \cup G_{\lambda(n)}$$
$$(\lambda(p) \in \Lambda,\ p = 1, 2, \cdots, n).$$

［証明］　以下，《$\{G_\lambda | \lambda \in \Lambda\}$ のなかから有限個の G_λ をえらんでえられる有限被覆がある》という代わりに，簡単に

---

*　Heine-Borel（ハイネ・ボレル）の定理ともよばれる．

《有限被覆可能》ということにする.

証明は背理法による.

かりに, F は有限被覆可能でないとしてみる. $a=\inf F$, $b=\sup F$ とおいて $[a,b]$ をその中点 $c=\dfrac{a+b}{2}$ によって2等分し, $[a,b]=[a,c]\cup[c,b]$ とすると, 閉集合 $F\cap[a,c]$, $F\cap[c,b]$ のうち少なくとも一つは有限被覆可能ではない. (もし, 両方とも有限被覆可能ならば, $F=F\cap[a,b]=(F\cap[a,c])\cup(F\cap[c,b])$ だから, F 自身有限被覆可能であったことになる). よって, 有限被覆可能でない方を $F\cap[a_1,b_1]$ であるとする. ここに $[a_1,b_1]$ は $[a,c]$ か $[c,b]$ かいずれかであって,

$$a \leqq a_1 < b_1 \leqq b, \quad b_1-a_1=(b-a)2^{-1}.$$

こんどは, $[a_1,b_1]$ をその中点によって2等分し, いまと同様にして, 有限被覆可能でない閉集合 $F\cap[a_2,b_2]$ をえらぶ.

$$a \leqq a_1 \leqq a_2 < b_2 \leqq b_1 \leqq b,$$
$$b_2-a_2=(b_1-a_1)2^{-1}=(b-a)2^{-2}.$$

$[a_2,b_2]$ について同様のことを行ない, この手続きをどこまでも続けていくと, ここに, 有限被覆可能でない閉集合の列

$$F\cap[a_n,b_n] \quad (n=1,2,\cdots)$$

がえられる. もとより, $F\cap[a_n,b_n]\neq\varnothing$ で*,

* もし $F\cap[a_n,b_n]=\varnothing$ ならば, どの G_λ をとっても $F\cap[a_n,b_n]\subseteq G_\lambda$ だから, $F_n\cap[a_n,b_n]$ は1個の G_λ で被覆され, 有限被覆可能である.

(1) $$a \leqq a_n \leqq a_{n+1} < b_{n+1} \leqq b_n \leqq b,$$
$$b_n - a_n = (b-a)2^{-n}.$$

(1) により，$p \leqq q$ ならば $a_p \leqq a_q < b_q$ だから，$a_p < b_q$. また，$p > q$ ならば $a_p < b_p \leqq b_q$ だから，$a_p < b_q$. すなわち，p, q がどんな自然数でも

(2) $$a_p < b_q.$$

よって，$\alpha = \sup\{a_n | n \in \mathbf{N}\}$ とおくと，(2) により，どの b_n も $\{a_n | n \in \mathbf{N}\}$ の上界だから

$$a \leqq a_n \leqq \alpha \leqq b_n \leqq b \quad (n = 1, 2, \cdots).$$

いま，α の任意の近傍 U をとったとき，$U(\alpha\,;\rho) \subseteq U$ であるとすると，$b_n - a_n = (b-a)2^{-n} < \rho$ なる n に対しては $[a_n, b_n] \subseteq U(\alpha\,;\rho) \subseteq U$. しかるに，$F \cap [a_n, b_n] \neq \emptyset$ だから，$F \cap U \neq \emptyset$. すなわち α は閉集合 F の触点である．したがって，$\alpha \in F^a = F$ でなければならない．

このように，$\alpha \in F$ である以上，仮設により，$\alpha \in G_\lambda$ なる G_λ があるはずだから，これを G_{λ_0} とすると，たったいま U についてのべたと同様にして，n を十分大きくとれば $[a_n, b_n] \subseteq G_{\lambda_0}$. したがって，$F \cap [a_n, b_n] \subseteq G_{\lambda_0}$. すなわち，$F \cap [a_n, b_n]$ はただ1個の G_{λ_0} で被覆され，有限被覆可能であることになってしまった．これは，$F \cap [a_n, b_n]$ の定義と矛盾する結果といわなければならない．

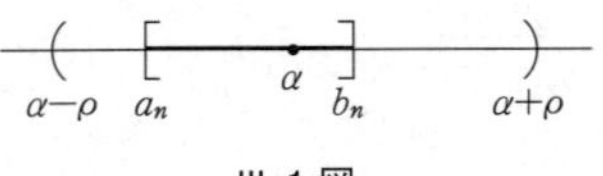

III-1 図

注意 1. 有界な閉集合 F の各点が A_λ $(\lambda\in\Lambda)$ のどれかの内点であるときは，$G_\lambda=A_\lambda{}^i$ とおくと*，$F\subseteq\bigcup_{\lambda\in\Lambda}G_\lambda$ だから F は，上の定理により，有限個の G_λ で被覆される．$G_\lambda=A_\lambda{}^i\subseteq A_\lambda$ なのだからこれは F が有限個の A_λ で被覆され，しかも，F の各点はそれらの A_λ の結びの内点になっていることになる．

注意 2. 上の定理の証明で閉区間を 2 等分する手続きをくり返したが，このように，$[a_n, b_n]\supseteq[a_{n+1}, b_{n+1}]$ $(n=1, 2, \cdots)$, $b_n-a_n\to 0$ なる閉区間の列をもちいる証明法を**区間縮小法**とよんでいる．

§4. 区間についての諸定理

外測度は半開区間の長さをもとにして定義される．ここに半開区間というとき，II，§9，i）の約束に従い右半開区間を意味する．今後，I, I_n などの記号は，とくに断わらないかぎり，半開区間を表わすこととし，$|I|$ は半開区間 I の長さを表わすものとする：$|[a, b)|=b-a$．また，空集合 $\emptyset$ も半開区間の一種と考える．ただし，$|\emptyset|=0$．

半開区間の長さの話にたち入るのに先きだって，半開区間そのものについて重要な定理を二つあげておく．証明は簡単だから読者に任せよう．

I1） $I_1\cap I_2$ は，やはり，半開区間である（$\emptyset$ も半開区間である）．

I2） I_1-I_2 は二つの半開区間の直和である（ただし，この二つの半開区間は一方または両方が空集合 $\emptyset$ であることもある）．

---

* $A_\lambda{}^i$ は A_λ の内核（II，§8）である．

こうした上で，半開区間の長さの問題にはいろう．

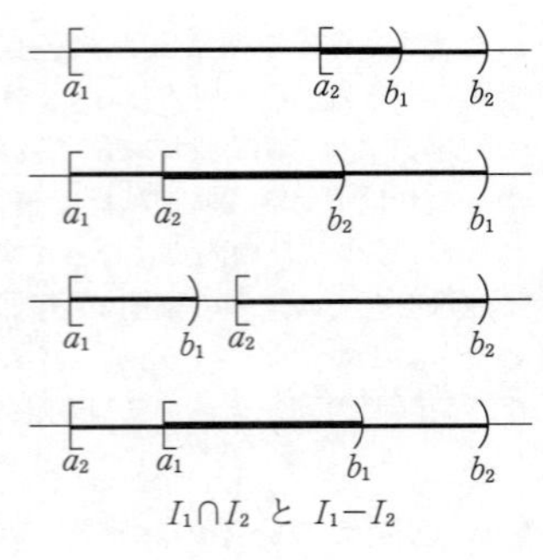

III-2 図

1) $I \subseteq \bigcup_{p=1}^{n} I_p$ ならば

(1) $|I| \leqq \sum_{i=1}^{n} |I_i|$

［証 明］ $I=[a, b), I_i=[a_i, b_i)\ (i=1, 2, \cdots, n)$ とする．

s は自然数であるとし

$$(2) \qquad \frac{r}{s} \in I,\ \text{すなわち,}\ a \leqq \frac{r}{s} < b$$

であるような

$$\frac{r}{s} \quad (r=0, \pm 1, \pm 2, \cdots)$$

の個数を N で*，また，

$$(3) \quad \frac{r}{s} \in I_i,\ \text{すなわち,}\ a_i \leqq \frac{r}{s} < b_i \quad (i=1, 2, \cdots, n)$$

であるような $\frac{r}{s}$ の個数を N_i であらわすことにする．$\frac{r}{s}$ が (2) の条件をみたすときは (3) の n 個の条件のどれかをみたさなければならない．よって，

$$(4) \qquad N \leqq N_1 + N_2 + \cdots + N_n.$$

いま，$\frac{p-1}{s} < a \leqq \frac{p}{s},\ \frac{q}{s} < b \leqq \frac{q+1}{s}$，すなわち

---

* $N = s\sum_{a \leqq \frac{r}{s} < b}\left(\frac{r}{s} - \frac{r-1}{s}\right)$.

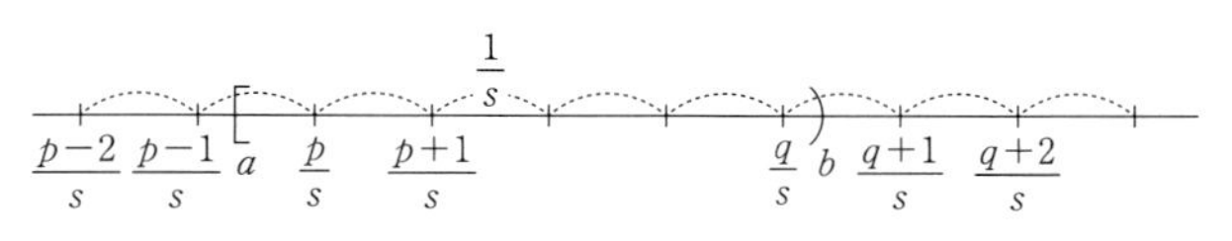

III-3 図

(5) $\qquad sa+1 > p \geqq sa,\quad sb-1 \leqq q < sb$

によって整数 p, q を定めれば $N=q-p+1$ である．よって，(5) により

(6) $\qquad s(b-a)-1 < N < s(b-a)+1.$

同様にして，

(7) $\quad s(b_i-a_i)-1 < N_i < s(b_i-a_i)+1 \quad (i=1, 2, \cdots, n).$

(4)，(6)，(7) から，

$$s(b-a)-1 < \sum_{i=1}^{n}[s(b_i-a_i)+1],$$

すなわち，

$$b-a-\frac{1}{s} < \sum_{i=1}^{n}\left[(b_i-a_i)+\frac{1}{s}\right].$$

ここで，$s \to +\infty$ とすれば

$$b-a \leqq \sum_{i=1}^{n}(b_i-a_i).$$

注意 1. 実をいうと，1) は次のようにして簡単に証明できる：必要に応じ番号を付けかえた上で，

$a_1 \leqq a < b_1,\quad a_n < b \leqq b_n,\quad a_{p+1} < b_p \leqq b_{p+1} \quad (p=1, 2, \cdots, n-1)$

であると仮定しても一般性を失わないから，

$$b-a \leqq b_n-a_1 = (b_1-a_1)+\sum_{p=1}^{n-1}(b_{p+1}-b_p) \leqq \sum_{p=1}^{n}(b_p-a_p).$$

しかし，平面や3次元空間，さらには一般に $\boldsymbol{R}^n$ で1）に類似の定理をこれと同様な方法で証明しようとすると，なかなかめんどうである，本文のような証明法なら，そのまま，$\boldsymbol{R}^n$ の場合にも適用できる．この証明法はJ. von Neumann（フォン・ノイマン）の本から借りた．なお，いまのべたことは次の定理2）にもあてはまる．

2） $I_1, I_2, \cdots, I_n$ が交わらない半開区間で $\bigcup_{i=1}^n I_i \subseteq I$ ならば

$$\sum_{i=1}^{n}|I_i| \leqq |I|.$$

［証明］ 1）の証明のときと同じ記号を使えば，こんどは

$$N_1+N_2+\cdots+N_n \leqq N$$

だから，(7) により

$$\sum_{i=1}^{n}\left(b_i-a_i-\frac{1}{s}\right) < (b-a)+\frac{1}{s}.$$

$s\to+\infty$ とすれば

$$\sum_{i=1}^{n}(b_i-a_i) \leqq (b-a).$$

3） $I_1, I_2, \cdots, I_n$ が交わらない半開区間で $I=\bigcup_{i=1}^n I_i$ ならば

$$|I| = \sum_{i=1}^{n}|I_i|.$$

［証明］ $I\subseteq\bigcup_{i=1}^n I_i$ なのだから，1）により，$|I|\leqq \sum_{i=1}^n |I_i|$．また，$\bigcup_{i=1}^n I_i\subseteq I$ なのだから，2）により，$|I|\geqq$

$\sum_{i=1}^{n}|I_i|$.

4) $I\subseteq\bigcup_{n=1}^{\infty}I_n$ ならば

$$|I| \leqq \sum_{n=1}^{\infty}|I_n|.$$

［証明］ $\sum_{n=1}^{\infty}|I_n|<+\infty$ のときだけ証明すれば十分である．

$I=[a,b), I_n=[a_n,b_n)$ であるとし，ε が任意の正数であるとき $\eta<\min\{\varepsilon\cdot 2^{-1},(b-a)2^{-1}\}$, $\eta_n<\varepsilon\cdot 2^{-(n+1)}$ なる正数 η,η_n をとって，

$$J=[a,b-\eta),\quad J^a=[a,b-\eta],$$
$$J_n=[a_n-\eta_n,b_n),\quad J_n{}^i=(a_n-\eta_n,b_n)$$

とおく．$J\subseteq J^a\subseteq I$, $I_n\subseteq J_n{}^i$ だから

$$J^a\subseteq\bigcup_{n=1}^{\infty}J_n{}^i.$$

ここに J^a は有界閉集合，$J_n{}^i$ はいずれも開集合である．

よって，Borel-Lebesgue の被覆定理（§3）により，有限個の $J_{n(1)}{}^i, J_{n(2)}{}^i,\cdots,J_{n(k)}{}^i$ をうまくえらべば

$$J^a\subseteq J_{n(1)}{}^i\cup J_{n(2)}{}^i\cup\cdots\cup J_{n(k)}{}^i,$$

すなわち，

$$J\subseteq J_{n(1)}\cup J_{n(2)}\cup\cdots\cup J_{n(k)}.$$

よって，1）により

$$|J|\leqq|J_{n(1)}|+|J_{n(2)}|+\cdots+|J_{n(k)}|\leqq\sum_{n=1}^{\infty}|J_n|.$$

しかるに，

$$0<|I|-|J|=\eta<\varepsilon\cdot 2^{-1},$$

$$0 < |J_n| - |I_n| = \eta_n < \varepsilon \cdot 2^{-(n+1)}$$

だから,

$$\begin{aligned}|I| < |J| + \varepsilon \cdot 2^{-1} &\leqq \sum_{n=1}^{\infty} |J_n| + \varepsilon \cdot 2^{-1} \\ &< \sum_{n=1}^{\infty} (|I_n| + \varepsilon \cdot 2^{-(n+1)}) + \varepsilon \cdot 2^{-1} \\ &= \sum_{n=1}^{\infty} |I_n| + \sum_{n=1}^{\infty} \varepsilon \cdot 2^{-(n+1)} + \varepsilon \cdot 2^{-1}.\end{aligned}$$

すなわち, $|I| < \sum_{n=1}^{\infty} |I_n| + \varepsilon$. よって, $|I| \leqq \sum_{n=1}^{\infty} |I_n|$.

5) $I_1, I_2, \cdots, I_n, \cdots$ が交わらない半開区間の列で $I = \bigcup_{n=1}^{\infty} I_n$ ならば

$$|I| = \sum_{n=1}^{\infty} |I_n|.$$

問 1. 5) を証明する.

注意 2. 以上の長さについての諸定理のうち, 最も重要なのは 3) と 4) とである.

§5. 外測度の定義

準備ができたので外測度の定義にとりかかる. 以下 I, I_n, I_{np} などの記号は§4 で約束したように, 半開区間をあらわすこととする.

A が任意の点集合であるとき, その外測度 $m^*(A)$ の定義は次のとおりである：条件

$$A \subseteq \bigcup_{n=1}^{\infty} I_n \tag{1}$$

をみたすような半開区間の列

$$\{I_1, I_2, \cdots, I_n, \cdots\} \tag{2}$$

のおのおのについて $\sum_{n=1}^{\infty}|I_n|$ をつくる．このようなすべての $\sum_{n=1}^{\infty}|I_n|$ から成る集合の下限を $m^*(A)$ であらわし，これを A の**外測度**という：

$$m^*(A) = \inf\left\{\sum_{n=1}^{\infty}|I_n| \,\middle|\, A \subseteq \bigcup_{n=1}^{\infty} I_n\right\}. \tag{3}$$

注意 1. $I_n=[-n, n)$（ただし $n=1, 2, \cdots$）とすれば，どんな A についても $A\subseteq\bigcup_{n=1}^{\infty}I_n$. よって，条件（1）をみたすような列（2），いいかえれば，半開区間の列による A の被覆（§3）はいつでも存在する．

注意 2. $A\subseteq I_1\cup I_2\cup\cdots\cup I_k$ のときは，$I_n=\emptyset$ $(n=k+1, k+2, \cdots)$ であるとして，（1）の特別の場合と考える．この場合 $\sum_{n=1}^{k}|I_n|$ が $\sum_{n=1}^{\infty}|I_n|$ の役割をつとめる．

いま定義した外測度が§2の条件 C1），C2），C3），C4），C5）をみたすことは次のようにして示される．

C1）の証明：$\sum_{n=1}^{\infty}|I_n|\geqq 0$ だから $0\leqq m^*(A)\leqq+\infty$. また，とくに $A=\emptyset$ のときは，どの半開区間 I をとっても $A\subseteq I$ だから，ε がどんな正数であっても $A\subseteq[0, \varepsilon)$. よって $0\leqq m^*(A)\leqq|[0, \varepsilon)|=\varepsilon$. したがって，$m^*(A)=0$ でなければならない*.

C2）の証明：$A\subseteq B$ のとき，$B\subseteq\bigcup_{n=1}^{\infty}I_n$ ならば，$A\subseteq\bigcup_{n=1}^{\infty}I_n$ だから，$m^*(A)\leqq\sum_{n=1}^{\infty}|I_n|$. よって

* 注意 2 で $k=1$ の場合にあたる．

$$m^*(A) \leqq \inf\left\{\sum_{n=1}^{\infty}|I_n| \,\middle|\, B \subseteq \bigcup_{n=1}^{\infty} I_n\right\} = m^*(B).$$

C3) の証明：$A=\bigcup_{n=1}^{\infty} A_n$ とおくと，もし $\sum_{n=1}^{\infty} m^*(A_n)=+\infty$ ならば，もとより，$m^*(A) \leqq \sum_{n=1}^{\infty} m^*(A_n)$．よって，$\sum_{n=1}^{\infty} m^*(A_n)<+\infty$ としてこの不等式を証明する．各 A_n に対し $m^*(A_n) \leqq \sum_{n=1}^{\infty} m^*(A_n)$ だから，$m^*(A_n)<+\infty$ に注意する．

ε を任意の正数とし，まず，A_n のおのおのに対し

$$A_n \subseteq \bigcup_{p=1}^{\infty} I_{np}, \quad \sum_{p=1}^{\infty}|I_{np}| < m^*(A_n)+\frac{\varepsilon}{2^n}$$

であるような列 $\{I_{n1}, I_{n2}, \cdots, I_{np}, \cdots\}$ をえらんでおく．その上で II, §6, 4) により，$\{I_{np} \mid n=1,2,\cdots;\, p=1,2,\cdots\}$ を列の形に書きなおしたものを $\{I_1, I_2, \cdots, I_n, \cdots\}$ とすれば，$A \subseteq \bigcup_{n=1}^{\infty} I_n$．

よって，

$$m^*(A) \leqq \sum_{n=1}^{\infty}|I_n|.$$

しかるに，k が任意の自然数のとき，$I_1, I_2, \cdots, I_k$ は，いずれももとの I_{np} $(n, p=1,2,\cdots)$ のなかからひろい出したものだから

$$\sum_{n=1}^{k}|I_n| \leqq \sum_{n=1}^{\infty}\sum_{p=1}^{\infty}|I_{np}| < \sum_{n=1}^{\infty}\left(m^*(A_n)+\frac{\varepsilon}{2^n}\right)$$

$$= \sum_{n=1}^{\infty} m^*(A_n)+\varepsilon.$$

したがって，

$$m^*(A) \leqq \sum_{n=1}^{\infty}|I_n| = \lim_k \sum_{n=1}^{k}|I_n| \leqq \sum_{n=1}^{\infty} m^*(A_n)+\varepsilon.$$

すなわち，任意の正数 ε に対し $m^*(A)\leqq\sum_{n=1}^{\infty}m^*(A_n)+\varepsilon$ なのだから，

$$m^*(A) \leqq \sum_{n=1}^{\infty} m^*(A_n).$$

C4) の証明：$I=[a,b)$ とおくと $[a,b)\subseteq I$ だから $m^*(I)\leqq|I|=b-a$ （注意 2 の $n=1$ の場合）．つぎに，$[a,b)\subseteq\bigcup_{n=1}^{\infty}I_n$ ならば，§4，4) により，$|[a,b)|\leqq\sum_{n=1}^{\infty}|I_n|$．よって，

$$b-a = |[a,b)| \leqq \inf\left\{\sum_{n=1}^{\infty}|I_n| \,\middle|\, I\subseteq\bigcup_{n=1}^{\infty}I_n\right\}=m^*(I).$$

すなわち，

$$m^*([a,b)) = b-a.$$

問 1. $m^*([a,b])=m^*((a,b))=b-a$ を証明する.

C5) の証明：《点集合 B が A に合同》とは，適当な数 α をえらんで $f(x)=x+\alpha$ とおいて，$\boldsymbol{R}$ から $\boldsymbol{R}$ への全単射 f を定義したとき，$f:A\sim B$ であることを意味する (II，§4)．ここで，とくに，$f:I_n\sim I_n'$, $I_n=[a_n,b_n)$, $I_n'=f([a_n,b_n))$ とすれば，$I_n'=[a_n+\alpha,b_n+\alpha)$ だから，I_n' も半開区間で $|I_n'|=|I_n|$ である.

いま，$f:A\sim B$ とし，条件 (1) をみたすような I_n $(n=1,2,\cdots)$ をとって，$I_n'=f(I_n)$ とおけば $B\subseteq\bigcup_{n=1}^{\infty}I_n'$.

よって，$m^*(B)\leqq\sum_{n=1}^{\infty}|I_n'|=\sum_{n=1}^{\infty}|I_n|$ だから

$$m^*(B) \leqq \inf\left\{\sum_{n=1}^{\infty}|I_n| \,\middle|\, A \subseteq \bigcup_{n=1}^{\infty} I_n\right\} = m^*(A).$$

しかるに，また，f^{-1}: $B \sim A$，だから，同様にして，$m^*(A) \leqq m^*(B)$，すなわち，$m^*(A) = m^*(B)$.

§6. 可測集合

§1において，《なるべく広い範囲の点集合》について測度を定義しよう，といっておいた，その《なるべく広い範囲の点集合》として登場するのが以下で説明する《可測集合》である．

A は一つのきまった点集合であるとし，$B \subseteq A, B' \subseteq A^c$（$A^c$ は A の余集合．II，§10）でありさえすれば，いつでも，等式

(1) $$m^*(B \cup B') = m^*(B) + m^*(B')$$

が成立するとき，A は**可測**——詳しくは《ルベグ可測》——であるという．

いま，X が任意の点集合であるとき，$B = X \cap A, B' = X \cap A^c$ とおくと，$B \subseteq A, B' \subseteq A^c, B \cup B' = X$ だから，A が可測ならば

(2) $$m^*(X) = m^*(X \cap A) + m^*(X \cap A^c).$$

逆に，任意の X について等式（2）が成立するとしてみる．$B \subseteq A, B' \subseteq A^c$ のとき，$X = B \cup B'$ とおくと，$B = X \cap A, B' = X \cap A^c$ だから，（2）により，（1）が成立し，A は可測集合であることになる．

よって，A が可測集合であるとは，どんな X について

も等式 (2) の成立することであるといっても，けっきょく，上の定義と同じことになる．今後は，もっぱら，このあとの方の定義を活用することにする．

$X=(X\cap A)\cup(X\cap A^c)$ なのだから，C3) によれば，元来

$$m^*(X)\leqq m^*(X\cap A)+m^*(X\cap A^c)$$

である．よって，

(3)　$$m^*(X)\geqq m^*(X\cap A)+m^*(X\cap A^c)$$

であることがわかれば，当然，等式 (2) が成りたつわけである．ところが，$m^*(X)=+\infty$ のときは不等式 (3) は明らかだから，けっきょく，A が可測であることをいうのには，$m^*(X)<+\infty$ であるようなどの X についても，いつでも，(3) が成立することをいえばいいことに注意する．

例 1． $X\cap\boldsymbol{R}=X$, $X\cap\boldsymbol{R}^c=X\cap\emptyset=\emptyset$ だから，$m^*(X\cap\boldsymbol{R})=m^*(X)$, $m^*(X\cap\boldsymbol{R}^c)=0$．よって，(2) が成立し，$\boldsymbol{R}$ は可測である．

ところで，$A^{cc}=A$ だから，(2) は

$$m^*(X)=m^*(X\cap(A^c)^c)+m^*(X\cap A^c)$$

と書き直すことができる．よって，

1) A が可測ならば A^c も可測である．したがって，A^c が可測ならば $A=A^{cc}$ も可測である．

例 2． $\boldsymbol{R}$ は可測だから $\emptyset=\boldsymbol{R}^c$ は可測である．

2) A,B が可測ならば $A\cup B$ は可測である．

［証明］ A は可測だから，どんな X についても

(4)　$$m^*(X)=m^*(X\cap A)+m^*(X\cap A^c).$$

つぎに，B は可測だから，$(A\cup B)^c=A^c\cap B^c$ に注意すれば

$$(5)\qquad m^*(X\cap A^c)=m^*(X\cap A^c\cap B)+m^*(X\cap A^c\cap B^c)=m^*(X\cap A^c\cap B)+m^*(X\cap(A\cup B)^c).$$

また，II，§7，問3により

$$(X\cap A)\cup(X\cap A^c\cap B)=X\cap(A\cup(A^c\cap B))=X\cap((A\cup A^c)\cap(A\cup B))=X\cap(\boldsymbol{R}\cap(A\cup B))=X\cap(A\cup B)$$

だから，

$$(6)\qquad m^*(X\cap A)+m^*(X\cap A^c\cap B)\geqq m^*(X\cap(A\cup B)).$$

$m^*(X)<+\infty$ の場合だけを考えることにすれば，(4)，(5)，(6) にあらわれる項はすべて有限な数だから，(4)，(5)，(6) を辺々相加えると

$$m^*(X)\geqq m^*(X\cap(A\cup B))+m^*(X\cap(A\cup B)^c).$$

（証明終）

数学的帰納法により，上の結果から

2′）　$A_1, A_2, \cdots, A_n$ が可測ならば $A_1\cup A_2\cup\cdots\cup A_n$ は可測である．

3）　$A_1, A_2, \cdots, A_n$ が可測ならば $A_1\cap A_2\cap\cdots\cap A_n$ は可測である．

［証明］　1）によれば，$A_1{}^c, A_2{}^c, \cdots, A_n{}^c$ は可測だから，

2′）によって $A_1{}^c \cup A_2{}^c \cup \cdots \cup A_n{}^c$ は可測，よって，また 1）により，$A_1 \cap A_2 \cap \cdots \cap A_n = (A_1{}^c \cup A_2{}^c \cup \cdots \cup A_n{}^c)^c$ は可測である．

4） A, B が可測ならば，$A - B$ は可測である．

［証明］ B^c は可測だから，$A - B = A \cap B^c$（II, §10）は，3）により，可測である．

5） $A_1, A_2, \cdots, A_n, \cdots$ が可測ならば $\bigcup_{n=1}^{\infty} A_n$ は可測である．

［証明］ i） まず，

$$A = \bigcup_{n=1}^{\infty} A_n, \quad V_n = \bigcup_{p=1}^{n} A_p, \quad B_n = V_n - V_{n-1}$$

$$（ただし，B_1 = V_1 = A_1）$$

とおくと，

$$A = \bigcup_{n=1}^{\infty} B_n, \text{ したがって } X \cap A = \bigcup_{n=1}^{\infty} (X \cap B_n).$$

よって，$\sum_{n=1}^{\infty} m^*(X \cap B_n) \geqq m^*(X \cap A)$ だから，$m^*(X) < +\infty$ なる X について

$$(7) \quad m^*(X) \geqq \sum_{n=1}^{\infty} m^*(X \cap B_n) + m^*(X \cap A^c)$$

が証明されれば (3) が成りたつことになる．(7) を証明するには，どの自然数 n に対しても

$$(8) \quad m^*(X) \geqq \sum_{p=1}^{n} m^*(X \cap B_p) + m^*(X \cap A^c)$$

であることを示せば十分である．

ii） しかるに，一方，V_n は可測で $V_n \subseteq A$，したがって

$A^c \subseteq V_n{}^c$ だから

$$m^*(X) = m^*(X \cap V_n) + m^*(X \cap V_n{}^c)$$
$$\geqq m^*(X \cap V_n) + m^*(X \cap A^c).$$

これと (8) とを見くらべると，問題は結局

$$(9) \qquad m^*(X \cap V_n) = \sum_{p=1}^{n} m^*(X \cap B_p)$$

を証明することに帰着する．

iii) (9) の証明は数学的帰納法による．

まず，$n=1$ のときは $V_1=B_1$ だから

$$m^*(X \cap V_1) = m^*(X \cap B_1).$$

すなわち，$n=1$ のときには (9) が成立する．よって，$q \geqq 2$ とし

$$(10) \quad m^*(X \cap V_q) = m^*(X \cap B_q) + m^*(X \cap V_{q-1})$$

を証明しさえすれば，$n=q-1$ のとき (9) が成りたつと $n=q$ のときも (9) が成りたつことになり，(9) の証明ができたことになるわけである．その (10) の証明は次のとおりである．

iv) B_q は可測だから

$$m^*(X \cap V_q) = m^*(X \cap V_q \cap B_q) + m^*(X \cap V_q \cap B_q{}^c).$$

しかるに，$B_q \subseteq V_q$ だから，$X \cap V_q \cap B_q = X \cap B_q$，また，$X \cap V_q \cap B_q{}^c = X \cap (V_q - B_q) = X \cap V_{q-1}$．よって，上の等式は (10) そのものにほかならないことがわかる．

こうして，(9)，したがって (8)，またしたがって (7) が証明され，この定理の証明が完成したわけである．

6) $A_1, A_2, \cdots, A_n, \cdots$ が可測ならば $\bigcap_{n=1}^{\infty} A_n$ も可測であ

る.

［証明］ 1）により，$A_1{}^c, A_2{}^c, \cdots, A_n{}^c, \cdots$ は可測だから，5）により，$\bigcup_{n=1}^{\infty} A_n{}^c$ は可測. したがって，$\bigcap_{n=1}^{\infty} A_n = (\bigcup_{n=1}^{\infty} A_n{}^c)^c$ は可測である.

7） B が A に合同で A が可測ならば，B も可測である.

［証明］ §5での C5）の証明にならい，$f(x)=x+\alpha$ とおいて，$\boldsymbol{R}$ から $\boldsymbol{R}$ への全単射 f を定め，$B=f(A)$ とする．X が任意の点集合のとき，$Y=f^{-1}(X)$ すなわち $X=f(Y)$ とおくと，A は可測なのだから

$$m^*(Y) = m^*(Y \cap A) + m^*(Y \cap A^c).$$

しかるに，C5）により

$$m^*(Y) = m^*(f^{-1}(X)) = m^*(X),$$
$$\begin{aligned} m^*(Y \cap A) &= m^*(f^{-1}(X) \cap f^{-1}(B)) \\ &= m^*(f^{-1}(X \cap B)) \\ &= m^*(X \cap B), \end{aligned}$$
$$\begin{aligned} m^*(Y \cap A^c) &= m^*(f^{-1}(X) \cap f^{-1}(B^c)) \\ &= m^*(f^{-1}(X \cap B^c)) \\ &= m^*(X \cap B^c), \end{aligned}$$

だから，

$$m^*(X) = m^*(X \cap B) + m^*(X \cap B^c).$$

問 1. $\overline{\lim_n} A_n = \bigcap_{n=1}^{\infty} (\bigcup_{p=1}^{\infty} A_{n+p-1})$，$\underline{\lim_n} A_n = \bigcup_{n=1}^{\infty} (\bigcap_{p=1}^{\infty} A_{n+p-1})$ は可測なことを証明する.

§7. 可測な集合の例

この節では半開区間，開集合，閉集合など身近かな点集合が可測であることを証明する．

1) 半開区間 I は可測である．

［証明］ X を $m^*(X)<+\infty$ なる任意の点集合，ε を任意の正数とし，

$$X \subseteq \bigcup_{n=1}^{\infty} I_n, \quad m^*(X) \leqq \sum_{n=1}^{\infty} |I_n| < m^*(X)+\varepsilon$$

とすると，

$$X\cap I \subseteq \bigcup_{n=1}^{\infty} (I_n \cap I), \quad X\cap I^c \subseteq \bigcup_{n=1}^{\infty} (I_n \cap I^c) = \bigcup_{n=1}^{\infty} (I_n - I).$$

よって，

$$m^*(X\cap I)+m^*(X\cap I^c) \leqq \sum_{n=1}^{\infty} m^*(I_n\cap I)+\sum_{n=1}^{\infty} m^*(I_n-I)$$

$$= \sum_{n=1}^{\infty} [m^*(I_n\cap I)+m^*(I_n-I)].$$

しかるに，§4 の I2) によれば，$I_n-I=I_{n1}\cup I_{n2}$（直和）なのだから，$m^*(I_n-I)\leqq m^*(I_{n1})+m^*(I_{n2}) = |I_{n1}|+|I_{n2}|$．また，§4，I1) により，$I_n\cap I$ は半開区間で $m^*(I_n\cap I)=|I_n\cap I|$ だから

$$m^*(X\cap I)+m^*(X\cap I^c) \leqq \sum_{n=1}^{\infty} [|I_n\cap I|+|I_{n1}|+|I_{n2}|].$$

しかも，$I_n=(I_n\cap I)\cup I_{n1}\cup I_{n2}$ において右辺は直和だから，§4，3) により

$$|I_n\cap I|+|I_{n1}|+|I_{n2}| = |I_n|.$$

すなわち,

$$m^*(X\cap I)+m^*(X\cap I^c) \leqq \sum_{n=1}^{\infty}|I_n|.$$

よって,

$$m^*(X\cap I)+m^*(X\cap I^c) < m^*(X)+\varepsilon.$$

ここで $\varepsilon\to 0$ ならしめると

$$m^*(X\cap I)+m^*(X\cap I^c) \leqq m^*(X).$$

2) 開集合 G は可測である.

[証明] $G=\bigcup_{n=1}^{\infty} I_n$ だから (II, §9, 1)), 1) と§6, 5) とにより G は可測である.

3) 閉集合 F は可測である.

[証明] F^c は開集合だから, 2) により, 可測である. よって, $F=F^{cc}$ は可測である (§6, 1)).

§8. 可測集合族

§6, §7 でえられた結果をまとめておこう.

可測集合全部から成る集合を $\mathfrak{L}$ であらわし, これを**可測集合族**とよぶことにする*. $\mathfrak{L}$ は次の 3 条件をみたしているわけである.

M1) $\emptyset\in\mathfrak{L}$.

M2) $A\in\mathfrak{L}$ ならば $A^c\in\mathfrak{L}$.

M3) $A_n\in\mathfrak{L}$ $(n=1,2,\cdots)$ ならば $\bigcup_{n=1}^{\infty} A_n\in\mathfrak{L}$.

いったん, この条件 M1), M2), M3) がみたされたとする

---

* 一般に集合の集合, いいかえると, その元が集合であるような集合を**集合族**という.

と，可測集合について§6でえられた結果（§6の1），2)，3)，4)，5)，6) および $\boldsymbol{R}$ が可測なこと）は，いずれもこのM1)，M2)，M3) から導きだされる．読者みずから確かめることをすすめる．

問1. $A_n \in \mathfrak{L}$ ならば $\bigcap_{n=1}^{\infty} A_n \in \mathfrak{L}$ であることを証明する．

可測集合族にかぎらず，一般に，ここに集合族 $\mathfrak{L}$ なるものがあって，条件 M1)，M2)，M3) をみたしているとき，$\mathfrak{L}$ は**加法的集合族**であるという．このことばを使えば，可測集合族は加法的集合族であるということになる．

なお，§7によれば，可測集合族 $\mathfrak{L}$ は条件 M1)，M2)，M3) のほかに，次の条件 4) をみたしていることに注意する．

M4)　G が開集合ならば $G \in \mathfrak{L}$.

すなわち，可測集合族 $\mathfrak{L}$ は条件 M4) をみたすような加法的集合族であるというわけである．

じつをいうと，条件 M4) をみたすような加法的集合族はここにいう可測集合族ばかりとは限らない．たとえば，$\boldsymbol{R}$ におけるすべての点集合から成る集合族を $\mathfrak{L}$ であらわせば，この $\mathfrak{L}$ は明らかに条件 M1)，M2)，M3)，M4) をみたしているのである．

そこで，このように条件 M1，M2)，M3)，M4) をみたすようなあらゆる集合族を考え，それらすべての交わりを $\mathfrak{B}$ であらわし，$\mathfrak{B}$ を**ボレル** (Borel) **集合族**とよんで $\mathfrak{B}$ の元である点集合を**ボレル集合**という．条件 M1)，M2)，M3)，M4) において $\mathfrak{L}$ の代わりに $\mathfrak{B}$ と書くと，$\mathfrak{B}$ がこれらの条件をみたしていることはすぐわかる.

𝔅は, いわば, 条件M1), M2), M3), M4) をみたす集合族𝔏のうちで《最小》のものであるということができる.

問2. 𝔏の代わりに𝔅と書くとM1), M2), M3), M4) が成りたつことを確かめる.

もとどおり, 𝔏はわれわれの可測集合族をあらわすことにすると, 定義により, 𝔅⊆𝔏. したがって, ボレル集合は可測である. また, 開集合, 閉集合がボレル集合であることはいうまでもない. おおざっぱにいえば, ボレル集合とは開集合から出発して, 余集合をつくる操作 (条件M2)) と列の結びをつくる操作 (条件M3)) をいくどかくり返し施してえられる集合にほかならない.

なお, ボレル集合でない可測集合が存在すること, すなわち, 𝔅⊂𝔏, 𝔅≠𝔏 であることが知られている (付録, §7).

§9. 測　度

《なるべく広い範囲の点集合》を可測集合ときめると, §1にあげておいた4条件をみたすような測度を定義することができる. その定義はかんたんで, 次のとおりである.

Aが可測であるとき,

$$m(A) = m^*(A)$$

とおいて, この$m(A)$をAの**測度**と名づける. この測度の定義がLebesgueに由来することを強調して, これを**ル**

ベグ測度**または**L**測度**ということがある.

こうして定めた測度が，話を可測集合の範囲にかぎれば，§1に掲げた4条件をみたしていることを確かめよう．これを確かめるのには，§2に掲げられ§5で証明ずみになった外測度の条件C1)，C2)，C3)，C4)，C5) が引用される.

まず，§1に掲げた4条件を，もう一度，ここに書いておく.

L1)　$0 \leqq m(A) \leqq +\infty$. とくに，$A=\emptyset$ ならば $m(A)=0$.

L2)　$A_1, A_2, \cdots, A_n, \cdots$ が交わらない可測集合のときは

$$m\left(\bigcup_{n=1}^{\infty} A_n\right) = \sum_{n=1}^{\infty} m(A_n).$$

L3)　$m([a, b))=b-a$.

L4)　B が可測集合 A と合同ならば,

$$m(A) = m(B).$$

L1) の証明：A が可測ならば，$m(A)=m^*(A)$ だから，C1) により，$0 \leqq m(A) \leqq +\infty$. また，$\emptyset$ は可測だから (§6，例2)，$A=\emptyset$ なら，C1) により，$m(A)=m^*(A)=0$.

L2) の証明：最初に，$A_1, A_2, \cdots, A_n, \cdots$ が可測ならば，§6，5) により，$A=\bigcup_{n=1}^{\infty} A_n$ も可測であることに注意する．§6，5) の証明におけると同様に

$$V_n = \bigcup_{p=1}^{n} A_p,\quad B_n = V_n - V_{n-1}\quad （ただし B_1=V_1=A_1）$$

とおけば，任意の点集合 X について，

$$m^*(X) \geqq \sum_{n=1}^{\infty} m^*(X \cap B_n) + m^*(X \cap A^c) \quad (\S 6,\ (7)).$$

ここで，$X=A$ とおくと，$B_n \subseteq X$ だから，$X \cap B_n = A \cap B_n = B_n$．また，$X \cap A^c = A \cap A^c = \emptyset$．よって，

$$m^*(A) \geqq \sum_{n=1}^{\infty} m^*(B_n).$$

しかるに，$A_1, A_2, \cdots A_n, \cdots$ は交わらないのだから，じつは，$B_n = A_n$ である．よって，$m(A)=m^*(A)$，$m(A_n)=m^*(A_n)$ に注意すれば，上の不等式は

$$m(A) \geqq \sum_{n=1}^{\infty} m(A_n)$$

となる．C3）によれば，

$$m(A) = m^*(A) \leqq \sum_{n=1}^{\infty} m^*(A_n) = \sum_{n=1}^{\infty} m(A_n)$$

だから，これで L2）がたしかめられたことになる．

L3）の証明：$[a, b)$ が可測なことは§7で証明されている．よって，C4）により $m([a, b)) = m^*([a, b)) = b-a$．

L4）の証明：$f(x)=x+\alpha$ なる写像 f により，$B=f(A)$ であるとする．A が可測なら B も可測だから（§6，7)），C5）により，

$$m(A) = m^*(A) = m^*(B) = m(B).$$

問 1. F が有界な閉集合，ε が任意の正数であるとき，

$$F \subseteq \bigcup_{p=1}^{k} I_p, \qquad \sum_{p=1}^{k} |I_p| < m(F) + \varepsilon$$

なる有限個の交わらない半開区間 $I_1, I_2, \cdots, I_k$ があることを証明する．

§10. 測度についての諸定理

1) A, B が可測で $B \subseteq A$, $m(B) < +\infty$ ならば

$$m(A-B) = m(A) - m(B).$$

［証明］ $A-B$ は可測で（§6, 4)），$(A-B) \cap B = \emptyset$. よって，L2) により，

$$m(A) = m((A-B) \cup B) = m(A-B) + m(B).$$

2) A, B が可測ならば

(1) $\quad m(A \cup B) + m(A \cap B) = m(A) + m(B).$

［証明］ $A \cap B$ を D で表わすことにすると，$A \cup B = A \cup (B-D)$, $A \cap (B-D) = \emptyset$ だから，$m(D) < +\infty$ ならば，1) により，

$$m(A \cup B) = m(A \cup (B-D)) = m(A) + m(B-D)$$
$$= m(A) + m(B) - m(D).$$

これは (1) そのものにほかならない．また，もし $m(D) = +\infty$ ならば，$m(A) \geqq m(A \cap B) = m(D) = +\infty$ だから，(1) の両辺は $+\infty$ にひとしく (1) はもとより成立する．

3) $A_1, A_2, \cdots, A_n, \cdots$ が可測で，$A_n \subseteq A_{n+1} (n=1, 2, \cdots)$ ならば

$$m\left(\bigcup_{n=1}^{\infty} A_n\right) = \lim_n m(A_n).$$

［証明］ i) $m(A_N) = +\infty$ なる自然数 N があるとき：$n \geqq N$ ならば $A_N \subseteq A_n$ だから，$m(A_n) \geqq m(A_N) = +\infty$.

よって，$n \geqq N$ ならば $m(A_n)=+\infty$．また，$A_N \subseteq \bigcup_{n=1}^{\infty} A_n$ だから $m(\bigcup_{n=1}^{\infty} A_n) \geqq m(A_N)$．すなわち，

$$m\left(\bigcup_{n=1}^{\infty} A_n\right) = +\infty.$$

ii) $m(A_n)<+\infty$ $(n=1,2,\cdots)$ のとき：$A_0=\emptyset, B_n = A_n - A_{n-1}$ $(n=1,2,\cdots)$ とおけば，$m(B_n) = m(A_n) - m(A_{n-1})$（前ページ 1）による）．また，$\bigcup_{n=1}^{\infty} A_n = \bigcup_{n=1}^{\infty} B_n$ の右辺は直和だから，L2）により

$$m\left(\bigcup_{n=1}^{\infty} A_n\right) = \sum_{n=1}^{\infty} m(B_n) = \sum_{n=1}^{\infty} m(A_n - A_{n-1})$$

$$= \sum_{n=1}^{\infty} (m(A_n) - m(A_{n-1}))$$

$$= \lim_{n} \sum_{p=1}^{n} (m(A_p) - m(A_{p-1})) = \lim_{n} m(A_n).$$

4) $A_1, A_2, \cdots, A_n, \cdots$ が可測で，$A_{n+1} \subseteq A_n$ $(n=1,2,\cdots)$ のときは，$m(A_n)=+\infty$ $(n=1,2,\cdots)$ でないかぎり，

$$m\left(\bigcap_{n=1}^{\infty} A_n\right) = \lim_{n} m(A_n).$$

［証 明］ $m(A_k)<+\infty$ であるとする．$\bigcap_{n=1}^{\infty} A_n = \bigcap_{n=k}^{\infty} A_n \subseteq A_k$ なのだから，$m(\bigcap_{n=1}^{\infty} A_n) \leqq m(A_k) < +\infty$．また，$A_k - A_n \subseteq A_k - A_{n+1}$ $(n=k, k+1, \cdots)$．しかるに，de Morgan の公式（II，§7）によれば，

$$A_k - \bigcap_{n=k}^{\infty} A_n = \bigcup_{n=k}^{\infty} (A_k - A_n).$$

よって，1）と 3）により，

$$m(A_k)-m\left(\bigcap_{n=1}^{\infty}A_n\right)=m(A_k)-m\left(\bigcap_{n=k}^{\infty}A_n\right)$$

$$=m\left(A_k-\bigcap_{n=k}^{\infty}A_n\right)=m\left(\bigcup_{n=k}^{\infty}(A_k-A_n)\right)$$

$$=\lim_n m(A_k-A_n)=\lim_n(m(A_k)-m(A_n))$$

$$=m(A_k)-\lim_n m(A_n).$$

この最左辺と最右辺から $m(A_k)$ をのぞけば求める等式がえられる.

注意 1. 4) において,《$m(A_n)=+\infty\ (n=1,2,\cdots)$ ではない》という仮設は省略できない. たとえば, $A_n=\{x|x\geqq n\}\ (n=1,2,\cdots)$ とおくと, どの自然数 n に対しても, $A_{n+1}\subseteq A_n$ だが, $m(A_n)=+\infty$. よって, $\lim_n m(A_n)=+\infty$. しかるに, $\bigcap_{n=1}^{\infty}A_n=\emptyset$ だから, $m(\bigcap_{n=1}^{\infty}A_n)=0$.

問 1. 上記注意 1 の $m(A_n)=+\infty$ をたしかめる.

§11. 等測包

A が任意の点集合であるとき, $m^*(A)=m(A^*)$, $A\subseteq A^*$ なる可測集合 A^* を A の**等測包**と称する. そういう等測包がいつでも存在することを証明しよう (2)).

1) A が任意の点集合であるとき,

(1)　　$m^*(A)=\inf\{m(G)|A\subseteq G\}$.

[証明]　$A\subseteq \boldsymbol{R}$ で $\boldsymbol{R}$ は開集合だから, $A\subseteq G$ なる開集合 G が, いつでも, 存在することはたしかである.

$A\subseteq G$ ならば, $m^*(A)\leqq m(G)$ だから, 明らかに

$$m^*(A)\leqq\inf\{m(G)|A\subseteq G\}.$$

したがって，$m^*(A)=+\infty$ のときは（1）は証明するまでもない．よって，$m^*(A)<+\infty$ として，

(2) $$m^*(A) \geqq \inf\{m(G) \mid A \subseteq G\}$$

を証明すればよいわけである．

定義により

$$m^*(A) = \inf\left\{\sum_{n=1}^{\infty}|I_n| \,\middle|\, A \subseteq \bigcup_{n=1}^{\infty} I_n\right\}$$

だから，ε は任意の正数とし，まず，

(3) $$A \subseteq \bigcup_{n=1}^{\infty} I_n, \quad m^*(A) \leqq \sum_{n=1}^{\infty}|I_n| < m^*(A)+\varepsilon 2^{-1}$$

なる半開区間の列 $\{I_1, I_2, \cdots, I_n, \cdots\}$ を採り，$I_n=[a_n, b_n)$ であるとする．

$$J_n = (a_n-\varepsilon 2^{-(n+1)}, b_n), \quad G = \bigcup_{n=1}^{\infty} J_n$$

とおけば，J_n は開区間，したがって G は開集合で

$$A \subseteq G, \quad m(J_n) = |I_n|+\varepsilon 2^{-(n+1)},$$

$$m(G) \leqq \sum_{n=1}^{\infty} m(J_n) = \sum_{n=1}^{\infty}|I_n|+\varepsilon 2^{-1}.$$

すなわち，（3）により

$$m(G) < m^*(A)+\varepsilon,$$ よって，

$$\inf\{m(G) \mid A \subseteq G\} < m^*(A)+\varepsilon.$$

ここで，$\varepsilon \to 0$ ならしめれば（2）がえられる．

2) A がどんな点集合でも A の等測包 A^* が存在する．

［証明］ $m^*(A)<+\infty$ のときは，1）により

$$A \subseteq G_n,\ m^*(A) \leqq m(G_n) < m^*(A) + \frac{1}{n}\ (n=1, 2, \cdots)$$

なる開集合 G_n があるわけである．よって，

$$(4)\qquad A^* = \bigcap_{n=1}^{\infty} G_n$$

とおくと，A^* は可測で，どの自然数 n に対しても，$m^*(A) \leqq m(A^*) < m^*(A) + \dfrac{1}{n}$ だから，

$$A \subseteq A^*,\ \ m^*(A) = m(A^*).$$

$m^*(A) = +\infty$ のときには，$A^* = \boldsymbol{R}$ が A の等測包になる．このとき，$G_n = \boldsymbol{R}\ (n=1, 2, \cdots)$ とおくと，(4) と同じく，$A^* = \bigcap_{n=1}^{\infty} G_n$ と書くことができる．

注意 1. 開集合の列の交わりは《$\boldsymbol{G_\delta}$ **集合**》とよばれる．G_δ 集合はもとより，ボレル集合（§8）である．よって，上にえられた等測包 A^* は G_δ 集合である．すなわち，$A^* \in \mathfrak{B}$．なお，$G_n' = G_1 \cap G_2 \cap \cdots \cap G_n$ とおくと，G_n' は開集合で

$$\bigcap_{n=1}^{\infty} G_n' = \bigcap_{n=1}^{\infty} G_n, \qquad G_{n+1}' \subseteq G_n' \quad (n=1, 2, \cdots)$$

だから，最初から (4) の右辺において，

$$G_{n+1} \subseteq G_n \quad (n=1, 2, \cdots)$$

であると仮定しておいてもよいわけである．

3) A が可測ならば

$$(5)\qquad m(A) = \sup\{m(F) \mid F \subseteq A\}.$$

［証明］ $F \subseteq A$ ならば，$m(F) \leqq m(A)$ だから

$$m(A) \geqq \sup\{m(F) \mid F \subseteq A\}.$$

よって，次の不等式を証明すればよいわけである：

$$(6)\qquad m(A) \leqq \sup\{m(F) \mid F \subseteq A\}.$$

i)　A が有界のとき：$A \subseteq [a, b]$ であるとし，ε が任意の正数のとき，1）により，

(7)　$[a, b]-A \subseteq G, \quad m(G) \leqq m([a, b]-A)+\varepsilon$
$$= m([a, b])-m(A)+\varepsilon$$

なる G をとる．$F=[a, b]-G$ は有界閉集合（II, §10, 3)）で

$$\begin{aligned} m(F) &= m([a, b]-[a, b]\cap G) \\ &= m([a, b])-m([a, b]\cap G) \\ &\geqq m([a, b])-m(G). \end{aligned}$$

よって，(7) により $m(F) \geqq m(A)-\varepsilon$，したがって

$$m(A) \leqq \sup\{m(F) \mid F \subseteq A\}+\varepsilon.$$

ここで $\varepsilon \to 0$ ならしめれば (6) がえられる．

ii)　A が有界でないとき：$A_n=[-n, n]\cap A$ とおくと，

$$A = \bigcup_{n=1}^{\infty} A_n, \quad A_1 \subseteq A_2 \subseteq \cdots \subseteq A_n \subseteq A_{n+1} \subseteq \cdots$$

だから，§10, 3) により，$m(A)=\lim_n m(A_n)$.

よって，

(8)　$$\lambda < m(A)$$

なる任意の λ に対し，$m(A_n)>\lambda$ なる A_n をとると，A_n は有界集合だから，$0<\varepsilon<m(A_n)-\lambda$ なる ε に対し，i) により

(9)　$$F \subseteq A_n, \quad m(F) \geqq m(A_n)-\varepsilon > \lambda$$

なる有界閉集合 F が存在するはずである．

条件 (8) をみたすどの λ に対しても

(10)　$$F \subseteq A, \quad m(F) > \lambda$$

なる F があるのだから，これで (5) が証明されたわけである．

注意 2. F を有界閉集合であると限定しても，(5) の成立することに注意する．

§12. 零集合

$m^*(A)=0$ であるとき，A は**零集合**であるという．

$m^*(A)=0$, $B\subseteq A$ ならば $0\leqq m^*(B)\leqq m^*(A)=0$ だから，

1) 零集合の部分集合は零集合である．

N が零集合ならば，X がどんな点集合であっても，$X\cap N\subseteq N$ だから，$m^*(X\cap N)=0$. また，$X\cap N^c\subseteq X$ だから，$m^*(X\cap N^c)\leqq m^*(X)$. よって，$m^*(X)\geqq m^*(X\cap N)+m^*(X\cap N^c)$. すなわち

2) 零集合は可測集合である．

3) $A_1, A_2, \cdots, A_n, \cdots$ が零集合ならば $\bigcup_{n=1}^\infty A_n$ も零集合である．

［証 明］ $0\leqq m^*(\bigcup_{n=1}^\infty A_n)\leqq\sum_{n=1}^\infty m^*(A_n)=0$. したがって，もとより，$m^*(\bigcup_{n=1}^\infty A_n)=0$ である．

4) N が零集合ならば

$$m^*(A\cup N) = m^*(A-N) = m^*(A).$$

［証明］ $m^*(A)\leqq m^*(A\cup N)\leqq m^*(A)+m^*(N)=m^*(A)$ なのだから，$m^*(A)=m^*(A\cup N)$ である．また，$A\cup N=(A-N)\cup N$ なのだから

$$m^*(A) = m^*(A\cup N)$$

$$\leqq m^*(A-N)+m^*(N) = m^*(A-N)$$
$$\leqq m^*(A).$$

よって,

$$m^*(A-N) = m^*(A).$$

問 1. $B \subseteq A$, $m^*(A)=m^*(B)<+\infty$ で B が可測ならば, A も可測で $A-B$ は零集合であることを証明する.

問 2. $m^*(A)<+\infty$ のとき, A が可測であるための必要十分条件は

$$F_n \subseteq A \subseteq G_n, \quad G_{n+1} \subseteq G_n, \quad F_n \subseteq F_{n+1},$$

$$\lim_n m(F_n) = \lim_n m(G_n)$$

なる $F_n, G_n (n=1,2,\cdots)$ が存在することである. これを証明する.

例 1. $m^*(\varnothing)=0$ だから空集合は零集合である.

例 2. $\varepsilon>0$ なら, $\{a\} \subseteq [a, a+\varepsilon)$ だから, $0 \leqq m^*(\{a\}) \leqq m^*([a, a+\varepsilon))=\varepsilon$. よって, $m^*(\{a\})=0$. すなわち, 1 点だけから成る集合は零集合である.

問 3. $m(X)=m^*(A)+m^*(X-A)$, $A \subseteq X$, $m(X)<+\infty$ なる可測集合 X があるならば, A は可測であることを証明する.

例 3. $\{a_1, a_2, \cdots, a_n, \cdots\}=\bigcup_{n=1}^{\infty}\{a_n\}$ だから, 3) と例 2 からわかるように, $m^*(\{a_1, a_2, \cdots, a_n, \cdots\})=0$. すなわち, 可付番集合は零集合である.

ただし, 零集合であるからといって可付番であるとは限らない. 例 5 がそれを示している.

例 4. $m([a, b))=b-a>0$ だから, 例 3 により, $[a, b)$ は可付番集合ではありえない. すなわち, $[a, b)$ は可付番でない集合の一例である.

例 5. (**Cantor** (カントル) の零集合 (**3 進集合**)). $I=[0,1]$ と

おいて，まず，I を3等分し，中央の開区間 $\left(\frac{1}{3}, \frac{2}{3}\right)$ を I からとりのぞく．つぎに，のこった閉区間 $\left[0, \frac{1}{3}\right], \left[\frac{2}{3}, 1\right]$ を3等分し，それぞれ中央の開区間 $\left(\frac{1}{3^2}, \frac{2}{3^2}\right), \left(\frac{2}{3}+\frac{1}{3^2}, \frac{2}{3}+\frac{2}{3^2}\right)$ をとりのぞく．こんどは，4個の閉区間がのこるが，そのおのおのについて，また，同じことを行なう——というようにこの手続きをいつまでも続けて行く．すなわち，$\alpha_p=0$ または $\alpha_p=2$ として，開区間

$$(1)\quad \left(\frac{\alpha_1}{3}+\frac{\alpha_2}{3^2}+\cdots+\frac{\alpha_{n-1}}{3^{n-1}}+\frac{1}{3^n}, \frac{\alpha_1}{3}+\frac{\alpha_2}{3^2}+\cdots+\frac{\alpha_{n-1}}{3^{n-1}}+\frac{2}{3^n}\right)$$
$$(n=1, 2, \cdots)$$

を全部 I からとりのぞくのである．これらの開区間を**余区間**とよぶことにする．

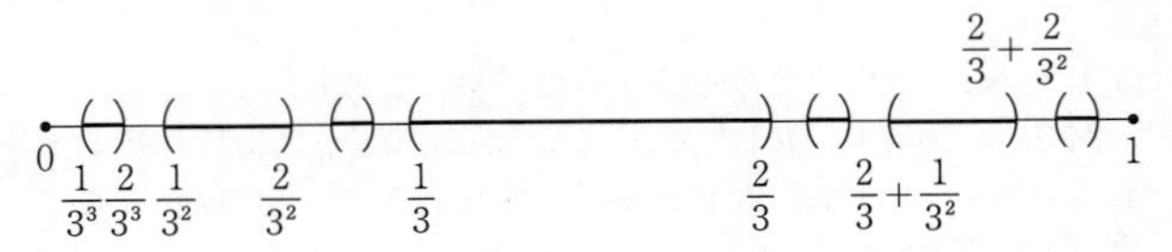

III-4 図

いま，余区間全部の結びを G であらわし，$N=I-G$ とおけば，N は零集合である*.

その証明は次のとおり：1回目にとりのぞいた開区間の長さは $\frac{1}{3}$，2回目にとりのぞいた開区間の長さの和は $2\times\frac{1}{3^2}, \cdots$. n 回目にとりのぞいた開区間の長さの和は $2^{n-1}\times\frac{1}{3^n}$ だから，L2）により，

$$m(G) = \frac{1}{3}+\frac{2}{3^2}+\frac{2^2}{3^3}+\cdots+\frac{2^{n-1}}{3^n}+\cdots = 1.$$

---

* I は閉集合，G は開集合だから，$N=I-G$ は閉集合で，したがって可測である．

これは，$m(N)=m(I)-m(G)=1-1=0$ を意味する．

N が可付番でないことの証明にはすこし準備が必要である．

I の元 x は，いずれも，3 進記法を使って*

$$x=\frac{\alpha_1}{3}+\frac{\alpha_2}{3^2}+\cdots+\frac{\alpha_n}{3^n}+\cdots \quad (\alpha_n=0,1,2)$$

の形に書くことができる．これを，かんたんのため

(2)　$$x=0.\alpha_1\alpha_2\cdots\alpha_n\cdots \quad (\alpha_n=0,1,2)$$

と書くことにする．この 3 進記法によれば，余区間 (1) は次のように書けるわけである：

(3)　$$(0.\alpha_1\alpha_2\cdots\alpha_{n-1}1,\ 0.\alpha_1\alpha_2\cdots\alpha_{n-1}2)$$
$$(p=1,2,\cdots,n-1 \text{ に対し } \alpha_p=0 \text{ または } 2).$$

$x\in G$ であるときは，x はある余区間 (3) にふくまれるから

$$0.\alpha_1\alpha_2\cdots\alpha_{n-1}1<x<0.\alpha_1\alpha_2\cdots\alpha_{n-1}2.$$

よって，(2) の記法において，この場合 $\alpha_n=1$ でなければならない．

逆に，(2) の記法において $\alpha_n(n=1,2,\cdots)$ のなかに 1 にひとしいものがあるとし，そのうち，番号の最小のものを α_n であるとする：

$$x=0.\alpha_1\alpha_2\cdots\alpha_{n-1}1\alpha_{n+1}\alpha_{n+2}\cdots\alpha_{n+p}\cdots$$
$$(\alpha_1,\alpha_2,\cdots,\alpha_{n-1} \text{ は } 0 \text{ または } 2).$$

このとき，$\alpha_{n+p}=0\,(p=1,2,\cdots)$ ならば $x=0.\alpha_1\alpha_2\cdots\alpha_{n-1}1$ は余区間 (3) の左端であり，したがって N の元である．この場合，0 と 2 だけを使って

(4)　$$x=0.\alpha_1\alpha_2\cdots\alpha_{n-1}0222\cdots$$

と書きなおすことができる．また，$\alpha_{n+p}=2\ (p=1,2,\cdots)$ ならば

(5)　$$x=0.\alpha_1\alpha_2\cdots\alpha_{n-1}1222\cdots=0.\alpha_1\alpha_2\cdots\alpha_{n-1}2$$

---

*　3 進記法，もっと一般に p 進記法については，付録，§12.

は余区間 (3) の右端 $0.\alpha_1\alpha_2\cdots\alpha_{n-1}2$ にひとしく，これもまた N の元で 0 と 2 だけを使ってあらわされる．そのほかの場合には

$$0.\alpha_1\alpha_2\cdots\alpha_{n-1}1 < x < 0.\alpha_1\alpha_2\cdots\alpha_{n-1}2$$

だから，$x \in G$ でなければならないことがわかる．

こうしてみると，記法 (2) において，どうしても数字 1 を使わなければならない x は G の元であり，また，G はそういう x だけから成る集合であるということになった．いいかえると，N の元 x は

$$x = 0.\alpha_1\alpha_2\cdots\alpha_n\cdots \quad (\alpha_n=0 \text{ または } 2)$$

と書かれ，また，逆にこの形で書かれた x は N の元であるというわけである．

準備ができたので，N が可付番でないことの証明にとりかかろう．証明は背理法による．

かりに，N が可付番であるとし，

$$N = \{x_1, x_2, \cdots, x_n, \cdots\}$$

$$x_n = \alpha_{n1}\alpha_{n2}\cdots\alpha_{np}\cdots \quad (\alpha_{np}=0 \text{ または } 2)$$

であるとしてみる．このとき

$$\alpha_{nn} = 0 \text{ なら } \beta_n=2, \quad \alpha_{nn}=2 \text{ なら } \beta_n = 0$$

として，$\beta_1, \beta_2, \cdots, \beta_n, \cdots$ を定めて，

$$a = 0.\beta_1\beta_2\cdots\beta_n\cdots$$

とおけば，$\beta_n=0$ または 2 だから $a \in N$．しかるに，$\beta_n \neq \alpha_{nn}$ だから a はどの x_n とも一致しえない．よって，$a \notin N$．これは，さきの $a \in N$ と矛盾する結果である．すなわち，N が可付番であるとすると矛盾が生ずるから，N は可付番でないことが明らかになったわけである．

IV. 可測函数

ルベグ積分をあらゆる函数に対して定義できるか——というと，残念ながら，そううまくいかない．ルベグ積分可能な函数はいわゆる可測函数の範囲にしぼられる．この章では次章でルベグ積分を定義するための準備として，可測函数とはどんなものかを，あらかじめ，説明しておくことにする．

§1. 連続函数

$\boldsymbol{R}$ 上の点集合 A を定義域とする函数 f というのは，前にのべたように（II, §11），A から $\overline{\boldsymbol{R}}$ の中への写像 f のことである．いいかえれば，$f(x)=+\infty$ または $f(x)=-\infty$ であることも許されることにするのである．とくに $f(x)$ が決して $+\infty$ や $-\infty$ にひとしくならない場合，すなわち，f が A から $\boldsymbol{R}$ の中への写像である場合には，f は A を定義域とする**有限な函数**であるといわれることも思い出しておこう．

例 1. $f(x)=\tan x \left(0\leqq x\leqq \dfrac{\pi}{2}, f\left(\dfrac{\pi}{2}\right)=+\infty\right)$ とおけば，f は $\left[0, \dfrac{\pi}{2}\right]$ から $\overline{\boldsymbol{R}}$ の中への写像だから，f すなわち正接函数は $\left[0, \dfrac{\pi}{2}\right]$ を定義域とする函数である．$f\left(\left[0, \dfrac{\pi}{2}\right]\right)=[0, +\infty]$．

A を定義域とする函数 f が A の点 x_0 で次の条件（★）をみたすとき，f は x_0 で**連続**であるという：

（★）$\lambda<f(x_0)<\Lambda$ なる λ, Λ を任意に与えたとき，

$x \in A, x \in U(x_0; \delta)$ ならば

(1)　　$$\lambda < f(x) < \Lambda$$

であるような正数 δ を，いつでも，えらぶことができる．

注意 1. $-\infty < f(x_0) < +\infty$ のときにはこの定義は通常の連続の定義と一致する．

注意 2. $f(x_0) = +\infty$ ならば $f(x_0) < \Lambda$ なる Λ はないから，(1) の代わりに $\lambda < f(x)$ だけがいえればよいことにする．同様に，$f(x_0) = -\infty$ ならば $f(x) < \Lambda$ がいえればよいことにする．

注意 3. 函数 f が点 x_0 で連続とか不連続とかいうのは x_0 が f の定義域 A の点である場合だけのことである．A に属しない点で f が連続とか不連続とかいうのは意味をなさないことに注意する．また，$x \in A$ で x が A の集積点でないときは f は x で連続であることに注意する．

f がその定義域 A の各点で連続であるとき，f は**点集合 A で連続**であるという．例 1 の正接函数は $\left[0, \dfrac{\pi}{2}\right]$ で連続な函数である．

例 2. $0 < x < +\infty$ ならば $f(x) = \dfrac{1}{x}$，$f(0) = +\infty$ とおくと f は $[0, +\infty)$ で連続な函数である．$0 < x < +\infty$ なる点 x において f の連続なことは周知だから，点 $x = 0$ についてだけ証明しておく：$\lambda < +\infty$ なる任意の λ を与えたとき，$0 < \delta < \dfrac{1}{\lambda}$ とすると，$0 \leqq x < \delta$ ならば ($x \in [0, +\infty), x \in U(0; \delta)$ ならば) $f(x) > \lambda$，詳しくいうと，$0 < x < \delta$ ならば $f(x) = \dfrac{1}{x} > \dfrac{1}{\delta} > \lambda$，また，$x = 0$ ならば $f(0) = +\infty > \lambda$．

例 3. $x \neq 0$ なるどの実数に対しても $\varphi(x) = \dfrac{1}{x}$，また $\varphi(0) = +\infty$ とおけば，この $\boldsymbol{R}$ を定義域とする函数 φ は点 $x = 0$ では連続でない函数である．なぜかといえば，$0 < \lambda < +\infty$ なる λ をと

ったとき，正数δをどんなに小さくえらんでも，$-\delta<x<0<\delta$なるxをとると$\varphi(x)<0<\lambda$で，条件（★）をみたすδがえらべないからである．

注意 4. 例2，3からわかるように，函数がその定義域の1点で連続かどうかは函数の定義域を確定した上でないといえないことなのである．

fはAで連続な函数，cは任意の実数とし，$B=\{x|x\in A, f(x)>c\}$とおいてみる．$x\in B$とすれば$x\in A, f(x)>c$．仮設により，fはxで連続なのだから

$$y\in U(x\,;\,\delta(x)),\quad y\in A \ \text{ならば}\ f(y)>c$$

であるような正数$\delta(x)$が，かならずあるはずである*．いいかえれば

$$y\in U(x\,;\,\delta(x))\cap A \ \text{ならば}\ y\in B,$$

すなわち，

$$A\cap U(x\,;\,\delta(x))\subseteq B.$$

よって

$$\bigcup_{x\in B}(A\cap U(x\,;\,\delta(x)))=A\cap\left(\bigcup_{x\in B}U(x\,;\,\delta(x))\right)\subseteq B.$$

すなわち，$G=\bigcup_{x\in B}U(x\,;\,\delta(x))$とおくと，$A\cap G\subseteq B$．

一方，明らかに，$B\subseteq A\cap G$．すなわち，$B=A\cap G$，いいかえると，

$$\{x|x\in A, f(x)>c\}=A\cap G.$$

ここに，Gは開集合$U(x\,;\,\delta(x))$の結びだから開集合で

* 連続の条件（★）におけるδはλ, Aが一定でも，xがAのどの点であるかによって，かならずしも一定しない．そのことを示すために$\delta(x)$と書いた．

可測である．よって，とくに A が可測なときは，$\{x|x\in A, f(x)>c\}$ が可測であることに注意する．

このことをきっかけにして，§2 で定義される可測函数の概念が生まれる．

§2. 可測函数

f が可測集合 A を定義域とする函数のとき，どの実数 c に対しても $\{x|x\in A, f(x)>c\}$ が可測ならば，f は A で**可測な函数**であるという．

$$A(f(x)>c)=\{x|x\in A, f(x)>c\}$$

とおくと，$A(f(x)>c)$ がどの実数 c に対しても可測であるとき，f を A で可測な函数とよぶことになる．

§1 の終りでのべたように，可測集合 A で連続な函数は A で可測な函数である．したがって，とくに，可測集合を定義域とする定数値函数は可測函数であることに注意する．

今後，一般に，〰〰 が x に関する条件を表わすとき，

$$A(〰〰)=\{x|x\in A, 〰〰\}$$

とおくことに約束する．上の $A(f(x)>c)$ では $f(x)>c$ が 〰〰 にあたるわけである．もっと例をあげると，

$$A(f(x)\geqq c)=\{x|x\in A, f(x)\geqq c\},$$
$$A(f(x)<c)=\{x|x\in A, f(x)<c\}.$$

問 1． $B\subseteq A$ で A, B が可測ならば，A で可測な函数 f は B でも可測なことを証明する．

注意 1． 今後，函数 f が A で可測な函数というとき，定義にも

とづいて，いつでも，A は可測集合であると仮定しているものと約束する．

1) どの有理数 r に対しても $A(f(x)>r)$ が可測ならば，f は A で可測な函数である．

［証明］ c は任意の実数であるとし，$c=\lim_n r_n\ (r_n>c)$ なる有理数列 $\{r_n\}_{n=1,2,\cdots}$ をとれば（II, §2, 3)），

$$A(f(x)>c) = \bigcup_{n=1}^{\infty} A(f(x)>r_n).$$

ここに，仮設により，$A(f(x)>r_n)$ は可測なのだから，$A(f(x)>c)$ も可測である．

2) f が A で可測な函数ならば，任意の実数 c に対して，次の集合はいずれも可測である：

$A(f(x)\leqq c)$, $A(f(x)\geqq c)$, $A(f(x)<c)$,
$A(f(x)=c)$, $A(f(x)<+\infty)$, $A(f(x)>-\infty)$,
$A(f(x)=+\infty)$, $A(f(x)=-\infty)$.

［証明］ まず，

$$A(f(x)\leqq c) = A-A(f(x)>c),$$

$$A(f(x)\geqq c) = \bigcap_{n=1}^{\infty} A(f(x)>c-n^{-1})$$

により，$A(f(x)\leqq c)$, $A(f(x)\geqq c)$ の可測なことがわかる．

つぎに，$A(f(x)<c)=A-A(f(x)\geqq c)$ において，いま証明したところにより，$A(f(x)\geqq c)$ が可測なのだから，$A(f(x)<c)$ は可測である．以下，順次

$$A(f(x)=c) = A(f(x)\geqq c)\cap A(f(x)\leqq c),$$

$$A(f(x)<+\infty) = \bigcup_{n=1}^{\infty} A(f(x)<n),$$
$$A(f(x)>-\infty) = \bigcup_{n=1}^{\infty} A(f(x)>-n),$$
$$A(f(x)=+\infty) = A-A(f(x)<+\infty),$$
$$A(f(x)=-\infty) = A-A(f(x)>-\infty)$$

が可測なことが証明される.

3) A が可測集合であるとき，どの実数 c に対しても $A(f(x)\geqq c)$ が可測ならば，f は A で可測な函数である．また，$A(f(x)\leqq c), A(f(x)<c)$ についても同様である．

［証明］ $A(f(x)\geqq c)$ が可測なときは

$$A(f(x)>c) = \bigcup_{n=1}^{\infty} A(f(x)\geqq c+n^{-1})$$

から，また，$A(f(x)\leqq c)$ が可測なときは

$$A(f(x)>c) = A-A(f(x)\leqq c)$$

から，さらに，$A(f(x)<c)$ が可測なときは

$$A(f(x)>c) = A-\bigcap_{n=1}^{\infty} A(f(x)<c+n^{-1})$$

から，$A(f(x)>c)$ の可測なことが出てくる．

4) f, g が A で可測な函数ならば，次の集合も可測である：

i) $A(f(x)>g(x))$,

ii) $A(f(x)\geqq g(x))$,

iii) $A(f(x)=g(x))$.

［証明］ i) $x\in A$ ならば $f(x)>g(x)$ だから，$f(x)>r>g(x)$ なる有理数 r があるはずである（II, §2, 2)）．そ

ういう有理数 r 全部の集合は可付番集合 $\boldsymbol{Q}$（$\boldsymbol{Q}$ は有理数全部の集合，II, §6, 2)）の部分集合だから，やはり可付番集合である．よってこれを $\{r_1, r_2, \cdots, r_n, \cdots\}$ とすれば

$$A(f(x)>g(x)) = \bigcup_{n=1}^{\infty} A(f(x)>r_n>g(x))$$
$$= \bigcup_{n=1}^{\infty} [A(f(x)>r_n)\cap A(g(x)<r_n)].$$

ここに，$A(f(x)>r_n)$ および $A(g(x)<r_n)$ は，3) により，可測だから，$A(f(x)>g(x))$ も可測である．

ii) $A(f(x)\geqq g(x))=A-A(g(x)>f(x))$ なのだから，i) により，$A(f(x)\geqq g(x))$ も可測である．

iii) $A(f(x)=g(x))=A(f(x)\geqq g(x))\cap A(g(x)\geqq f(x))$ だから，ii) により，$A(f(x)=g(x))$ も可測である．（証明終）

f, g が可測集合 A を定義域とする函数で，$m(A(f(x)\neq g(x)))=0$ ならば，f は A で g に対等であるといい，

$$(1) \qquad f\sim g\ (A)$$

と書く．

問 2. (1) が同値関係（II, §4, 注意 2）であることを証明する．

5) $f\sim g\ (A)$ で f が A で可測ならば，g も A で可測である．

［証明］ $N=A(f(x)\neq g(x)), A'=A-N$ とおくと

$$A(g(x)>c) = A'(g(x)>c)\cup N(g(x)>c)$$
$$= A'(f(x)>c)\cup N(g(x)>c)$$
$$= (A(f(x)>c)\cap A')\cup N(g(x)>c).$$

ここに，$A(f(x)>c)$ は可測，A' は可測集合 A と零集合

Nとの差だから可測，また，$N(g(x)>c)$は零集合Nの部分集合だから零集合で可測，よって$A(g(x)>c)$は可測である． （証明終）

上記の（1）が成りたつとき，《fはAでほとんど至るところgに等しい》という．一般に，ある命題が成立しないようなAの点全部の集合が零集合であるとき，その命題は《Aで**ほとんど至るところ**成立する》という．Aの各点で命題が成立するのはその特別な場合と考える．このことばを使うと，5）は次のようになる．

6） gがAでほとんど至るところfにひとしく，fがAで可測ならば，gもAで可測である．

もっと例をあげると，

例 1． fがAで定義され$f \geqq 0$で，$m(A(f(x)=0))=0$であるときは，fの値はAでほとんど至るところ正であるという．

問 3． Aを定義域とする函数fが次の条件をみたすとき，fはx_0で**下に半連続**であるという：《$f(x_0)>\lambda$なる任意のλを与えたとき，$x \in U(x_0\,;\,\delta) \cap A$ならば$f(x)>\lambda$なる正数$\delta$がある》．また，$-f$が$x_0$で下に半連続なとき，$f$は$A$で**上に半連続**であるという．$f$が可測集合$A$（の各点）で下に半連続ならば$f$は$A$で可測なことを証明する．$f$が$A$（の各点）で上に半連続の場合も同様なことを証明する．

§3. 可測函数の加減乗除

f, gがAを定義域とする函数であるとき*，Aの各点における値が

* f, gは可測函数でなくてもよい．

$$\alpha f(x)+\beta g(x),\quad f(x)\cdot g(x),\quad \frac{f(x)}{g(x)},\quad |f(x)|$$

にひとしいような函数をそれぞれ記号

$$\alpha f+\beta g,\quad f\cdot g,\quad f/g,\quad |f|$$

で表わすことにする. (ここに, α, β は有限な定数である) :

$$(\alpha f+\beta g)(x) = \alpha f(x)+\beta g(x),\quad f\cdot g(x) = f(x)\cdot g(x),$$

$$f/g(x) = \frac{f(x)}{g(x)},\quad |f|(x) = |f(x)|.$$

注意 1. $A'=A-[A(f(x)=+\infty)\cup A(f(x)=-\infty)]$ とおくと, $A(f(x)>c)=A'(f(x)>c)\cup A(f(x)=+\infty)$ だから, A' で f が可測なら A でも可測である. よって, 最初から f が A で有限であるとして証明すれば十分である.

1) f, g が A で可測ならば, $\alpha f+\beta g$ は A で可測である.

[証明] $\alpha=\beta=0$ ならば A の各点 x で $\alpha f(x)+\beta g(x)=0$ だから問題はない. よって, $\alpha\neq 0$ の場合だけを証明しておく. $\beta\neq 0$ と仮定したときの証明も同様である.

i) $g\equiv 1$ のとき :

$\alpha>0$ のときは $\quad A(\alpha f(x)+\beta>c)=A\left(f(x)>\dfrac{c-\beta}{\alpha}\right),$

$\alpha<0$ のときは $\quad A(\alpha f(x)+\beta>c)=A\left(f(x)<\dfrac{c-\beta}{\alpha}\right)$

だから, $\alpha f+\beta$ は A で可測な函数である.

ii) 一般の場合 :

$\alpha>0$ のときは

$$A(\alpha f(x)+\beta g(x)>c)=A\left(f(x)>-\frac{\beta}{\alpha}g(x)+\frac{c}{\alpha}\right),$$

$\alpha<0$ のときは

$$A(\alpha f(x)+\beta g(x)>c)=A\left(f(x)<-\frac{\beta}{\alpha}g(x)+\frac{c}{\alpha}\right).$$

よって，i）と§2，4）により，$\alpha f+\beta g$ は A で可測な函数である．

2) f, g が A で可測ならば，$f\cdot g$ も A で可測である．

［証明］ i）

$c\geqq 0$ ならば

$$A([f(x)]^2>c)=A(f(x)>c^{\frac{1}{2}})\cup A(f(x)<-c^{\frac{1}{2}}),$$

$c<0$ ならば　$A([f(x)]^2>c)=A.$

よって，$f\cdot f$ は A で可測である．今後は，$f\cdot f$ を f^2 で表わすことにする．

ii） $f+g, f-g$ は 1）により可測だから，i）により，$(f+g)^2$ および $(f-g)^2$ は可測である．よって

$$f\cdot g=\frac{1}{4}(f+g)^2+\left(-\frac{1}{4}\right)(f-g)^2$$

は，ふたたび 1）により，可測である．

3) f, g が A で可測な函数ならば f/g は A で可測な函数である．

［証明］ i） $f\equiv 1$ のとき：

$c>0$ ならば

$$A\left(\frac{1}{g(x)}>c\right)=A(g(x)>0)\cap A\left(g(x)<\frac{1}{c}\right),$$

$c=0$ ならば　$A\left(\dfrac{1}{g(x)}>c\right)=A(g(x)>0)$

$c<0$ ならば

$$A\left(\frac{1}{g(x)}>c\right)=A\left(g(x)<\frac{1}{c}\right)\cup A(g(x)>0).$$

よって，$1/g$ は A で可測である．

ii）$1/g$ が可測だから $f/g=f\cdot\dfrac{1}{g}$ は 2）により可測である．　（証明終）

一般に，$f_1, f_2, \cdots, f_n$ が A を定義域とする函数であるとき，A の各点 x で

$$\max\{f_1(x), f_2(x), \cdots, f_n(x)\},$$
$$\min\{f_1(x), f_2(x), \cdots, f_n(x)\}$$

なる値をとる函数をそれぞれ $\max\{f_1, f_2, \cdots, f_n\}$, $\min\{f_1, f_2, \cdots, f_n\}$ で表わす．

4)　$f_1, f_2, \cdots, f_n$ が A で可測な函数ならば $\max\{f_1, f_2, \cdots, f_n\}$, $\min\{f_1, f_2, \cdots, f_n\}$ は A で可測な函数である．

［証明］　$A(\max\{f_1(x), f_2(x), \cdots, f_n(x)\}>c)$

$$=A(f_1(x)>c)\cup A(f_2(x)>c)\cup\cdots\cup A(f_n(x)>c),$$

$$A(\min\{f_1(x), f_2(x), \cdots, f_n(x)\}<c)$$

$$=A(f_1(x)<c)\cup A(f_2(x)<c)\cup\cdots\cup A(f_n(x)<c)$$

をみれば明らかである（後者については§2，3）参照）．

（証明終）

$f^+=\max\{f, 0\}$, $f^-=-\min\{f, 0\}$ とおくときは，f の定義域の各点 x で $f^+(x)\geqq 0, f^-(x)\geqq 0$ である．また，$f(x)\geqq 0$ ならば $f^+(x)=f(x), f^-(x)=0$ で，$f(x)\leqq 0$ ならば

$f^+(x)=0, f^-(x)=-f(x)$ である．したがって，$f(x)=f^+(x)-f^-(x)$ だから，$f=f^+-f^-$．ここで，f が A で可測な函数とすれば，4) により，f^+, f^- は可測函数．逆に，f^+, f^- が可測函数ならば，1) により，$f=f^+-f^-$ は可測函数である．よって

5) f が A で可測な函数であるための必要十分な条件は f^+ および f^- が A で可測函数であることである．

6) f が A で可測な函数ならば $|f|$ は A で可測である．

［証明］ f が可測函数ならば，5) により，f^+, f^- は可測函数である．しかるに，$|f|=f^++f^-$ だから $|f|$ も 1) により可測函数である．

§4. 可測函数列

A を定義域とする函数から成る函数列

(1) $$\{f_1, f_2, \cdots, f_n, \cdots\}$$

を考える．A の各点 x におけるこれらの函数の値は数列

(2) $$f_1(x), f_2(x), \cdots, f_n(x), \cdots$$

を形づくる．A の各点 x において

$$\sup_n f_n(x) = \sup\{f_n(x) \mid n=1, 2, \cdots\},$$

$$\inf_n f_n(x) = \inf\{f_n(x) \mid n=1, 2, \cdots\}$$

とおけば，A を定義域とする函数 $\sup_n f_n$ と $\inf_n f_n$ とがえられる．

1) (1) の函数がいずれも A で可測ならば $\sup_n f_n$,

$\inf_n f_n$ も A で可測である.

［証明］ これは $A(\sup_n f_n(x)>c)=\bigcup_{n=1}^{\infty}A(f_n(x)>c)$ および $A(\inf_n f_n(x)<c)=\bigcup_{n=1}^{\infty}A(f_n(x)<c)$ から明らかである. (証明終)

A の各点 x において

$$g(x)=\overline{\lim_n} f_n(x), \qquad h(x)=\underline{\lim_n} f_n(x)$$

とおけば, A を定義域とする函数 g と h とがえられる. g は函数列 (1) の**最大極限函数**, h は (1) の**最小極限函数**とよばれる. g, h は, 今後記号 $\overline{\lim_n} f_n$, $\underline{\lim_n} f_n$ で表わし, とくに $\overline{\lim_n} f_n=\underline{\lim_n} f_n$ であるときは $\lim_n f_n=\overline{\lim_n} f_n$ $(=\underline{\lim_n} f_n)$ とおいて, これを函数列 (1) の**極限函数**と称する. 極限函数 $\lim_n f_n$ が存在するための必要十分条件は A の各点 x で $\overline{\lim_n} f_n(x)=\underline{\lim_n} f_n(x)$ であること, すなわち, A の各点 x で $\lim_n f_n(x)$ が存在することである.

2) (1) の函数がいずれも A で可測な函数ならば, $\overline{\lim_n} f_n$, $\underline{\lim_n} f_n$ は A で可測な函数である. したがって, $\lim_n f_n$ が存在する場合には $\lim_n f_n$ は A で可測な函数である.

［証明］ $\overline{f}_n=\sup_p f_{n+p}$, $\underline{f}_n=\inf_p f_{n+p}$ とおけば, $\overline{f}_n, \underline{f}_n$ は, 1) により, A で可測な函数である. $\overline{\lim_n} f_n=\inf_n \overline{f}_n$, $\underline{\lim_n} f_n=\sup_n \underline{f}_n$ だから (II, §12), ふたたび 1) により, $\overline{\lim_n} f_n$, $\underline{\lim_n} f_n$ は A で可測な函数である.

3) **(Egoroff (エゴロフ) の定理)** 函数列

(1)　　$\{f_1, f_2, \cdots, f_n, \cdots\}$

の各函数が A で有限な可測函数で，$f=\lim_n f_n$ であるとする．このとき，$m(A)<+\infty$ で f が A で有限な函数ならば，任意の正数 δ に対し，$H\subseteq A, m(A-H)<\delta$ なる可測集合 H をえらんで，H では函数列 (1) が一様収束*するようにできる．

［証明］ i) A の各点 x で $f(x)=\lim_n f_n(x)$ だから，λ がどんな正数であっても自然数 N_x を十分大きくとると，$n\geqq N_x$ なる n に対しては $|f_n(x)-f(x)|<\lambda$ (II, §12, 注意2)．よって，

$$A_n(\lambda)=\bigcap_{p=0}^{\infty} A(|f_{n+p}(x)-f(x)|<\lambda)$$

とおくと**，$n\geqq N_x$ ならば $x\in A_n(\lambda)$．したがって，A のどの点 x をとっても，$x\in\bigcup_{n=1}^{\infty}A_n(\lambda)$，すなわち，$A\subseteq\bigcup_{n=1}^{\infty}A_n(\lambda)$．もとより，$\bigcup_{n=1}^{\infty}A_n(\lambda)\subseteq A$ だから，けっきょく，$A=\bigcup_{n=1}^{\infty}A_n(\lambda)$．

ii) $A_n(\lambda)\subseteq A_{n+1}(\lambda)\,(n=1,2,\cdots)$ だから

$$\lim_n m(A_n(\lambda))=m\left(\bigcup_{n=1}^{\infty}A_n(\lambda)\right)=m(A)\quad \text{(III, §10, 3))}.$$

よって，任意の正数 η に対し自然数 n を十分大きくとれば

(2)　$m(A-A_n(\lambda))=m(A)-m(A_n(\lambda))<\eta.$

iii) $\lambda=2^{-p}$, $\eta=\delta\cdot 2^{-p}$, $n=N(p)$ としたとき (2) が成

---

* 一様収束の意味は I, §4 (28ページ) 参照.

** f は可測だから (2))，$f_{n+p}-f$ は可測 (§3, 1))，よって $|f_{n+p}-f|$ は可測だから (§3, 6))，$A_n(\lambda)$ は可測集合である．

りたつものとし，$H_p=A_{N(p)}(2^{-p})$ とおくと

(3) $$m(A-H_p) < \delta\cdot 2^{-p}.$$

また，H_p の定義により，$x\in H_p$, $n\geqq N(p)$ ならば $|f(x)-f_n(x)|<2^{-p}$.

iv) $H=\bigcap_{p=1}^{\infty}H_p$ とおくと，de Morgan の公式（II, §7, 2)）により $A-H=A-\bigcap_{p=1}^{\infty}H_p=\bigcup_{p=1}^{\infty}(A-H_p)$ だから

$$m(A-H) \leqq \sum_{p=1}^{\infty}m(A-H_p) < \sum_{p=1}^{\infty}\delta\cdot 2^{-p} = \delta.$$

v) ε を任意の正数とし，$2^{-p}\leqq\varepsilon<2^{-(p-1)}$ なる p を定める．$x\in H$ ならば $x\in H_p$ なのだから，iii) により，$n\geqq N(p)$ なる n に対しては，いつでも，$|f(x)-f_n(x)|<2^{-p}\leqq\varepsilon$. ここに，$N(p)$ は ε だけで定まり，x が H のどの点であるかには関係しない．函数列 (1) は H で一様収束するのである．

4) Egoroff の定理において H を有界な閉集合であるようにえらべる．

［証明］ $F\subseteq H$, $m(F)>m(H)-(\delta-m(A-H))$ なる有界閉集合 F をえらぶと（III, §11, 注意2），

$$\begin{aligned} m(A-F) &= m(A)-m(F) \\ &< m(A)-m(H)+\delta-(m(A)-m(H)) = \delta. \end{aligned}$$

$F\subseteq H$ だから，F で函数列 (1) の一様収束することはいうまでもない．

§5. 単函数

f が A を定義域とする函数で，$f(A)$ が有限集合である

とき，f は A における**単函数**であるという．定数値函数は単函数の一例である．

1) f が A における単函数で $f(A)=\{c_1, c_2, \cdots, c_n\}$ であるとき，f が A で可測であるための必要十分な条件は $p=1, 2, \cdots, n$ に対し $A_p=A(f(x)=c_p)$ が可測であることである．

［証明］ $c_1<c_2<\cdots<c_n$ であると仮定する．

i) （必要）：f が A で可測ならば，§2, 2) により，$A_p=A(f(x)=c_p)$ は可測である．

ii) （十分）：A_p $(p=1, 2, \cdots, n)$ は可測であるとする．$c<c_1$ ならば $A(f(x)>c)=A$，また，$c_n\leqq c$ ならば $A(f(x)>c)=\emptyset$．$c_{p-1}\leqq c<c_p$ $(p=2, 3, \cdots, n)$ ならば $A(f(x)>c)=A_p\cup A_{p+1}\cup\cdots\cup A_n$.

よって，いずれにしても $A(f(x)>c)$ は可測である．

問 1. 1) で $A_1, A_2, \cdots, A_n$ が閉集合ならば f は A で連続なことを証明する．

f が A を定義域とする函数で，A のどの点 x でも $f(x)\geqq 0$ であるとき，f は A を定義域とする**正値函数**と称し，このことを $f\geqq 0$ であらわす．f^+ および f^- (§3) はいずれも正値函数である：$f^+\geqq 0$, $f^-\geqq 0$.

A を定義域とする函数列

$$(1) \qquad f_1, f_2, \cdots, f_n, \cdots$$

があるとき，もし $f_n\leqq f_{n+1}$ ならば，すなわち，A の各点 x で

$$f_n(x) \leqq f_{n+1}(x) \quad (n=1, 2, \cdots)$$

ならば，函数列（1）は**増加函数列**であるという．これに反し，$f_n \geqq f_{n+1}$，すなわち，A の各点 x で

$$f_n(x) \geqq f_{n+1}(x) \quad (n=1, 2, \cdots)$$

ならば，（1）は**減少函数列**という．**単調函数列**というのは増加函数列と減少函数列との総称である．

2） f が A で可測な正値函数ならば，次の条件をみたす増加函数列 $\{f_n\}_{n=1,2,\cdots}$ が存在する：f_n は A で可測な正値単函数，$f_n \leqq f_{n+1} \leqq f, \lim_n f_n = f$.

［証明］ f_n を次のように定める：$1 \leqq p \leqq n\cdot 2^n$（$p$ は自然数）とし

$$x \in A((p-1)\cdot 2^{-n} \leqq f(x) < p\cdot 2^{-n}) \text{ ならば}$$
$$f_n(x) = (p-1)\cdot 2^{-n},$$
$$x \in A(f(x) \geqq n) \text{ ならば}$$
$$f_n(x) = n = (2^n\cdot n)\cdot 2^{-n}.$$

明らかに f_n は $f_n \leqq f$ なる正値単函数で，1）により可測である．

また，$x \in A((p-1)\cdot 2^{-n} \leqq f(x) < p\cdot 2^{-n})$ ならば，これを書きなおすと

$$x \in A(2(p-1)\cdot 2^{-(n+1)} \leqq f(x) < 2p\cdot 2^{-(n+1)})$$

となるから，$f_{n+1}(x) = 2(p-1)\cdot 2^{-(n+1)}$ か $f_{n+1}(x) = (2p-1)\cdot 2^{-(n+1)}$ である．よって，

$$f_{n+1}(x) \geqq 2(p-1)\cdot 2^{-(n+1)} = (p-1)\cdot 2^{-n} = f_n(x).$$

さらに，$x \in A(f(x) \geqq n) = A(f(x) \geqq (2^{n+1}\cdot n)2^{-(n+1)})$ ならば，

$$(2^{n+1}\cdot n)2^{-(n+1)} \leqq f(x) < (2^{n+1}\cdot (n+1))2^{-(n+1)}$$

であるか,

$$f(x) \geqq (2^{n+1}\cdot(n+1))2^{-(n+1)} = n+1.$$

よって, $f_{n+1}(x)\geqq 2^{n+1}\cdot n\cdot 2^{-(n+1)}=n=f_n(x)$.

すなわち, いま定義した函数列 $f_1, f_2, \cdots, f_n, \cdots$ は増加函数列である.

A の各点 x で $\lim_n f_n(x)=f(x)$ であることは次のようにして証明される:

i) $f(x)<+\infty$ のとき: $f(x)<N$ なる自然数 N をとると, ある自然数 $p(1\leqq p\leqq N\cdot 2^N)$ に対して, $(p-1)2^{-N}\leqq f(x)<p\cdot 2^{-N}$ だから, $f_N(x)=(p-1)2^{-N}$, すなわち, $0\leqq f(x)-f_N(x)<2^{-N}$. したがって, $\lambda<f(x)<\Lambda$ なる任意の λ, Λ を与えたとき, $\Lambda<N$, $2^{-N}<f(x)-\lambda$ なる自然数 N をとれば, $n\geqq N$ なる n に対しては

$$0 \leqq f(x)-f_n(x) \leqq f(x)-f_N(x) < 2^{-N} < f(x)-\lambda,$$

すなわち, $\lambda<f_n(x)\leqq f(x)<\Lambda$. したがって, $\lim_n f_n(x)=f(x)$.

ii) $f(x)=+\infty$ のとき: $\lambda<+\infty=f(x)$ なる任意の λ が与えられたとき, $\lambda<N$ なる自然数 N をえらぶと, $n\geqq N$ なる n に対しては, 定義により, $f_n(x)\geqq f_N(x)=N>\lambda$. よって, $\lim_n f_n(x)=+\infty=f(x)$.

問 2. $\{f_1, f_2, \cdots, f_n, \cdots\}$ が A で増加函数列ならば $\lim_n f_n=\sup_n f_n$, また, 減少函数列ならば $\lim_n f_n=\inf_n f_n$ なることを証明する.

§6. 単函数と特性函数

A が任意の点集合であるとき

$$x \in A \text{ ならば } \chi_A(x) = 1$$
$$x \notin A \text{ ならば } \chi_A(x) = 0$$

とおくと，$\boldsymbol{R}$ を定義域とする単函数 χ_A がえられる．この函数 χ_A を A の**特性函数**と称する．

明らかに，A が与えられればその特性函数が定まり，逆に，$f(\boldsymbol{R})=\{0,1\}$ なる単函数 f が与えられれば，f を特性函数 χ_A とするような点集合 $A=\{x|f(x)=1\}$ が定まる．

A がとくに可測集合のときは，χ_A は $\boldsymbol{R}$ で可測な函数であり，逆に，χ_A が $\boldsymbol{R}$ で可測函数ならば A は可測集合である．

問 1. いまのべたことを証明する．

特性函数をつかうと，単函数を便利な形で表現できる：

f は A を定義域とする単函数で $f(A)=\{c_1, c_2, \cdots, c_n\}$ であるとする．$A_i=A(f(x)=c_i)\,(i=1,2,\cdots,n)$ とおくと，$A=A_1\cup A_2\cup\cdots\cup A_n$（直和）で，$A$ の点 x では

(1)　$f(x) = c_1\chi_{A_1}(x)+c_2\chi_{A_2}(x)+\cdots+c_n\chi_{A_n}(x).$

逆に，(1) の条件で定義される函数 f は A を定義域とする単函数で，$f(A)=\{c_1, c_2, \cdots, c_n\}$ であることも明らかであろう．なお，以上において $c_1, c_2, \cdots, c_n$ のなかにひとしいものがあっても，$A_1, A_2, \cdots, A_n$ が交わらなければ，かまわないことに注意する．

問 2. $\chi_{A\cap B}=\chi_A\cdot\chi_B$，$\chi_{A\cup B}=\chi_A+\chi_B-\chi_A\cdot\chi_B$，$\chi_{A-B}=\chi_A-\chi_A\cdot\chi_B$ を証明する．

§7. Lusin の定理

§1の終りにのべたように，可測函数の概念は，いわば，連続函数の概念をよりどころとして生まれたものと見ることができる．こういう可測函数と連続函数とのかかわりあいは，次の Lusin（ルジン）の定理によって，いっそう表面に出てくるといえるであろう．

1）（Lusin の定理） $m(A)<+\infty$ とし，f が A で有限な可測函数であるとき，ε がどんな正数でも

$$F\subseteq A,\quad m(A-F)<\varepsilon$$

なる閉集合 F をえらんで，F では f が連続であるようにできる．

［証明］ i） f が単函数であるとき：$f=c_1\chi_{A_1}+c_2\chi_{A_2}+\cdots+c_k\chi_{A_k}$，$A=A_1\cup A_2\cup\cdots\cup A_k$（直和）とする．$A_i\,(i=1,2,\cdots,k)$ は可測集合だから，III，§11，3）により

$$F_i\subseteq A_i,\quad m(A_i-F_i)=m(A_i)-m(F_i)<\varepsilon\cdot k^{-1}\quad(i=1,2,\cdots,k)$$

なる閉集合をえらぶと，$F=F_1\cup F_2\cup\cdots\cup F_k$ は閉集合で，

$$A-F=\bigcup_{i=1}^{k}(A_i-F_i).$$

よって，

$$m(A-F)\leqq\sum_{i=1}^{k}m(A_i-F_i)<\varepsilon.$$

また，$F_1,F_2,\cdots,F_k$ は交わらないから，f は F で連続である（§5，問1）．

ii） $f\geqq 0$ のとき：$\{f_n\}_{n=1,2,\cdots}$ は有限な可測単函数から成る増加函数列で $\lim_n f_n=f$ であるとする（§5，2））．i）により

$$F_n\subseteq A,\quad m(A-F_n)<\varepsilon\cdot 2^{-(n+1)},\quad F_n \text{ で } f_n \text{ は連続}$$

であるように F_n をえらび，$F'=\bigcap_{n=1}^{\infty}F_n$ とおくと，$F'\subseteq F_n$ だから f_n は F' で連続で，$A-F'=A-\bigcap_{n=1}^{\infty}F_n=\bigcup_{n=1}^{\infty}(A-F_n)$，よって，

$$m(A-F') \leqq \sum_{n=1}^{\infty} m(A-F_n) < \sum_{n=1}^{\infty} \varepsilon \cdot 2^{-(n+1)} < \varepsilon \cdot 2^{-1}.$$

ところで，F' で $\lim_n f_n = f$ なのだから，Egoroffの定理（§4, 3)）により，$F \subseteq F'$, $m(F'-F) < \varepsilon \cdot 2^{-1}$ なる F をとり，F で $\{f_n\}_{n=1,2,\cdots}$ が f に一様収束するようにすることができる．f_n がいずれも F'，したがって F で連続なのだから，$f = \lim_n f_n$ も F で連続で，$m(A-F) \leqq m(A-F') + m(F'-F) < \varepsilon$.

iii）一般の場合：ii）により，F_1 では f^+ が連続，F_2 では f^- が連続であるように，

$F_1 \subseteq A$, $m(A-F_1) < \varepsilon \cdot 2^{-1}$; $F_2 \subseteq A$, $m(A-F_2) < \varepsilon \cdot 2^{-1}$

なる F_1, F_2 をえらぶ．$F = F_1 \cap F_2$ において f^+, f^- は連続だから，$f = f^+ - f^-$ は F で連続である．なお，

$$m(A-F) = m(A-F_1 \cap F_2) \leqq m(A-F_1) + m(A-F_2) < \varepsilon.$$

2)（Lusinの定理の逆）f が $m(A) < +\infty$ なる可測集合 A を定義域とする函数であるとき，もし，どの正数 ε に対しても，条件

(1)　　$F \subseteq A$, $m(A-F) < \varepsilon$, F で f は連続

をみたすような閉集合 F が，いつでも，存在するならば，f は A で可測な函数である．

［証明］ $\varepsilon = 2^{-n}$ としたとき条件（1）をみたすような閉集合を F_n で表わすことにする：

$$m(A-F_n) < 2^{-n} \quad (n=1, 2, \cdots).$$

$$N = A - \bigcup_{n=1}^{\infty} F_n = \bigcap_{n=1}^{\infty} (A-F_n),$$

すなわち，

$$A = \left(\bigcup_{n=1}^{\infty} F_n\right) \cup N$$

とおくと，$N \subseteq A - F_n$ $(n=1, 2, \cdots)$ なのだから，$m(N) \leqq m(A-$

$F_n)<2^{-n}$ $(n=1,2,\cdots)$. よって, $m(N)=0$.

したがって,

$$(2)\quad A(f(x)>c) = \left(\bigcup_{n=1}^{\infty} F_n(f(x)>c)\right)\cup N(f(x)>c)$$

において, $m(N(f(x)>c))\leqq m(N)=0$, すなわち, $N(f(x)>c)$ は零集合だから可測である. また, f は可測集合 (閉集合) F_n で連続なのだから, §1の終りでのべたように, $F_n(f(x)>c)$ は可測集合である. よって, (2) により, $A(f(x)>c)$ も可測集合ということがわかる.

V. ルベグ積分

ルベグ積分を定義するのにはいろいろな行きかたがある．この本では序説（I章）でのべたように，まず，測度や可測函数を定義し，これを土台として積分を定義するという，いわば，正統的な方針をとった．もっとも，この章の§1でのべる積分の定義は，外見上，I，§5で予告した定義と同じではない．しかし，実質的にはこれは同じことに帰するのであって，そのことは章末の§10で説明しておいた．

§1．正値函数の積分

まず，可測な**正値**函数にだけ話をかぎって，その積分を定義する．一般の可測函数の積分については，あとでのべる（§5）：

f は A で可測な正値函数であるとし，まず，A を交わらない有限個の可測集合 $A_1, A_2, \cdots, A_k$ に分割する：

(1)　$A = A_1 \cup A_2 \cup \cdots \cup A_k$　（$i \neq j$ なら $A_i \cap A_j = \emptyset$）．

つぎに，

(2)　$a_i = \inf\{f(x) \mid x \in A_i\}$　$(i=1, 2, \cdots, k)$,

(3)　$\mathfrak{s} = a_1 m(A_1) + a_2 m(A_2) + \cdots + a_k m(A_k)$

とおいて，$\mathfrak{s}$ を f の A における**近似和**とよぶことにし（条件（1）をみたすような）A のあらゆる分割 $\{A_1, A_2, \cdots, A_k\}$ について，このような近似和 $\mathfrak{s}$ をつくる．それらすべての近似和 $\mathfrak{s}$ の上限が，すなわち，A における f のルベグ積分

$\int_A f(x)dx$ とよばれるものである．すなわち，f の A における あらゆる近似和の集合を $\langle \mathfrak{s} \rangle$ で表わすことにすれば

$$(4) \qquad \int_A f(x)dx = \sup\langle \mathfrak{s} \rangle.$$

この定義により，

$$(5) \qquad 0 \leqq \mathfrak{s} \leqq \int_A f(x)dx.$$

また，$m(A)=0$ ならばどの分割についても $\mathfrak{s}=0$ だから*

$$(6) \qquad m(A) = 0 \text{ ならば } \int_A f(x)dx = 0$$

であることに注意する．

以上が A で可測な正値函数 f の（ルベグ）積分 $\int_A f(x)dx$ の定義である．この定義にもとづいて，可測な正値単函数の積分がどんなものになるかをしらべてみよう．

1） $f=c_1\chi_{E_1}+c_2\chi_{E_2}+\cdots+c_n\chi_{E_n}$ が A で可測な正値単函数ならば

$$\int_A f(x)dx = c_1 m(E_1)+c_2 m(E_2)+\cdots+c_n m(E_n).$$

［証明］　まず，上式の右辺は f の A における近似和のひとつにほかならないから，$\sum_{q=1}^n c_q m(E_q) \leqq \int_A f(x)dx$.

つぎに，近似和（3）をとると，$A_p \cap E_q \neq \emptyset$ ならば

$a_p = \inf\{f(x) \mid x \in A_p\} \leqq \inf\{f(x) \mid x \in A_p \cap E_q\} = c_q$

---

*　$(+\infty)\cdot 0=0\cdot(+\infty)=0$ に注意（II，§11）．

だから，

$$\sum_{p=1}^{k} a_p m(A_p) = \sum_{p=1}^{k}\sum_{q=1}^{n} a_p m(A_p \cap E_q)$$

$$\leqq \sum_{p=1}^{k}\sum_{q=1}^{n} c_q m(A_p \cap E_q) = \sum_{q=1}^{n}\sum_{p=1}^{k} c_q m(A_p \cap E_q)$$

$$= \sum_{q=1}^{n} c_q m(E_q).$$

すなわち，$\mathfrak{s} \leqq \sum_{q=1}^{n} c_q m(E_q)$ だから，(4) により，

$$\int_A f(x)dx \leqq \sum_{q=1}^{n} c_q m(E_q).$$

（証明終）

とくに，$f=c\chi_A$ のときを考えると，1) により

2) $f=c$ (A の各点 x で $f(x)=c$, $0 \leqq c \leqq +\infty$) ならば

$$\int_A f(x)dx = c \cdot m(A).$$

とくに，$f=0$ (A の各点 x で $f(x)=0$) ならば

$$\int_A f(x)dx = 0.$$

問 1. f が A で可測な正値函数であるとき，$\varphi(x)=f(x+c)$ (c は定数) とおけば，函数 φ は $A'=\{x-c \mid x \in A\}$ で可測で，等式

$$\int_{A'} \varphi(x)dx = \int_{A'} f(x+c)dx = \int_A f(x)dx.$$

が成立することを証明する．

§2. 正値函数の積分の性質

正値函数の積分について基本的な定理をいくつか証明しておこう.

1) f および g が A で可測な正値函数で, $g \leqq f$ (A の各点 x で $g(x) \leqq f(x)$) ならば

$$\int_A g(x)dx \leqq \int_A f(x)dx.$$

[証明] A における f の近似和として§1, (3) の $\mathfrak{s}$, g の近似和として

$$\mathfrak{s}' = \sum_{i=1}^{k} b_i m(A_i), \quad b_i = \inf\{g(x) \mid x \in A_i\}$$

をとれば, $b_i \leqq a_i$ だから, $\mathfrak{s}' \leqq \mathfrak{s}$. よって, §1, (4) により $\mathfrak{s}' \leqq \int_A f(x)dx$. §1, (1) がどんな分割であってもこの不等式が成りたつのだから,

$$\int_A g(x)dx = \sup\langle \mathfrak{s}' \rangle \leqq \int_A f(x)dx.$$

2) f が A で可測で $0 \leqq \lambda \leqq f \leqq \Lambda$ (A の各点 x で $\lambda \leqq f(x) \leqq \Lambda$. λ, Λ は定数) ならば

$$\lambda \cdot m(A) \leqq \int_A f(x)dx \leqq \Lambda \cdot m(A).$$

[証明] A の各点 x で $\lambda \chi_A(x) \leqq f(x) \leqq \Lambda \chi_A(x)$ なのだから, 1) により, $\int_A \lambda \chi_A(x)dx \leqq \int_A f(x)dx \leqq \int_A \Lambda \chi_A(x) \cdot dx$. しかるに, §1, 2) によれば $\int_A \lambda \chi_A(x)dx = \lambda \cdot m(A)$, $\int_A \Lambda \chi_A(x)dx = \Lambda \cdot m(A)$.

3) f が可測集合 A, B で可測な正値函数であるとき, $A \cap B = \emptyset$ ならば

$$\int_{A \cup B} f(x)dx = \int_A f(x)dx + \int_B f(x)dx.$$

[証明] $E = A \cup B$ とおくと, $E(f > c) = A(f > c) \cup B(f > c)$. よって, f は E で可測である.

i) $\int_E f(x)dx \geqq \int_A f(x)dx + \int_B f(x)dx$ の証明: $\int_A f(x)dx$ の近似和を §1, (3) の $\mathfrak{s}$ とし, $\int_B f(x)dx$ の近似和を

$$\mathfrak{s}' = b_1 m(B_1) + b_2 m(B_2) + \cdots + b_l m(B_l),$$
$$b_j = \inf\{f(x) \mid x \in B_j\}$$
$$(B = B_1 \cup B_2 \cup \cdots \cup B_l,\ \ i \neq j \text{ なら } B_i \cap B_j = \emptyset)$$

とすると, $\{A_1, A_2, \cdots, A_k, B_1, B_2, \cdots, B_l\}$ は E の分割で, $\mathfrak{s} + \mathfrak{s}'$ は $\int_E f(x)dx$ の近似和だから, §1, (4) により

$$\int_E f(x)dx \geqq \mathfrak{s} + \mathfrak{s}'.$$

よって,

$$\int_E f(x)dx \geqq \sup\langle \mathfrak{s} \rangle + \sup\langle \mathfrak{s}' \rangle,$$

すなわち,

$$\int_E f(x)dx \geqq \int_A f(x)dx + \int_B f(x)dx.$$

ii) $\int_E f(x)dx \leqq \int_A f(x)dx + \int_B f(x)dx$ の証明: $\int_E f(x)dx$ の近似和を

$$\mathfrak{s} = c_1 m(E_1) + c_2 m(E_2) + \cdots + c_n m(E_n),$$

$$c_p=\inf\{f(x)\,|\,x\in E_p\}$$

$(E=E_1\cup E_2\cup\cdots\cup E_n,\ p\neq q$ ならば $E_p\cap E_q=\emptyset)$

とし，$A_p=A\cap E_p, B_p=B\cap E_p$ とおくときは，$E_p=A_p\cup B_p$ で，$\{A_1, A_2, \cdots, A_n\}$ および $\{B_1, B_2, \cdots, B_n\}$ はそれぞれ A および B の分割である：$A=A_1\cup A_2\cup\cdots\cup A_n$, $B=B_1\cup B_2\cup\cdots\cup B_n$.

いま，$a_p=\inf\{f(x)\,|\,x\in A_p\}$, $b_p=\inf\{f(x)\,|\,x\in B_p\}$ とおけば，$A_p\subseteq E_p$ だから

$$c_p=\inf\{f(x)\,|\,x\in E_p\}\leqq\inf\{f(x)\,|\,x\in A_p\}=a_p,$$

同様にして $c_p\leqq b_p$. よって，

$$\begin{aligned}\mathfrak{s}&=\sum_{p=1}^{n}c_pm(E_p)=\sum_{p=1}^{n}c_p(m(A_p)+m(B_p))\\&=\sum_{p=1}^{n}c_pm(A_p)+\sum_{p=1}^{n}c_pm(B_p)\\&\leqq\sum_{p=1}^{n}a_pm(A_p)+\sum_{p=1}^{n}b_pm(B_p).\end{aligned}$$

この最右辺の2項はそれぞれ $\int_A f(x)dx, \int_B f(x)dx$ の近似和だから，§1，(4) により

$$\mathfrak{s}\leqq\int_A f(x)dx+\int_B f(x)dx.$$

よって，

$$\int_E f(x)dx=\sup\langle\mathfrak{s}\rangle\leqq\int_A f(x)dx+\int_B f(x)dx.$$

注意 1. 数学的帰納法により，3) から次の定理がでてくる：$A_1, A_2, \cdots, A_n$ がたがいに交わらない可測集合で，f がそのおのおので可測な正値函数ならば

$$\int_{A_1\cup A_2\cup\cdots\cup A_n} f(x)dx=\sum_{p=1}^{n}\int_{A_p} f(x)dx.$$

4) f が A で可測な正値函数，$B\subseteq A$ で B が可測ならば

$$\int_B f(x)dx \leqq \int_A f(x)dx.$$

［証明］ $B(f(x)>c)=A(f(x)>c)\cap B$ だから，f は B で可測な函数である．同様に $A-B$ で f は可測な函数である．よって，3）によれば，

$$\int_A f(x)dx = \int_B f(x)dx+\int_{A-B} f(x)dx.$$

しかるに，$\int_{A-B} f(x)dx\geqq 0$ だから（§1,（5)），

$$\int_A f(x)dx \geqq \int_B f(x)dx.$$

5) f が A で可測な正値函数で $\int_A f(x)dx=0$ ならば

(1) $$m(A(f(x)\neq 0)) = 0.$$

［証明］ $A_n=A\left(f(x)>\dfrac{1}{n}\right)$ とおくと，$A(f(x)>0)=\bigcup_{n=1}^{\infty} A_n$.

したがって，

(2) $$m(A(f(x)>0)) \leqq \sum_{n=1}^{\infty} m(A_n).$$

しかるに，$A_n\subseteq A$ だから，4）および§1，2）により

$$0=\int_A f(x)dx \geqq \int_{A_n} f(x)dx \geqq \frac{1}{n}m(A_n).$$

したがって，$m(A_n)=0\ (n=1,2,\cdots)$．このことから，

(2) により，$m(A(f(x)>0))=0$ がでてくることは明らかであろう．(証明終)

IV，§2 でおぼえたことば使いをすれば，5) は次のようにいうことができる：

5′) f が A で可測な正値函数で $\int_A f(x)dx=0$ ならば，$f(x)$ は A でほとんど至るところ 0 にひとしい．

もう一つ，次節で必要になるので，次の 6) を証明しておく．

6) A は可測集合で $m(A)<+\infty$，f は A で可測な正値函数で $f\geqq\eta$ (η は定数，$0\leqq\eta<+\infty$) ならば，

$$\int_A (f(x)-\eta)dx = \int_A f(x)dx-\eta m(A).$$

[証明] この等式の左辺は $f-\eta\chi_A$ の積分であることに注意する．

$$\mathfrak{s} = \sum_{i=1}^{k} a_i m(A_i)$$

を $\int_A f(x)dx$ の近似和とすると，$\inf\{f(x)-\eta \mid x\in A_i\}=a_i-\eta$ だから，同じ分割による $f-\eta\chi_A$ の近似和は

$$\sum_{i=1}^{k}(a_i-\eta)m(A_i) = \sum_{i=1}^{k}a_i m(A_i)-\eta\sum_{i=1}^{k}m(A_i)$$
$$= \mathfrak{s}-\eta m(A).$$

よって最左辺と最右辺の上限を求めれば

$$\int_A (f(x)-\eta)dx = \sup\langle\mathfrak{s}\rangle-\eta m(A)$$

$$= \int_A f(x)dx - \eta m(A).$$

§3. 単函数列の項別積分

§1, (3) の $\mathfrak{s}=\sum_{i=1}^k a_i m(A_i)$ は, §1, 1) によれば, 単函数 $g=\sum_{i=1}^k a_i \chi_{A_i}$ の積分 $\int_A g(x)dx$ にほかならない：$0 \leqq g \leqq f$.

一方, h が A で可測な正値単函数で $h \leqq f$ ならば, §2, 1) により, いつでも

$$\int_A h(x)dx \leqq \int_A f(x)dx.$$

ところが, §1 の定義によれば, $\int_A f(x)dx$ は近似和 $\mathfrak{s}$ の集合 $\langle\mathfrak{s}\rangle$, すなわち, $\int_A g(x)dx$ の集合 $\langle\mathfrak{s}\rangle$ の上限なのだから, 上にのべたことを考え合わせると, 結局, $\int_A f(x)dx$ は A で可測で $h \leqq f$ なる正値単函数 h の積分 $\int_A h(x)dx$ 全部の上限であるということになる：

(1) $$\int_A f(x)dx$$
$$= \sup\left\{\int_A h(x)dx \,\middle|\, \begin{array}{l} h \text{ は } A \text{ で可測} \\ \text{な正値単函数}, \end{array} \quad h \leqq f\right\}.$$

ところで, 一方において, f が A で可測な正値函数であるとき, 条件

(2) $$f_n \leqq f_{n+1}\ (n=1, 2, \cdots), \quad \lim_n f_n = f$$

をみたすような，A で可測な正値単函数の列 $\{f_n\}_{n=1,2,\cdots}$ の存在することをわれわれは知っている (IV, §5, 2)). こうしてみると，この場合

$$\lim_n \int_A f_n(x)dx = \int_A f(x)dx = \int_A \lim_n f(x)dx$$

であるか否かという問題がおこってくるのは当然といってもよいであろう.

これに対する答が次の定理である.

1) f_n $(n=1,2,\cdots)$ がいずれも A で可測な正値単函数で，条件 (2) をみたしているならば

$$\lim_n \int_A f_n(x)dx = \int_A f(x)dx,$$

すなわち，

$$\lim_n \int_A f_n(x)dx = \int_A \lim_n f_n(x)dx.$$

[証明] すこし長いので段階に分けて証明する.

i) $0 \leqq f_n \leqq f$ だから $\int_A f_n(x)dx \leqq \int_A f(x)dx$.
よって，

$$0 \leqq \lim_n \int_A f_n(x)dx \leqq \int_A f(x)dx.$$

したがって，$\int_A f(x)dx = 0$ ならば $\int_A f_n(x)dx = 0$ $(n=1, 2, \cdots)$ で，この場合は改めて証明するまでもない.

以下，$\int_A f(x)dx > 0$ の場合だけを考えることとし，

$$\lim_n \int_A f_n(x)dx \geqq \int_A f(x)dx$$

を証明すればよいわけである．これを証明するのには

$$\lambda < \int_A f(x)dx$$

なるどんな正数 λ を与えても，

$$\text{(3)} \qquad \lim_n \int_A f_n(x)dx > \lambda$$

であることを示しさえすれば十分であろう．

ii）この節の（1）によれば

$$\text{(4)} \qquad \int_A h(x)dx > \lambda, \quad f \geqq h$$

なる正値単函数 h が存在するはずである．h は，もとより，A で可測で

$$\text{(5)} \qquad h = \sum_{i=1}^{k} a_i \chi_{A_i}, \quad \int_A h(x)dx = \sum_{i=1}^{k} a_i m(A_i),$$

$$0 \leqq a_1 < a_2 < \cdots < a_k$$

であるとする．

このような h をとると，

$$\text{(6)} \qquad \lim_n \int_A f_n(x)dx \geqq \int_A h(x)dx$$

を証明すれば，（3）の証明，したがって，定理の証明が完成するわけである．

iii）（5）において，もし $a_k = +\infty$ であるときは，有限な数 a を十分大きくとると $\sum_{i=1}^{k-1} a_i m(A_i) + am(A_k) > \lambda$ であるようにすることができる．よって，この場合，a_k としては $+\infty$ の代わりに a を採用して，h を修正しておくこと

にする．すなわち，A の各点 x で $h(x)<+\infty$ であるように直しておくのである．こう直しても，(4) が成りたつことに変わりがないことは上にのべたとおりである．

また (5) において，$0\leqq a_1$ としておいたが，じつは，$a_1>0$ である場合，すなわち，A で $h>0$ である場合だけを証明すれば十分である．その理由は次のとおりである：$a_1=0$ のときには，$A'=A-A_1$ とおくと

$$\int_A f_n(x)dx \geqq \int_{A'} f_n(x)dx, \quad \int_A h(x)dx = \int_{A'} h(x)dx$$

だから (§2, 4))，この場合には，

$$(7) \qquad \int_{A'} f_n(x)dx \geqq \int_{A'} h(x)dx$$

を示せば，(6) が示されたことになる．ところが，A' では $h>0$ だから，(7) を証明する方法は A において $h>0$ ($a_1>0$) であるとして (6) を証明する方法とまったく同様である．よって，最初から $a_1>0$ の場合だけを考えればよいというわけなのである．

こんなしだいで，今後，$a_1>0$, $a_k<+\infty$，すなわち

$$0<h<+\infty$$

であるとして話を進めることにする．

iv) $0<\eta<a_1$ なる任意の η をとり，$E_n=A(f_n(x)>h(x)-\eta)$ とおけば，

$$E_n \subseteq E_{n+1} \quad (n=1, 2, \cdots).$$

また，A の各点 x で $h(x)\leqq f(x)$，したがって，$h(x)-\eta<f(x)$．しかも，$\lim_n f_n(x)=f(x)$ なのだから，x が A の

どの点であってもそれに応じて n を十分大きくとれば，$x \in E_n$ である．よって，$A=\bigcup_{n=1}^{\infty} E_n$ だから，III，§10，3）により

$$(8) \qquad \lim_n m(E_n) = m(A).$$

v）$m(A)=+\infty$ の場合：まず，§2，4）により，

$$\int_A f_n(x)dx \geqq \int_{E_n} f_n(x)dx.$$

しかるに $x \in E_n$ ならば $f_n(x)>h(x)-\eta \geqq a_1-\eta$ だから，§2，2）により

$$\int_{E_n} f_n(x)dx \geqq (a_1-\eta)\cdot m(E_n),$$

よって，

$$\int_A f_n(x)dx \geqq (a_1-\eta)\cdot m(E_n).$$

この場合，$\lim_n m(E_n)=m(A)=+\infty$ だから，$\lim_n \int_A f_n(x)dx=+\infty$．したがって，もとより，(6) の成りたつことがわかる．

vi）$m(A)<+\infty$ の場合：自然数 N を十分大きくとると，(8) により，$m(A-E_N)=m(A)-m(E_N)<\eta$ だから

$$\int_A f_N(x)dx \geqq \int_{E_N} f_N(x)dx \geqq \int_{E_N}(h(x)-\eta)dx.$$

しかるに，§2，6）により

$$\int_{E_N}(h(x)-\eta)dx = \int_{E_N} h(x)dx-\eta\cdot m(E_N)$$

$$\geqq \int_{E_N} h(x)dx - \eta \cdot m(A)$$

だから

$$\int_A f_N(x)dx \geqq \int_{E_N} h(x)dx - \eta \cdot m(A).$$

すなわち,

$$(9) \quad \int_A f_N(x)dx \geqq \int_A h(x)dx - \int_{A-E_N} h(x)dx - \eta \cdot m(A).$$

しかるに, $h(x) \leqq a_k$, $m(A-E_N) < \eta$ だから

$$\int_{A-E_N} h(x)dx \leqq a_k \cdot m(A-E_N) < a_k \eta.$$

(9) と今えられた不等式とから

$$\int_A f_N(x)dx > \int_A h(x)dx - a_k\eta - \eta \cdot m(A).$$

よって $n \geqq N$ なる n に対しては $\int_A f_n(x)dx \geqq \int_A f_N(x)dx$ であることに注意すると,

$$n \geqq N \text{ ならば } \int_A f_n(x)dx > \int_A h(x)dx - a_k\eta - \eta \cdot m(A).$$

したがって,

$$\varliminf_n \int_A f_n(x)dx > \int_A h(x)dx - a_k\eta - \eta \cdot m(A).$$

ここに, η は $0 < \eta < a_1$ でありさえすればいいのだから, $\eta \to 0$ ならしめると, これから (6) がすぐ出てくることは明らかであろう.

§4. 正値函数の和の積分

この節では，前節の定理を利用して，次の定理を証明する．

1) g および h が A で可測な正値函数で，$\alpha \geqq 0$, $\beta \geqq 0$（α, β は定数）ならば，

$$(1) \quad \int_A (\alpha g(x)+\beta h(x))dx = \alpha\int_A g(x)dx+\beta\int_A h(x)dx.$$

［証明］ i） g, h が単函数の場合：

$$g = \sum_{i=1}^{k} a_i \chi_{A_i}, \quad h = \sum_{j=1}^{l} b_j \chi_{B_j}$$

（ただし，$A = \bigcup_{i=1}^{k} A_i = \bigcup_{j=1}^{l} B_j$）とすると，

$$\alpha g+\beta h = \sum_{i=1}^{k}\sum_{j=1}^{l} (\alpha a_i+\beta b_j)\chi_{A_i \cap B_j}$$

は単函数だから，§1, 1）により

$$\begin{aligned}
&\int_A (\alpha g(x)+\beta h(x))dx \\
&\qquad = \sum_{i=1}^{k}\sum_{j=1}^{l} (\alpha a_i+\beta b_j)m(A_i \cap B_j) \\
&\qquad = \sum_{i=1}^{k}\sum_{j=1}^{l} \alpha a_i m(A_i \cap B_j)+\sum_{j=1}^{l}\sum_{i=1}^{k} \beta b_j m(A_i \cap B_j) \\
&\qquad = \alpha\sum_{i=1}^{k} a_i m(A_i)+\beta\sum_{j=1}^{l} b_j m(B_j) \\
&\qquad = \alpha\int_A g(x)dx+\beta\int_A h(x)dx.
\end{aligned}$$

ii)　一般の場合：$\{g_n\}_{n=1,2,\cdots}$，$\{h_n\}_{n=1,2,\cdots}$ はそれぞれ A で可測な正値単函数から成る増加函数列で，$\lim_n g_n = g$，$\lim_n h_n = h$ であるとすれば（IV，§5，2)），i）により

$$\int_A (\alpha g_n(x) + \beta h_n(x))dx = \alpha \int_A g_n(x)dx + \beta \int_A h_n(x)dx.$$

ここに，$\alpha g_n + \beta h_n$ は可測な正値単函数で，$\alpha g_n + \beta h_n \leqq \alpha g_{n+1} + \beta h_{n+1}$ $(n=1, 2, \cdots)$，$\lim_n (\alpha g_n + \beta h_n) = \alpha g + \beta h$ だから，上の等式の両辺の極限値をとれば，§3，1）により

$$\int_A (\alpha g(x) + \beta h(x))dx = \alpha \int_A g(x)dx + \beta \int_A h(x)dx.$$

注意 1. $\beta = 0$ のときを考えると，(1) から

$$\int_A \alpha g(x)dx = \alpha \int_A g(x)dx.$$

§5. 積分可能な函数

f が A で可測で，かならずしも，正値函数でない場合の f の積分の定義は次のとおりである：

次の二つの正値函数の積分

$$(1) \qquad \int_A f^+(x)dx, \quad \int_A f^-(x)dx$$

のうち，すくなくとも一つが有限であるとき

$$(2) \qquad \int_A f(x)dx = \int_A f^+(x)dx - \int_A f^-(x)dx$$

とおいて，この左辺を A における f の積分と称する．また，この場合，f は A で**積分確定**であるという．

とくに，(1) の二つの積分がいずれも有限なときには，f は A で**積分可能**であるという．

注意 1. (1) の積分が両方とも $+\infty$ にひとしいときは，(2) の右辺は $+\infty-(+\infty)$ という無意味な算法になるから，この場合，f は A で積分をもたないものと考える．

なお，f 自身 A で可測な正値函数のときは，$f^+=f$，$f^-=0$．よって，$\int_A f^-(x)dx=0$ だから，(2) の等式は，じつは，§1 で定義した $\int_A f(x)dx$ とおなじことに帰着する．

前節までにえられた正値函数の積分についての定理から，一般の場合の積分についての定理を引きだすことができる．以下に，それをのべよう：

1) f および g が A で積分可能で $g\leqq f$ ならば

$$\int_A g(x)dx \leqq \int_A f(x)dx.$$

問 1. 1) を証明する．

2) $A_1, A_2, \cdots, A_n$ が交わらない可測集合で，そのおのおのので f が積分可能ならば，f は $A=\bigcup_{p=1}^n A_p$ で積分可能で

$$\int_A f(x)dx = \sum_{p=1}^n \int_{A_p} f(x)dx.$$

［証明］ §2 注意 1 により

$$\int_A f^+(x)dx = \sum_{p=1}^n \int_{A_p} f^+(x)dx < +\infty,$$

$$\int_A f^-(x)dx = \sum_{p=1}^n \int_{A_p} f^-(x)dx < +\infty.$$

すなわち，f は A で積分可能で

$$\int_A f(x)dx = \sum_{p=1}^{n}\int_{A_p} f^+(x)dx - \sum_{p=1}^{n}\int_{A_p} f^-(x)dx$$

$$= \sum_{p=1}^{n}\left[\int_{A_p} f^+(x)dx - \int_{A_p} f^-(x)dx\right]$$

$$= \sum_{p=1}^{n}\int_{A_p} f(x)dx.$$

3) f が A で積分可能ならば, f は A でほとんど至るところ有限な函数である.

［証明］ $E=A(f(x)=+\infty)=A(f^+(x)=+\infty)$ とおくと, §2, 4) および§1, 2) により $\int_A f^+(x)dx \geqq \int_E f^+(x)dx = +\infty\cdot m(E)$. よって, $m(E)=0$ でなければ $\int_A f^+(x)dx = +\infty$ となって仮設に反する. すなわち, $m(A(f(x)=+\infty))=0$. 同様に, $m(A(f(x)=-\infty))=0$.

問 2. f が A で積分可能な函数ならば, ほとんど A で至るところ $f=g$ で $\int_A f(x)dx=\int_A g(x)dx$ なる有限な函数 g があることを証明する.

4) g が A で積分可能で, A でほとんど至るところ $g=h$ ならば, h も A で積分可能で, しかも

$$\int_A g(x)dx = \int_A h(x)dx.$$

［証明］ IV, §2, 5) により, h は A で可測な函数である.

$N=A(g(x)\neq h(x))$ とおけば, $m(N)=0$ なのだから, §1, (6) により, $\int_N g(x)dx=\int_N g^+(x)dx-\int_N g^-(x)dx$

$=0$. 同様に，$\int_N h(x)dx=0$. よって，$A'=A-N$ とおくと，2）により

$$\int_A g(x)dx = \int_{A'} g(x)dx + \int_N g(x)dx = \int_{A'} g(x)dx$$

$$= \int_{A'} h(x)dx = \int_{A'} h(x)dx + \int_N h(x)dx$$

$$= \int_A h(x)dx.$$

5） g, h が A で積分可能ならば

$$(3) \qquad \int_A (\alpha g(x)+\beta h(x))dx$$

$$= \alpha\int_A g(x)dx + \beta\int_A h(x)dx$$

（α, β は有限な定数）．

注意 2. 以下の証明により，$\alpha g+\beta h$ の積分可能なことが同時に示されることに注意する．

［証明］ i） $\beta=0$ のとき：$\alpha \geqq 0$ ならば，§4，注意1により，

$$\int_A \alpha g^+(x)dx = \alpha\int_A g^+(x)dx,$$

$$\int_A \alpha g^-(x)dx = \alpha\int_A g^-(x)dx.$$

しかるに，$(\alpha g)^+=\alpha g^+, (\alpha g)^-=\alpha g^-$ だから

$$\int_A \alpha g(x)dx = \int_A \alpha g^+(x)dx - \int_A \alpha g^-(x)dx$$

$$=\alpha\int_A g^+(x)dx-\alpha\int_A g^-(x)dx$$

$$=\alpha\left[\int_A g^+(x)dx-\int_A g^-(x)dx\right].$$

すなわち,

(4) $$\int_A \alpha g(x)dx=\alpha\int_A g(x)dx.$$

$\alpha<0$ ならば, $\alpha'=-\alpha>0$ とおくと, $(\alpha g)^+=\alpha' g^-$, $(\alpha g)^-=\alpha' g^+$ だから

$$\int_A \alpha g(x)dx=\int_A \alpha' g^-(x)dx-\int_A \alpha' g^+(x)dx$$

$$=\alpha'\int_A g^-(x)dx-\alpha'\int_A g^+(x)dx$$

$$=-\alpha'\left[\int_A g^+(x)dx-\int_A g^-(x)dx\right]$$

$$=\alpha\int_A g(x)dx.$$

ii) $\alpha=\beta=1$ のとき：A を分けて, $A_1=A(g(x)\geqq 0)\cap A(h(x)\geqq 0)$, $A_2=A(g(x)<0)\cap A(h(x)<0)$, $A_3=A(g(x)\geqq 0)\cap A(h(x)<0)$, $A_4=A(g(x)<0)\cap A(h(x)\geqq 0)$ とおき, $p=1,2,3,4$ に対し

(5) $$\int_{A_p}(g(x)+h(x))dx=\int_{A_p} g(x)dx+\int_{A_p} h(x)dx$$

を証明すれば, $A=A_1\cup A_2\cup A_3\cup A_4$ は直和だから, 2) により,

$$\int_A (g(x)+h(x))dx = \int_A g(x)dx+\int_A h(x)dx$$

が証明されたことになる.

A_1 では $g\geqq 0$, $h\geqq 0$ だから, §4, 1) により, $p=1$ の場合 (5) の成りたつことは明らかである.

A_2 では $\bar{g}=-g$, $\bar{h}=-h$ とおくと, $\bar{g}>0$, $\bar{h}>0$. よって, i) と §4, 1) により

$$\begin{aligned}
&\int_{A_2} (g(x)+h(x))dx \\
&\quad = \int_{A_2} -(\bar{g}(x)+\bar{h}(x))dx \\
&\quad = -\int_{A_2} (\bar{g}(x)+\bar{h}(x))dx \\
&\quad = -\left[\int_{A_2} \bar{g}(x)dx+\int_{A_2} \bar{h}(x)dx\right] \\
&\quad = (-1)\int_{A_2} \bar{g}(x)dx+(-1)\int_{A_2} \bar{h}(x)dx \\
&\quad = \int_{A_2} -\bar{g}(x)dx+\int_{A_2} -\bar{h}(x)dx \\
&\quad = \int_{A_2} g(x)dx+\int_{A_2} h(x)dx.
\end{aligned}$$

A_3 では, $A_5=A_3(g(x)+h(x)\geqq 0)$, $A_6=A_3(g(x)+h(x)<0)$ とおくと, $A_3=A_5\cup A_6$, $A_5\cap A_6=\emptyset$. よって, $p=3$ のとき (5) を証明するには, $p=5,6$ のとき別々に証明すればよいわけである. その証明は次のとおりである：

$g=(g+h)+(-h)$ で A_5 では $g\geqq 0,\ g+h\geqq 0,\ -h>0$ だから，i）と§4，1）により

(6) $\displaystyle\int_{A_5} g(x)dx$

$$=\int_{A_5}(g(x)+h(x))dx+\int_{A_5}(-h(x))dx$$

$$=\int_{A_5}(g(x)+h(x))dx-\int_{A_5}h(x)dx.$$

A_6 では，$g\geqq 0,\ -h>0,\ -g-h>0,\ -h=(-g-h)+g$ だから，i）と§4，1）により

(7) $\displaystyle -\int_{A_6}h(x)dx=\int_{A_6}-h(x)dx$

$$=\int_{A_6}(-g(x)-h(x))dx+\int_{A_6}g(x)dx$$

$$=-\int_{A_6}(g(x)+h(x))dx+\int_{A_6}g(x)dx.$$

(6)，(7) で移項を行なえば (5) において $p=5,6$ としたものがえられる．$p=4$ のときの (5) の証明も同様である．

iii) 一般の場合：ii)，i) により，

$$\int_A(\alpha g(x)+\beta h(x))dx=\int_A \alpha g(x)dx+\int_A \beta h(x)dx$$

$$=\alpha\int_A g(x)dx+\beta\int_A h(x)dx.$$

6） A で可測な函数 f が A で積分可能であるための必要十分条件は，$|f|$ が A で積分可能であることである．こ

のとき

$$(8)\qquad \left|\int_A f(x)dx\right| \leqq \int_A |f(x)|dx.$$

［証明］ i)（必要） $|f|=f^+ + f^-$ で

$$\int_A f^+(x)dx < +\infty,\ \int_A f^-(x)dx < +\infty$$

だから，

$$\int_A |f|(x)dx = \int_A |f(x)|dx$$

$$= \int_A f^+(x)dx + \int_A f^-(x)dx < +\infty.$$

ii)（十分） $0 \leqq f^+ \leqq |f|$, $0 \leqq f^- \leqq |f|$ だから，§2, 1）により

$$\int_A f^+(x)dx \leqq \int_A |f(x)|dx < +\infty,$$

$$\int_A f^-(x)dx \leqq \int_A |f(x)|dx < +\infty.$$

問 3. (8) を証明する．

7) f が A で可測で，$m(A)=0$ なら $\int_A f(x)dx=0$. よって，f が A で可測で $N \subseteq A, m(N)=0$ ならば $\int_{A-N} f(x)\cdot dx = \int_A f(x)dx$.

［証明］ $m(A)=0$ なら，$\int_A f^+(x)dx = \int_A f^-(x)dx = 0$ (§1, (6))．つぎに，

$$\int_A f(x)dx = \int_{A-N} f(x)dx + \int_N f(x)dx = \int_{A-N} f(x)dx.$$

8） f は A で可測な函数，h は A で積分可能な正値函数で，しかも，A で $|f|\leqq h$ ならば f は A で積分可能で

$$\left|\int_A f(x)dx\right| \leqq \int_A h(x)dx.$$

問 4. 8）を証明する．

注意 3. とくに，$m(A)<+\infty$ で，f が A で有界な函数*（$|f|\leqq\Lambda$，Λ は定数）ならば，A では $f\leqq\Lambda\chi_A$ で，$\Lambda\chi_A$ は A で積分可能だから，f は A で積分可能である．

9） f は A で有界な可測函数，g は A で積分可能な函数であるとき，$f\cdot g$ は A で積分可能で，$\lambda\leqq f\leqq\Lambda$（$\lambda,\Lambda$ は定数）とすると

$$\int_A f(x)|g(x)|dx = \gamma\int_A |g(x)|dx.$$

ここに γ は $\lambda\leqq\gamma\leqq\Lambda$ なるある数である．

問 5. 9）を証明する．

注意 4. f,g が A で積分可能でも，$f\cdot g$ は A で積分可能とはかぎらないことに注意する（付録，§8）．

問 6. f が A で可測で，$X\subseteq A$ なるどの可測集合 X でも $\int_X f(x)dx=0$ ならば，A でほとんど至るところ $f(x)=0$ であることを証明する．

注意 5. 上記の諸定理のうち，6）はとくに注目に値する．I，§5，例 1 で

$a\leqq x\leqq b$ で x が有理数ならば $f(x)=1$，

$a\leqq x\leqq b$ で x が無理数ならば $f(x)=-1$

なる函数 f を考えた．この函数 $[a,b]$ ではリーマン積分可能で

---

* 集合 $f(A)$ が有界集合という意味である．

ないことはそこでのべたとおりである．しかし，$[a,b]$ で至るところ $|f(x)|=1$ だから，$|f|$ は $[a,b]$ でリーマン積分可能である．

すなわち，ルベグ積分の場合とちがって，$|f|$ がリーマン積分可能でも f がリーマン積分可能でないことがありうるのである．

問 7. f が A で積分可能なとき，$\varphi(x)=f(x+c)$（c は定数）と書けば，φ は $A'=\{x-c|x\in A\}$ で積分可能で，

$$\int_{A'}\varphi(x)dx=\int_{A'}f(x+c)dx=\int_{A}f(x)dx$$

であることを証明する．

§6. 項別積分の定理

序説（I 章）の終りのところで，ルベグ積分では比較的ゆるやかな条件のもとで項別積分が許されるとのべておいた．以下，項別積分についての定理を，正値函数の場合からはじめて，順々に証明していこう．I，§5，2）で予告した定理はこの節の 5）にあたるわけである．

1)　$f_n\ (n=1,2,\cdots)$ が A で可測な正値函数ならば，

$$\int_A\sum_{n=1}^{\infty}f_n(x)dx=\sum_{n=1}^{\infty}\int_A f_n(x)dx.$$

［証明］　まず，$f=\sum_{n=1}^{\infty}f_n$ とおくと，$f=\lim_n(f_1+f_2+\cdots+f_n)$ だから，f が A で可測なことに注意する．

$\{f_{np}\}_{p=1,2,\cdots}$ は A で可測な正値単函数から成る増加函数列：

$$f_{np}\leqq f_{n(p+1)}\leqq f_n\ (p=1,2,\cdots),\quad \lim_p f_{np}=f_n$$

であるとし,

$$\varphi_p = \sum_{i=1}^{p} f_{ip}$$

とおく. φ_p は単函数で $\varphi_p \leqq \varphi_{p+1}(p=1,2,\cdots)$ である.

ここで, $p \geqq n$ とすれば

$$f \geqq \sum_{i=1}^{p} f_i \geqq \sum_{i=1}^{p} f_{ip} = \varphi_p \geqq \sum_{i=1}^{n} f_{ip}$$

だから,

$$f \geqq \lim_p \varphi_p \geqq \lim_p \sum_{i=1}^{n} f_{ip} = \sum_{i=1}^{n} f_i.$$

よって,

$$f \geqq \lim_p \varphi_p \geqq \lim_n \sum_{i=1}^{n} f_i = f,$$

すなわち,

$$\lim_p \varphi_p = f.$$

したがって, §3, 1) により,

$$\int_A f(x)dx = \lim_p \int_A \varphi_p(x)dx \leqq \lim_p \int_A \sum_{i=1}^{p} f_i(x)dx$$

$$= \lim_p \sum_{i=1}^{p} \int_A f_i(x)dx.$$

よって,

$$\int_A f(x)dx \leqq \sum_{i=1}^{\infty} \int_A f_i(x)dx.$$

一方, $f(x) \geqq \sum_{i=1}^{p} f_i(x)$ だから

$$\int_A f(x)dx \geqq \int_A \sum_{i=1}^{p} f_i(x)dx = \sum_{i=1}^{p}\int_A f_i(x)dx.$$

よって，

$$\int_A f(x)dx \geqq \sum_{i=1}^{\infty}\int_A f_i(x)dx.$$

2) $f_n(n=1, 2, \cdots)$ がいずれも A で可測な正値函数で，$f_n \leqq f_{n+1}(n=1, 2, \cdots)$ であるときは

$$\int_A \lim_n f_n(x)dx = \lim_n \int_A f_n(x)dx.$$

［証明］ $f=\lim_n f_n$, $A'=\bigcup_{n=1}^{\infty} A(f_n(x)=+\infty)$ とおく．

i) $m(A')=0$ のとき：$A-A'$ の各点 x で，$g_n(x)=f_n(x)-f_{n-1}(x)$ $(n=1, 2, \cdots$，ただし $f_0(x)=0)$ とおくと，$f_n=\sum_{p=1}^{n} g_p$, $f=\sum_{n=1}^{\infty} g_n$ だから，1）と§5，7）により

$$\int_A f(x)dx = \int_{A-A'} f(x)dx = \sum_{n=1}^{\infty}\int_{A-A'} g_n(x)dx$$

$$= \lim_n \sum_{p=1}^{n}\int_{A-A'} g_p(x)dx = \lim_n \int_{A-A'}\sum_{p=1}^{n} g_p(x)dx$$

$$= \lim_n \int_{A-A'} f_n(x)dx = \lim_n \int_A f_n(x)dx.$$

ii) $m(A')>0$ のとき：$m(A(f_n(x)=+\infty))$ のうちどれか一つは正である．よって，$m(A(f_N(x)=+\infty))=\alpha>0$ であるとすると，$n\geqq N$ ならば $A(f_N(x)=+\infty)\subseteq A(f_n(x)=+\infty)$ だから $m(A(f_n(x)=+\infty))\geqq\alpha>0$．したがって，§1，2）により，$n\geqq N$ ならば $\int_A f_n(x)dx=+\infty$．また，同様に $m(A(f(x)=+\infty))\geqq\alpha>0$ だから，

$\int_A f(x)dx = +\infty$.

3)（Fatou（ファトゥ）の定理） $f_n\ (n=1, 2, \cdots)$ が A で可測な正値函数ならば

$$\int_A \underline{\lim_n} f_n(x)dx \leqq \underline{\lim_n} \int_A f_n(x)dx.$$

［証明］ $\underline{f}_n = \inf_p f_{n+p-1}$（IV, §4, 2)）とおくと，$\underline{f}_n \leqq f_n$ だから，$\int_A \underline{f}_n(x)dx \leqq \int_A f_n(x)dx$. さらにまた，$\underline{f}_n \leqq \underline{f}_{n+1}\ (n=1, 2, \cdots)$，$\underline{\lim_n} f_n = \lim_n \underline{f}_n$ だから，2）により，

$$\int_A \underline{\lim_n} f_n(x)dx = \int_A \lim_n \underline{f}_n(x)dx$$

$$= \lim_n \int_A \underline{f}_n(x)dx \leqq \underline{\lim_n} \int_A f_n(x)dx.$$

4)（Lebesgue の項別積分定理） $f_n\ (n=1, 2, \cdots)$ は A で可測な函数，s は A で積分可能な正値函数で，A の各点 x で

$$|f_n(x)| \leqq s(x) \quad (n=1, 2, \cdots)$$

ならば

$$(1) \qquad \int_A \underline{\lim_n} f_n(x)dx \leqq \underline{\lim_n} \int_A f_n(x)dx$$

$$\leqq \overline{\lim_n} \int_A f_n(x)dx$$

$$\leqq \int_A \overline{\lim_n} f_n(x)dx.$$

とくに，A で $\lim_n f_n = f$ ならば

(2) $\displaystyle \lim_n \int_A f_n(x)dx = \int_A f(x)dx = \int_A \lim_n f_n(x)dx.$

［証明］ §5, 3) により，$m(A(s(x)=+\infty))=0$ だから，A でのどの積分も $A'=A-A(s(x)=+\infty)$ での積分にひとしい．よって，A の代わりに A' と書いて (1)，(2) を証明すればよいわけである．すなわち，最初から，$0\leqq s<+\infty$ であるとして証明しても同じであることになる．

$g=\underline{\lim}_n f_n$, $h=\overline{\lim}_n f_n$ とおくと，

$$s+f_n \geqq 0,\quad s-f_n \geqq 0,$$

$$\underline{\lim_n}(s+f_n) = s+g,\quad \underline{\lim_n}(s-f_n) = s-h$$

だから*，Fatou の定理により，

$$\underline{\lim_n}\int_A (s(x)+f_n(x))dx \geqq \int_A \underline{\lim_n}(s(x)+f_n(x))dx$$

$$= \int_A (s(x)+g(x))dx,$$

$$\underline{\lim_n}\int_A (s(x)-f_n(x))dx \geqq \int_A \underline{\lim_n}(s(x)-f_n(x))dx$$

$$= \int_A (s(x)-h(x))dx.$$

すなわち，

$$\int_A s(x)dx+\underline{\lim_n}\int_A f_n(x)dx \geqq \int_A s(x)dx+\int_A g(x)dx,$$

---

* II, §12, 問 3.

$$\int_A s(x)dx - \overline{\lim_n}\int_A f_n(x)dx \geqq \int_A s(x)dx - \int_A h(x)dx.$$

この二つの不等式それぞれの両辺から $\int_A s(x)dx$ を消せば，すぐ，(1) が出てくる．

とくに，$\lim_n f_n = f$ のときは，$\overline{\lim_n} f_n = \underline{\lim_n} f_n = \lim_n f_n$ だから，(1) により

$$\int_A f(x)dx \leqq \underline{\lim_n}\int_A f_n(x)dx \leqq \overline{\lim_n}\int_A f_n(x)dx$$

$$\leqq \int_A f(x)dx.$$

よって，

$$\underline{\lim_n}\int_A f_n(x)dx = \overline{\lim_n}\int_A f_n(x)dx = \int_A f(x)dx.$$

これは (2) にほかならない．

5)（Lebesgue の項別積分定理） $m(A) < +\infty$ なる可測集合 A で f_n $(n=1,2,\cdots)$ が可測で

$$\lim_n f_n = f,\quad |f_n(x)| \leqq M$$

$$(n=1,2,\cdots,\ x \in A,\ M \text{ は定数})$$

ならば

$$\lim_n \int_A f_n(x)dx = \int_A f(x)dx = \int_A \lim_n f_n(x)dx.$$

［証明］ $s = M\chi_A$ とおくと，$|f_n(x)| \leqq M = s(x)$ $(n=1,2,\cdots)$．しかるに，函数 s は A で積分可能だから（§1，2)），これは 4) の特別な場合にすぎない．

注意 1. 4) の $|f_n(x)|\leqq s(x)$, 5) の $|f_n(x)|\leqq M$ なる仮設は重要である．これがないと $\lim_n \int_A f_n(x)dx = \int_A \lim_n f_n(x)dx$ が成立しないことがある（付録，§9）．

6) $m(A)<+\infty$ なる可測集合 A で f_n $(n=1,2,\cdots)$ が有限で積分可能な函数であるとき，もし，A で一様に* $\lim_n f_n = f$ ならば

$$\lim_n \int_A f_n(x)dx = \int_A f(x)dx.$$

［証明］ 一様収束だから，自然数 N を十分大きくとると，A の各点 x で，$n\geqq N$ なる n に対し

$$|f(x)-f_n(x)| < 1. \tag{3}$$

よって，$f-f_N$ は A で積分可能だから（§5，注意3），$f=(f-f_N)+f_N$．したがって $|f|$ も A で積分可能である（§5，注意2）．しかるに，(3) によれば

$$|f_{N+p}(x)| < |f(x)|+1 \quad (p=1,2,\cdots)$$

だから，4) により，

$$\int_A f(x)dx = \lim_p \int_A f_{N+p}(x)dx = \lim_n \int_A f_n(x)dx.$$

7) $A_n (n=1,2,\cdots)$ は可測集合，f は $A=\bigcup_{n=1}^{\infty} A_n$（直和）で積分可能ならば

$$\int_A f(x)dx = \sum_{n=1}^{\infty} \int_{A_n} f(x)dx. \tag{4}$$

［証明］ i) A で $f\geqq 0$ のとき：$f_n = f\cdot\chi_{A_n}$ とおくと $f=\sum_{n=1}^{\infty} f_n$ だから，1) により，

---

* I，§4.

$$\int_A f(x)dx = \sum_{n=1}^{\infty}\int_A f_n(x)dx$$

$$= \sum_{n=1}^{\infty}\left[\int_{A_n} f_n(x)dx + \int_{A-A_n} f_n(x)dx\right]$$

$$= \sum_{n=1}^{\infty}\int_{A_n} f_n(x)dx = \sum_{n=1}^{\infty}\int_{A_n} f(x)dx.$$

ii) 一般の場合：i）により，

$$\sum_{n=1}^{\infty}\int_{A_n} f^+(x)dx = \int_A f^+(x)dx < +\infty,$$

$$\sum_{n=1}^{\infty}\int_{A_n} f^-(x)dx = \int_A f^-(x)dx < +\infty.$$

よって，

$$\int_A f(x)dx = \int_A f^+(x)dx - \int_A f^-(x)dx$$

$$= \sum_{n=1}^{\infty}\int_{A_n} f^+(x)dx - \sum_{n=1}^{\infty}\int_{A_n} f^-(x)dx$$

$$= \sum_{n=1}^{\infty}\left(\int_{A_n} f^+(x)dx - \int_{A_n} f^-(x)dx\right)$$

$$= \sum_{n=1}^{\infty}\int_{A_n} f(x)dx.$$

注意 2. $f \geqq 0$ のときは，f が各 A_n で可測でありさえすれば（A で積分可能という仮設がなくても），等式 (4) が成りたつことは証明 i）から明らかである．

N が零集合で，$A-N$ が f の定義域のとき，f は A で**ほとんど至るところ定義されている**という．このとき，

$\int_{A-N} f(x)dx$ が存在するならば $\int_A f(x)dx = \int_{A-N} f(x)dx$ とおいてこれを A での f の**積分**と称する．また，この $\int_A f(x)dx$ の値が有限ならば f は A で**積分可能**であるという．このように積分の意味や積分可能の意味を拡張しても，いままで本章でのべたことはそのまま当てはまる．

§7. 不定積分

f は A で積分可能な函数であるとする．X が A の部分集合で可測ならば，f は X で可測な函数で

$$\int_X f^+(x)dx \leqq \int_A f^+(x)dx < +\infty,$$

$$\int_X f^-(x)dx \leqq \int_A f^-(x)dx < +\infty$$

だから，f は X で積分可能である．よって，

$$F(X) = \int_X f(x)dx \tag{1}$$

とおけば，F は A の可測な部分集合から成る集合族から $\boldsymbol{R}$ の中への写像であると考えられる．

一般に，集合族から $\overline{\boldsymbol{R}}$ の中への写像は**集合函数**とよばれる．上でみた F は，すなわち，一つの集合函数であるが，これは，また，f の**不定積分**という名でよばれることがある．なお，いままで扱ってきた函数，すなわち，$\boldsymbol{R}$ における点集合から $\overline{\boldsymbol{R}}$ の中への写像である函数は，これを集合函数と区別するために，**点函数**ということばで表わすことがある．

(1) で定義される不定積分については次のような著しい性質がある：

1) ε がどんな正数でも，X が可測集合で

(2) $X \subseteq A$, $m(X) < \delta$ ならば $\left|\int_X f(x)dx\right| < \varepsilon$

であるような正数 δ が存在する.

［証明］ $\left|\int_X f(x)dx\right| \leqq \int_X |f(x)|dx$ だから（§5, 6)），(2) の代わりに

(3) $X \subseteq A$, $m(X) < \delta$ ならば $\int_X |f(x)|dx < \varepsilon$

なる正数 δ のあることを示せば十分である．いま，n は自然数とし

$$f_n(x) = \min\{n, |f(x)|\}$$

によって函数 f_n を定義すると，$\{f_n\}_{n=1,2,\cdots}$ は増加函数列で $\lim_n f_n = |f|$．よって，§6, 2) により，

$$\lim_n \int_A f_n(x)dx = \int_A |f(x)|dx.$$

したがって，自然数 N を十分大きくとって

$$0 \leqq \int_A [|f(x)| - f_N(x)]dx$$

$$= \int_A |f(x)|dx - \int_A f_N(x)dx < \frac{\varepsilon}{2}$$

であるようにできる．しかるに，$|f(x)| - f_N(x) \geqq 0$ だから，§2, 4) により

$$\int_X |f(x)|dx - \int_X f_N(x)dx = \int_X [|f(x)| - f_N(x)]dx$$
$$\leqq \int_A [|f(x)| - f_N(x)]dx$$
$$< \frac{\varepsilon}{2}.$$

したがって，f_N の定義によれば，$\int_X f_N(x)dx \leqq Nm(X)$ だから

$$\int_X |f(x)|dx < \frac{\varepsilon}{2} + Nm(X).$$

ここで，$\delta = \varepsilon \cdot (2N)^{-1}$ とおけば，これから (3) がでてくるわけである．

§8. ルベーグ積分とリーマン積分

ルベーグ積分が現われるまで数学界を支配していた積分はいわゆる**リーマン積分**であった．連続函数について通常微分積分学の教科書で定義されている積分はリーマン積分にほかならない．以下リーマン積分とルベーグ積分との間の関係について考えてみよう．

リーマン積分の定義は次のとおりである：

f は $[a, b]$ で有界な函数であるとする：$\lambda \leqq f(x) \leqq \Lambda$.

まず，$[a, b]$ を分点

$$a = x_0,\ x_1,\ x_2,\ \cdots,\ x_{k-1},\ x_k = b$$
$$(x_0 < x_1 < x_2 < \cdots < x_{k-1} < x_k)$$

によって，次のような小区間に分割する：

$$\varDelta : [x_0, x_1], [x_1, x_2], \cdots, [x_{k-1}, x_k].$$

つぎに，

$$\rho_\varDelta = \max\{x_1 - x_0, x_2 - x_1, \cdots, x_k - x_{k-1}\},$$
$$\lambda_i = \inf\{f(x) \mid x \in [x_{i-1}, x_i]\},$$
$$\varLambda_i = \sup\{f(x) \mid x \in [x_{i-1}, x_i]\}$$

とし，$\lambda_i \leqq \mu_i \leqq \varLambda_i$ なる任意の μ_i をとって，次のようにおく．

$$S_\varDelta = \sum_{i=1}^{k} \mu_i (x_i - x_{i-1}).$$

こうした上で，

(1)　　$\rho_\varDelta \to 0$ ならば $S_\varDelta \to I$　(I は定数)

であるとき，f は $[a, b]$ でリーマン積分可能であるといい，

$$I = \int_a^b f(x)dx$$

とおいて，これを f の $[a, b]$ におけるリーマン積分と名づける*．

注意 1．リーマン積分とルベーグ積分との混同を避けるために，前者を $(\mathrm{R})\int_a^b f(x)dx$，後者を $(\mathrm{L})\int_A f(x)dx$ と書いて区別することがある．

条件 (1) を詳しくのべると，次のようになる：

(2)　ε がどんな正数でも，正数 δ を十分小さくえらべば

$$\rho_\varDelta < \delta \text{ なるとき } |I - S_\varDelta| < \varepsilon.$$

とくに，$\underline{S}_\varDelta = \sum_{i=1}^{k} \lambda_i (x_i - x_{i-1})$，$\overline{S}_\varDelta = \sum_{i=1}^{k} \varLambda_i (x_i - x_{i-1})$ と

---

*　この定義と I，§4 でのべた定義とは同じことに帰着する．

おくと，どのS_Δについても，$\underline{S}_\Delta \leqq S_\Delta \leqq \overline{S}_\Delta$だから，$f$が$[a, b]$でリーマン積分可能なための必要十分条件が次のとおりであることがわかる．

(3)　$\rho_\Delta \to 0$ のとき $\underline{S}_\Delta \to I$，$\overline{S}_\Delta \to I$　(Iは定数)．

しかるに，$A_i = [x_{i-1}, x_i)\,(i=1, 2, \cdots, k-1)$，$A_k = [x_{k-1}, x_k]$，$g_\Delta = \sum_{i=1}^{k} \lambda_i \chi_{A_i}$，$h_\Delta = \sum_{i=1}^{k} \Lambda_i \chi_{A_i}$とおけば，$g_\Delta$および$h_\Delta$は$[a, b]$で可測な単函数で，$\underline{S}_\Delta = (\mathrm{L})\int_{[a,b]} g_\Delta(x)dx$，$\overline{S}_\Delta = (\mathrm{L})\int_{[a,b]} h_\Delta(x)dx$だから，$f$が$[a, b]$でリーマン積分可能なための必要十分な条件は次のように書くことができる．

(4)
$$\rho_\Delta \to 0 \text{ のとき } (\mathrm{L})\int_{[a,b]} g_\Delta(x)dx \to I,$$
$$(\mathrm{L})\int_{[a,b]} h_\Delta(x)dx \to I.$$

1)　fが$[a, b]$でリーマン積分可能ならば，fは$[a, b]$でルベグ積分可能で，

$$(\mathrm{R})\int_a^b f(x)dx = (\mathrm{L})\int_{[a,b]} f(x)dx.$$

［証明］　分割Δとして，とくに，$[a, b]$を2^n等分 ($n = 1, 2, \cdots$) したものを採用することにし，これに対する$\rho_\Delta, g_\Delta, h_\Delta$を，かんたんのため，それぞれ$\rho_n, g_n, h_n$と書くことにすれば，$n \to +\infty$のとき$\rho_n = \dfrac{b-a}{2^n} \to 0$．したがって，$f$が$[a, b]$でリーマン積分可能ならば，(4) により，

(5)
$$\lim_n (\mathrm{L})\int_{[a,b]} g_n(x)dx = (\mathrm{R})\int_a^b f(x)dx$$
$$= \lim_n (\mathrm{L})\int_{[a,b]} h_n(x)dx.$$

しかるに，定義から明らかなとおり，$[a, b]$ の各点 x で
$g_n(x) \leqq f(x) \leqq h_n(x)$，$\lambda \leqq g_n(x) \leqq g_{n+1}(x) \leqq \Lambda$，
$\lambda \leqq h_{n+1}(x) \leqq h_n(x) \leqq \Lambda$
だから，$g(x)=\lim_n g_n(x), h(x)=\lim_n h_n(x)$ が存在して，

$$g(x) \leqq f(x) \leqq h(x). \tag{6}$$

また，Lebesgue の項別積分の定理（§6，5)）により，

$$\lim_n (\mathrm{L})\int_{[a,b]} g_n(x)dx = (\mathrm{L})\int_{[a,b]} g(x)dx,$$

$$\lim_n (\mathrm{L})\int_{[a,b]} h_n(x)dx = (\mathrm{L})\int_{[a,b]} h(x)dx.$$

よって，(5) により，

$$(\mathrm{L})\int_{[a,b]} g(x)dx = (\mathrm{R})\int_a^b f(x)dx = (\mathrm{L})\int_{[a,b]} h(x)dx. \tag{7}$$

すなわち，

$$(\mathrm{L})\int_{[a,b]} (h(x)-g(x))dx = (\mathrm{L})\int_{[a,b]} h(x)dx-(\mathrm{L})\int_{[a,b]} g(x)dx = 0$$

で，しかも，$h(x)-g(x) \geqq 0$ なのだから，$[a, b]$ ではほとんど至るところ $h(x)-g(x)=0$（§2，5)）．いいかえれば，(6) により，$[a, b]$ でほとんど至るところ $f(x)=g(x)=h(x)$．ここに，$g(x)$ は $[a, b]$ でルベグ積分可能だから，f も $[a, b]$ でルベグ積分可能で $(\mathrm{L})\int_{[a,b]} f(x)dx=(\mathrm{L})\int_{[a,b]} g(x)dx$

(§5, 4)). したがって, (7) により,

$$(\mathrm{R})\int_a^b f(x)dx = (\mathrm{L})\int_{[a,b]} f(x)dx. \quad \text{(証明終)}$$

連続函数がリーマン積分可能であることの証明は微分積分学の教科書*にのっているが, ここでは, 連続函数が可測函数であるという事実を利用して, その証明をしておこう.

2) f が $[a, b]$ で有限な連続函数ならば**, f は $[a, b]$ でリーマン積分可能である.

[証明] まず f は測度 $m([a, b])=b-a$ が有限な可測集合 $[a, b]$ で可測な函数だから, $[a, b]$ でルベグ積分可能であることに注意する.

つぎに, f は $[a, b]$ で一様連続だから, ε がどんな正数でも, $\rho_\Delta<\delta$ なら $\Lambda_i-\lambda_i<\dfrac{\varepsilon}{b-a}\,(i=1, 2, \cdots, k)$ であるように正数 δ をえらぶことができる. しかるに, $g_\Delta \leqq f \leqq h_\Delta$ だから

$$(\mathrm{L})\int_{[a,b]} g_\Delta(x)dx \leqq (\mathrm{L})\int_{[a,b]} f(x)dx$$

$$\leqq (\mathrm{L})\int_{[a,b]} h_\Delta(x)dx.$$

したがって, $I=(\mathrm{L})\int_{[a,b]} f(x)dx$ とおくと,

$$\left|(\mathrm{L})\int_{[a,b]} h_\Delta(x)dx-I\right|$$

* 入江盛一, 積分学 (新数学シリーズ 19)

** $[a, b]$ で有限な連続函数は必然的に有界である.

$$\leqq (\mathrm{L})\int_{[a,b]} h_\Delta(x)dx - (\mathrm{L})\int_{[a,b]} g_\Delta(x)dx$$

$$= \sum_{i=1}^{k} (\Lambda_i - \lambda_i)(x_i - x_{i-1}) < \frac{\varepsilon}{b-a}\sum_{i=1}^{k}(x_i - x_{i-1}) = \varepsilon.$$

すなわち，$\rho_\Delta \to 0$ のとき $(\mathrm{L})\int_{[a,b]} h_\Delta(x)dx \to I$. 同様にして，$\rho_\Delta \to 0$ のとき $(\mathrm{L})\int_{[a,b]} g_\Delta(x)dx \to I$. よって，$f$ は条件 (4) をみたし，したがって，$[a,b]$ でリーマン積分可能である．（証明終）

1) の逆は成りたたない．いいかえれば，f がルベグ積分可能でしかも有界であっても，リーマン積分可能であるとはかぎらないのである．このことは次の例によって示される．

例 1. §5，注意 5 のくり返しになるが，$x \in [a,b]$ で x が有理数ならば $f(x)=1$，無理数ならば $f(x)=-1$ であるような函数 f を考えると，I，§5，例 1 で示したように，どんな分割 Δ についても

$$\overline{S}_\Delta = b-a, \quad \underline{S}_\Delta = -(b-a)$$

だから，f は $[a,b]$ でリーマン積分可能ではありえない．

しかるに，この f が $[a,b]$ でルベグ積分可能であることは次のようにして示される：

$N=[a,b]\cap \boldsymbol{Q}$（$\boldsymbol{Q}$ は有理数全部の集合），$A=[a,b]-N$ とおけば，N は可付番集合だから零集合，したがって可測集合である．A は可測集合の差だから，可測であることもいうまでもない．よって，$f=(-1)\chi_A+1\cdot\chi_N$ は $[a,b]$ で可測な有界単函数だから，ルベグ積分可能である．なお，

$$(\mathrm{L})\int_{[a,b]} f(x)dx = (-1)\cdot m(A) + 1\cdot m(N) = -m(A)$$

$$= -m([a,b]-N)$$
$$= -(m([a,b])-m(N)) = -(b-a).$$

§9. 積分と原始函数

積分についてひととおり話がすんだので，序説の終りにのべたルベグの定理のひとつ（I，§5，1））の証明をのべておこう．

今後，ルベグ積分の場合にも $\int_{[a,b]} f(x)dx$ を $\int_a^b f(x)dx$ と書くことに約束する．また，f が $[a,b]$ で連続なときは，ルベグ積分 $\int_a^b f(x)dx$ は§8により，リーマン積分，いいかえれば，微分積分学の教科書にある積分 $\int_a^b f(x)dx$ と同じものであることに注意する．

1） f が $[a,b]$ で微分可能で（I，§1），f' が $[a,b]$ で有界ならば，f' は $[a,b]$ で（ルベグ）積分可能で

（1）　$f(x) = f(a)+\int_a^x f'(t)dt \quad (a \leqq x \leqq b).$

注意 1. f は微分可能なのだから，f は有限な連続函数である：$f(x) \neq \pm\infty$，

［証明］　$x=b$ の場合，すなわち

（2）　$f(b) = f(a)+\int_a^b f'(x)dx$

を証明する．$a<x<b$ のときは，$[a,x]$ について同様の証明をおこなえばよい．また，$x=a$ ならば，$\int_a^a f'(t)dt=0$ だから，（1）が成りたつことは，もとより，いうまでもない．

まず，$b<x\leqq b+1$ なる x に対し $f(x)=f(b)+(x-b)f'(b)$ とおいて，f の定義域を $[a,b+1]$ にまで広げると，f は $[a,b+1]$ で微分可能，したがって連続な函数である．また，$b\leqq x\leqq b+1$ ならば $f'(x)=f'(b)$ だから，f' は $[a,b+1]$ で有界である：$|f'(x)|\leqq M$.

いま，$x\in[a,b]$ なる x に対し

$$f_n(x)=n[f(x+n^{-1})-f(x)]$$

とおくと，

$$f'(x)=\lim_n f_n(x).$$

ここに，f_n は $[a,b]$ で連続，したがって可測だから，f' は $[a,b]$ で可測な函数である（IV, §4, 2)）．よって f' は $[a,b]$ で積分可能であることがわかる（§5, 注意3）.

しかも，微分学の平均値の定理により，

$$|f_n(x)|=|n[f(x+n^{-1})-f(x)]|=|n\cdot n^{-1}f'(x+\theta n^{-1})|$$
$$=|f'(x+\theta n^{-1})|\leqq M\quad(0<\theta<1)$$

だから，Lebesgue の項別積分定理（§6, 5)）により

$$\int_a^b f'(x)dx=\lim_n\int_a^b f_n(x)dx. \tag{3}$$

しかるに，§5, 問7により

$$\int_a^b f_n(x)dx=n\int_a^b f(x+n^{-1})dx-n\int_a^b f(x)dx$$

$$=n\int_{a+n^{-1}}^{b+n^{-1}} f(x)dx-n\int_a^b f(x)dx$$

$$= n\int_b^{b+n^{-1}} f(x)dx - n\int_a^{a+n^{-1}} f(x)dx$$
$$= n\cdot n^{-1}f(b+\theta' n^{-1}) - n\cdot n^{-1}f(a+\theta'' n^{-1})$$
$$= f(b+\theta' n^{-1}) - f(a+\theta'' n^{-1})$$
$$(0<\theta'<1,\ 0<\theta''<1).$$

よって,

$$\lim_n \int_a^b f_n(x)dx = f(b) - f(a).$$

これと (3) とから (2) の出てくることは明らかであろう.

§10. 積分の定義再説

序説（I 章）§5 でルベグ積分について触れておいたが，この章で与えたルベグ積分の定義は一見そのときの定義とはちがうもののように思われるかも知れない．じつは，それが外見上だけのことで，おなじものであることをここで説明しておこう：

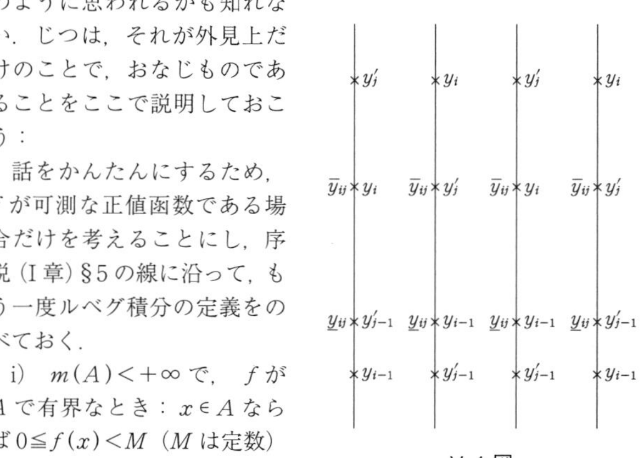

V-1 図

話をかんたんにするため，f が可測な正値函数である場合だけを考えることにし，序説 (I 章) §5 の線に沿って，もう一度ルベグ積分の定義をのべておく．

i)　$m(A)<+\infty$ で，f が A で有界なとき：$x\in A$ ならば $0\leqq f(x)<M$（M は定数）

であるとする：

$A_i = A(y_{i-1} \leqq f(x) < y_i) \quad (i=1,2,\cdots,k)$，ただし

(1) $$0 = y_0 < y_1 < y_2 < \cdots < y_{k-1} < y_k = M$$

(2) $$A = A_1 \cup A_2 \cup \cdots \cup A_k$$

とし，

$$s = \sum_{i=1}^{k} y_{i-1} m(A_i),$$

$$S = \sum_{i=1}^{k} y_i m(A_i)$$

とおいて，s を《分割》(2) に対する f の不足和，S を f の過剰和とよぶことにする．明らかに

$$s \leqq S.$$

ii）同様にして，別の分割

$$A = A_1' \cup A_2' \cup \cdots \cup A_l', \quad A_j' = A(y_{j-1}' \leqq f(x) < y_j'),$$

$$0 = y_0' < y_1' < \cdots < y_{l-1}' < y_l' = M$$

に対する不足和 $s' = \sum_{j=1}^{l} y_{j-1}' m(A_j')$，過剰和 $S' = \sum_{j=1}^{l} y_j' m(A_j')$ をつくると，$s' \leqq S'$ であるばかりでなく

(3) $$s' \leqq S, \quad s \leqq S'$$

であることを示そう．

(4) $\underline{y}_{ij} = \max\{y_{i-1}, y_{j-1}'\}$，$\bar{y}_{ij} = \min\{y_i, y_j'\}$，$A_{ij} = A_i \cap A_j'$，

$$s'' = \sum_{i=1}^{k} \sum_{j=1}^{l} \underline{y}_{ij} m(A_{ij}), \quad S'' = \sum_{i=1}^{k} \sum_{j=1}^{l} \bar{y}_{ij} m(A_{ij})$$

とおくと，$A_{ij} = A(\underline{y}_{ij} \leqq f(x) < \bar{y}_{ij})$，

$$A_i = \bigcup_{j=1}^{l} A_{ij} \text{ で } s'' \leqq S''.$$

しかるに，(4) によれば $y_{i-1} \leqq \underline{y}_{ij}$ だから

$$s = \sum_{i=1}^{k} y_{i-1} m(A_i) = \sum_{i=1}^{k} y_{i-1} m\left(\bigcup_{j=1}^{l} A_{ij}\right)$$

$$= \sum_{i=1}^{k}\sum_{j=1}^{l} y_{i-1} m(A_{ij}) \leqq \sum_{i=1}^{k}\sum_{j=1}^{l} \underline{y}_{ij} m(A_{ij}),$$

すなわち，

$$s \leqq s''.$$

同様にして，$s' \leqq s''$，また，$S'' \leqq S$, $S'' \leqq S'$ が証明されるから，

$$s' \leqq s'' \leqq S'' \leqq S, \quad s \leqq s'' \leqq S'' \leqq S'.$$

よって，(3) が証明されたわけである．

iii) (3) は分割が同じでも同じでなくても，f の不足和はいつでも f の過剰和より大きくないことを意味している．したがって，f の不足和全部の集合を $\langle s \rangle$ で，また，過剰和全部の集合を $\langle S \rangle$ で表わすと

(5) $$\sup\langle s \rangle \leqq \inf\langle S \rangle.$$

しかるに，また，$0 \leqq S-s = \sum_{i=1}^{k}(y_i - y_{i-1})m(A_i)$ だから，

$$\rho = \max\{y_1 - y_0, y_2 - y_1, \cdots, y_n - y_{n-1})$$

とおくと，$0 \leqq S-s \leqq \sum_{i=1}^{k}\rho m(A_i) = \rho\sum_{i=1}^{k} m(A_i) = \rho m(A)$．よって，$\varepsilon$ がどんな正数であっても，$\rho \cdot (m(A)+1) < \varepsilon$ であるような $y_1, y_2, \cdots, y_{n-1}$ をえらんでおけば，$0 \leqq S-s < \varepsilon$．したがって，$0 \leqq \inf\langle S \rangle - \sup\langle s \rangle < \varepsilon$．これは

(6) $$\sup\langle s \rangle = \inf\langle S \rangle$$

を意味する．よって

(7) $$\int_A f(x)dx = \sup\langle s \rangle = \inf\langle S \rangle$$

とおいて，これを A における f の積分と名づける．

iv) なお，$y_{i-1} \leqq \mu_i \leqq y_i$ なる任意の μ_i $(i=1, 2, \cdots, k)$ をとると，$s \leqq \sum_{i=1}^{k} \mu_i m(A_i) \leqq S$，$s \leqq \int_A f(x)dx \leqq S$ だから

$$\left| \sum_{i=1}^{k} \mu_i m(A_i) - \int_A f(x)dx \right| \leqq S-s.$$

しかるに，ε がどんな正数であっても，$\rho \cdot (m(A)+1) < \varepsilon$ ならば $S-s < \varepsilon$ なのだから

$$\left|\sum_{i=1}^{k}\mu_i m(A_i)-\int_A f(x)dx\right| < \varepsilon.$$

このことを

$$\rho \to 0 \text{ のとき } \sum_{i=1}^{k}\mu_i m(A_i) \to \int_A f(x)dx$$

といって表現してもおかしくないであろう（I, §5, 33ページ）.

v) §1で定義した積分といま定義した積分とが，おなじものであることを示そう：まず，i) における A の分割 (2) は§1の分割 (1) の特別の場合にあたることに注意する．また，(2) の各 A_i において，$y_{i-1}=\inf\{f(x)\,|\,x\in A_i\}$ だから，i) の分割 (2) に対する f の近似和（§1）$\mathfrak{s}=\sum_{i=1}^{k}y_{i-1}m(A_i)$ をとれば $s=\mathfrak{s}$．よって，

(8) $$\sup\langle s\rangle \leqq \sup\langle\mathfrak{s}\rangle.$$

ところで，いま，§1の分割 (1) において，

$$\mathfrak{S} = \sum_{i=1}^{k} b_i m(A_i),\quad b_i = \sup\{f(x)\,|\,x\in A_i\} \quad (i=1, 2, \cdots, k)$$

とおくことにして，あらゆる A の分割§1，(1) に対していまのような $\mathfrak{S}$ をつくり，その全体を $\langle\mathfrak{S}\rangle$ で表わせば，iii) の (5) と同様にして次の不等式を証明することができる*：

(9) $$\sup\langle\mathfrak{s}\rangle \leqq \inf\langle\mathfrak{S}\rangle.$$

---

* 分割 $A=A_1'\cup A_2'\cup\cdots\cup A_l'$ において，

$$a_j' = \inf\{f(x)\,|\,x\in A_j'\},\quad b_j' = \sup\{f(x)\,|\,x\in A_j'\},$$

$$\mathfrak{s}'= \sum_{j=1}^{l} a_j' m(A_j'),\quad \mathfrak{S}' = \sum_{j=1}^{l} b_j' m(A_j'),$$

$$A_{ij} = A_i\cap A_j',\quad a_{ij} = \inf\{f(x)\,|\,x\in A_{ij}\},\quad b_{ij} = \sup\{f(x)\,|\,x\in A_{ij}\},$$

$$\mathfrak{s}'' = \sum_{i=1}^{k}\sum_{j=1}^{l} a_{ij}m(A_{ij}),\quad \mathfrak{S}'' = \sum_{i=1}^{k}\sum_{j=1}^{l} b_{ij}m(A_{ij})$$

とおけば，

$$\mathfrak{s} \leqq \mathfrak{s}'' \leqq \mathfrak{S}'' \leqq \mathfrak{S}',\quad \mathfrak{s}' \leqq \mathfrak{s}'' \leqq \mathfrak{S}'' \leqq \mathfrak{S}.$$

よって，$\mathfrak{s}\leqq\mathfrak{S}'$, $\mathfrak{s}'\leqq\mathfrak{S}$.

また，(8) と同様にして，

$$\inf\langle\mathfrak{S}\rangle \leqq \inf\langle S\rangle \tag{10}$$

だから，(8)，(9)，(10) をまとめると

$$\sup\langle s\rangle \leqq \sup\langle\mathfrak{s}\rangle \leqq \inf\langle\mathfrak{S}\rangle \leqq \inf\langle S\rangle.$$

(6)，(7) によれば，これは

$$\int_A f(x)dx = \sup\langle\mathfrak{s}\rangle = \inf\langle\mathfrak{S}\rangle$$

を意味する．すなわち，i) で定義した積分は§1で定義した積分と一致するのである（§1，(4)）．

vi) $m(A)<+\infty$ で f が有界でないとき：$f_n(x)=\min\{f(x), n\}(n=1,2,\cdots)$ とおいて，A で有界な函数 f_n をつくり

$$\int_A f(x)dx = \lim_n \int_A f_n(x)dx \tag{11}$$

によって，積分 $\int_A f(x)dx$ を定義する．$f_n \leqq f_{n+1}(n=1,2,\cdots)$，$\lim_n f_n=f$ で，v) により，$\int_A f_n(x)dx$ は§1で定義したものと同じなのだから，§6，2) により，(11) で定義した $\int_A f(x)dx$ は§1の定義による積分と一致する．

vii) $m(A)=+\infty$ のとき：$A_n=A\cap[-n,n](n=1,2,\cdots)$ とおいて

$$\int_A f(x)dx = \lim_n \int_{A_n} f(x)dx$$

によって，$\int_A f(x)dx$ を定義する．

$$A_0 = \emptyset,\ B_n = A_n - A_{n-1}\ (n=1,2,\cdots)$$

とおくと $A_n=\bigcup_{p=1}^n B_p$（直和）だから，

$$\lim_n \int_{A_n} f(x)dx = \lim_n \sum_{p=1}^n \int_{B_p} f(x)dx = \sum_{n=1}^\infty \int_{B_n} f(x)dx.$$

よって，§6，注意2により，ここで定義した $\int_A f(x)dx$ も§1の定義による積分と一致する．

注意1． Lebesgue は，また，いわゆる縦線集合（I，§2の縦線

図形）を使って積分に別の形の定義を与えた．これについては VII，§7 参照．

VI. 微分法と積分法

序説でも述べたように，話を閉区間で連続な函数の範囲にしぼるかぎり，積分法は微分法の逆の算法となって，すべてが《きれいごと》ですまされる．ルベグ積分可能な函数まで話をひろげたとき，どの程度まで今いった《きれいごと》に近づきうるか――これをこの章で考えてみる．なお，この章はこれからあとの VII 章以下には関係がない．これをとばして，すぐ VII 章へ進むのも一つの行きかたである．

§1. 微分法と積分法の問題

f が $[a,b]$ で積分可能な函数であるときは，V，§9 にならって，$\int_{[x_1,x_2]} f(t)dt$ を

$$\int_{x_1}^{x_2} f(t)dt \quad (a \leqq x_1 \leqq x_2 \leqq b)$$

で表わすことにする．

$$F(x) = \int_a^x f(t)dt$$

とおけば，F は $[a,b]$ を定義域とする函数である．しかも

1) この函数 F は $[a,b]$ で連続な函数なのである．

[証明] $x \in [a,b]$ のとき，

$F(x+h)-F(x) = \int_a^{x+h} f(t)dt - \int_a^x f(t)dt$ だから

$h>0$ ならば

$$|F(x+h)-F(x)| = \left|\int_x^{x+h} f(t)dt\right| = \left|\int_{[x,x+h]} f(t)dt\right|,$$

$h<0$ ならば

$$|F(x+h)-F(x)| = \left|-\int_{x+h}^{x} f(t)dt\right| = \left|\int_{[x+h,x]} f(t)dt\right|.$$

ここに, $m([x,x+h])=|h|$, $m([x+h,x])=|h|$ なのだから, ε がどんな正数であっても, V, §7 により, 正数 δ を十分小さくえらんで

$$|h|<\delta \text{ ならば } |F(x+h)-F(x)|<\varepsilon$$

ならしめることができる. これは函数 F が x で連続であることを意味する.

この F を f の (狭義の) **不定積分**とよぶことにする (V, §7 参照).

この章では, 主として, 次の問題 α), β) をとり扱う.

α) どういうときに次の等式が成立するか:

$$(1) \quad \int_a^x f'(t)dt = f(x)-f(a) \quad (a \leqq x \leqq b).$$

β) どういうときに不定積分 F が微分可能か, また, 次の等式が成立するか:

$$(2) \qquad F'(x) = f(x).$$

問題 α) についてはV, §9 で一応の解答が与えられている. すなわち,

2) f が $[a,b]$ で微分可能で, 導函数 f' が有界ならば, f' は $[a,b]$ で積分可能で等式 (1) が成立する.

また, 問題 β) に関しては次の定理がある:

3) x で f が連続ならば F は x で微分可能で等式 (2) が成立する．この定理の証明は微分積分学の教科書にのっているものと同様なので，ここにくり返してのべることはしない．

この章では，問題 α)，β) に対する上記の解答だけで満足しないで，さらに，これらの問題を深く掘り下げることを試みる．

この試みに際し，まず，次のことに注意する．

$$F(x) = \int_a^x f(t)dt = \int_a^x f^+(t)dt - \int_a^x f^-(t)dt$$

において，$f^+ \geqq 0, f^- \geqq 0$ だから，$x_1 < x_2$ ならば

$$\int_a^{x_1} f^+(t)dt \leqq \int_a^{x_2} f^+(t)dt,$$

$$\int_a^{x_1} f^-(t)dt \leqq \int_a^{x_2} f^-(t)dt.$$

よって，F は二つの増加函数の差として表わされているわけである．

こうしてみると，F についての微分法を考えるにあたっては，まず増加函数の微分法について考えてみるのが順序であるように思われる．よって，以下，しばらく増加函数について論ずることになるが，そのためには多少の準備が必要である．

§2. Vitali の被覆定理

A は $\boldsymbol{R}$ における点集合，$\mathfrak{J}$ はその元がすべて閉区間で

あるような集合族であるとする．A のどの点 x をとっても，また，δ がどんな正数であっても，条件

(1) $$x \in I,\ \ m(I) < \delta,\ \ I \in \mathfrak{J}$$

をみたす閉区間 I があるとき*，$\mathfrak{J}$ は A の **Vitali**（ヴィタリ）**式被覆**であるという．

1）（Vitali の被覆定理） $m^*(A) < +\infty$ で，$\mathfrak{J}$ が A の Vitali 式被覆ならば，ε がどんな正数であっても，$\mathfrak{J}$ のなかから有限個の交わらない閉区間 $I_1, I_2, \cdots, I_N$ をえらんで

(2) $$m^*\left(A - \bigcup_{n=1}^{N} I_n\right) < \varepsilon$$

ならしめることができる．

［証明］ まず，$A \subseteq G$, $m(G) < +\infty$ なる開集合 G をとり，$I \subseteq G$ でない閉区間を $\mathfrak{J}$ から取りのぞいてしまう．その残りの集合族も，やはり，A の Vitali 式被覆だから，これを，もとのとおり，$\mathfrak{J}$ で表わしておく．こうすると，$I \in \mathfrak{J}$ ならば $m(I) \leqq m(G)$ であることに注意する．

これから条件 (2) をみたすような $I_1, I_2, \cdots, I_N$ を求めるわけであるが，I_1 としては $\mathfrak{J}$ の任意の元を採用し，以下 $I_2, I_3, \cdots, I_n, \cdots$ を，数学的帰納法により，順々に次のようにえらんでいく．

i） まず，$\mathfrak{J}$ のなかから交わらない閉区間 $I_1, I_2, \cdots, I_n$ がすでに求められたとし，

* この章では文字 I は閉区間を表わすことにする．

$$F_n = \bigcup_{p=1}^{n} I_p, \quad G_n = G - F_n$$

とおく．ここに，F_n は閉集合だから，G_n は開集合である（II，§10，3））．

このとき，もし $A \subseteq F_n$ ならば $m^*(A - \bigcup_{p=1}^{n} I_p) = 0$ だから証明はこれで終りである．

ii）そうでない場合，すなわち，$A - F_n \neq \emptyset$ の場合には，$x \in A - F_n$ とすると $x \in G_n$．よって，$U(x\,;\,\delta) \subseteq G_n$ なる正数 δ をえらんで条件（1）をみたすような閉区間 I をとれば，$x \in I \subseteq G_n$，すなわち，$I \cap F_n = \emptyset$．これは，$I_1, I_2, \cdots, I_n$ のどれとも交わらない $\mathfrak{J}$ の元があることを示している．よって

$$M_n = \sup\{m(I) \mid I \in \mathfrak{J},\ I \cap F_n = \emptyset\} > 0$$

とおくと，条件

$$m(I_{n+1}) > 2^{-1}M_n, \quad I_{n+1} \cap F_n = \emptyset, \quad I_{n+1} \in \mathfrak{J}$$

をみたすような I_{n+1} をえらぶことができる．

このとき，もし $A \subseteq \bigcup_{p=1}^{n+1} I_p$ ならば，前と同様に，これで証明は終りである．

iii）I_{n+1} をえらぶ手続きが今のように中断されないで，限りなく続く場合には，$\mathfrak{J}$ からえらばれた交わらない閉区間の列

$$(3) \qquad I_1, I_2, \cdots, I_n, \cdots$$

がえられる．この場合には条件（2）をみたすような $I_1, I_2, \cdots, I_N$ を次のようにして定める．

（3）の閉区間は交わらないのだから，$m(\bigcup_{n=1}^{\infty} I_n) =$

$\sum_{n=1}^{\infty} m(I_n)$，しかるに，$\bigcup_{n=1}^{\infty} I_n \subseteq G$ だから $m(\bigcup_{n=1}^{\infty} I_n) \leqq m(G) < +\infty$．したがって，$\sum_{n=1}^{\infty} m(I_n) \leqq m(G) < +\infty$．すなわち，級数 $\sum_{n=1}^{\infty} m(I_n)$ は収束するのである．よって，

$$(4) \qquad \lim_n m(I_n) = 0.$$

また，自然数 N を十分大きくとると

$$\sum_{n=N+1}^{\infty} m(I_n) < 5^{-1}\varepsilon.$$

N をこのようにえらぶと

$$I_1, I_2, \cdots, I_N$$

は条件 (2) をみたしているのである．

iv）これを証明するためには

$$B = A - F_N = A - \bigcup_{p=1}^{N} I_p$$

とおいて，$m^*(B) < \varepsilon$ を示せばよいわけである．以下その証明にとりかかろう．

$x \in B$ ならば $x \in G - F_N = G_N$ だから

$$I \in \mathfrak{J}, \quad x \in I, \quad I \subseteq G_N$$

なる I をとると I は $I_1, I_2, \cdots, I_N$ のどれとも交わらない．しかし，I は (3) のどれとも交わらないわけにはいかない．というのは，もし (3) のどれとも交わらないとすると，

$$m(I) \leqq M_n < 2m(I_{n+1}) \quad (n = 1, 2, \cdots)$$

だから，(4) により $m(I) = 0$ ということになってしまうからである．

いま，$I\cap I_n\neq\emptyset$ なる I_n のうちで番号 n のもっとも小さいものを I_k とすると，$k>N, I\cap F_{k-1}=\emptyset$ だから，$m(I)\leqq M_{k-1}$．しかるに，$m(I_k)\geqq 2^{-1}M_{k-1}$ なのだから，$m(I)\leqq 2m(I_k)$．こうしてみると，x から I_k の中点までの距離は $m(I)+\frac{1}{2}m(I_k)\leqq\frac{5}{2}m(I_k)$ より大きくないことがわかる．すなわち，I_k と同じ中点をもって，その長さ（測度）が $m(I_k)$ の5倍であるような閉区間を，J_k とすると $x\in J_k$ ということになるのである．

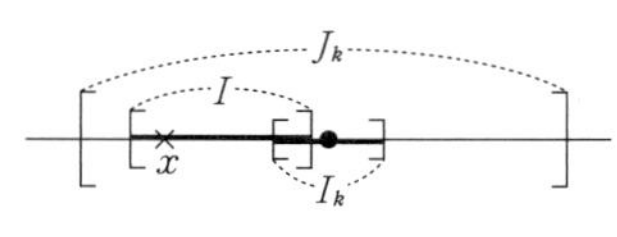

VI-1 図

v）$n\geqq N+1$ なる I_n のおのおのについて，I_n と同じ中点をもち，その測度が $m(I_n)$ の5倍であるような閉区間を J_n で表わせば，いまのべたところにより，

$$x\in B \text{ ならば } x\in\bigcup_{n=N+1}^{\infty}J_n,$$

すなわち，

$$B\subseteq\bigcup_{n=N+1}^{\infty}J_n.$$

したがって，

$$m^*(B)\leqq\sum_{n=N+1}^{\infty}m(J_n)=5\sum_{n=N+1}^{\infty}m(I_n)<\varepsilon.$$

注意 1. $m^*(A)\leqq m^*(A-\bigcup_{n=1}^{N}I_n)+m^*(A\cap(\bigcup_{n=1}^{N}I_n))$ に注意すれば，(2) から次の不等式が出てくる．

$$m^*\left(A\cap\left(\bigcup_{n=1}^{N} I_n\right)\right) > m^*(A)-\varepsilon.$$

§3. Dini の導来数

函数が微分可能でないときにも，それが有限な函数であるかぎり，Dini（ディニ）の導来数なるものを考えることができる．

f は $[a, b]$ を定義域とする有限な函数であるとする．

$a\leqq x<b$ であるとき，

$$\varphi(\delta) = \sup\left\{\frac{f(x+h)-f(x)}{h}\,\middle|\,0<h<\delta\leqq b-x\right\}$$

とおくと，φ は変数 δ の函数として増加函数だから $\lim_{\delta\to+0}\varphi(\delta)$ が存在する．よって，

$$\overline{D}_+f(x) = \lim_{\delta\to+0}\varphi(\delta)$$

とおいて，$\overline{D}_+f(x)$ を定義する．

また，同様に

$$\psi(\delta) = \inf\left\{\frac{f(x+h)-f(x)}{h}\,\middle|\,0<h<\delta\leqq b-x\right\}$$

$$\underline{D}_+f(x) = \lim_{\delta\to+0}\psi(\delta)$$

とおいて $\underline{D}_+f(x)$ を定義する．この定義から，明らかに

(1)　$$\overline{D}_+f(x) \geqq \underline{D}_+f(x).$$

とくに，$\overline{D}_+f(x)=\underline{D}_+f(x)$ ならばこれを $D_+f(x)$ で表わし，これを x における f の右微分係数という．

$$D_+f(x) = \lim_{h\to+0} \frac{f(x+h)-f(x)}{h}$$

は定義から明らかであろう．$D_+f(x)$ が有限な数のとき，f は x で右微分可能といわれるわけである．

つぎに，$a<x\leqq b$ であるとき，

$$\varphi_1(\delta) = \sup\left\{\frac{f(x+h)-f(x)}{h}\,\middle|\, 0>h>-\delta\geqq a-x\right\}$$

$$\psi_1(\delta) = \inf\left\{\frac{f(x+h)-f(x)}{h}\,\middle|\, 0>h>-\delta\geqq a-x\right\}$$

とおいて，

$$\overline{D}_-f(x) = \lim_{\delta\to+0} \varphi_1(\delta), \quad \underline{D}_-f(x) = \lim_{\delta\to+0} \psi_1(\delta)$$

によって，$\overline{D}_-f(x), \underline{D}_-f(x)$ を定義する．

一般に

(2) $$\overline{D}_-f(x) \geqq \underline{D}_-f(x)$$

であるが，とくに，$\overline{D}_-f(x)=\underline{D}_-f(x)$ のときは，これを $D_-f(x)$ であらわして，x における f の左微分係数と称する：

$$D_-f(x) = \lim_{h\to-0} \frac{f(x+h)-f(x)}{h}.$$

$D_-f(x)$ が有限な数であるとき，f は x で左微分可能であるといわれる．

上で定義した $\overline{D}_+f(x), \underline{D}_+f(x), \overline{D}_-f(x), \underline{D}_-f(x)$ が x における f の **Dini の導来数**とよばれるものである．

こうしてみると，(a,b) の点 x で $f'(x)$ が存在するとい

うのは，

$$(3)\qquad \overline{D}_+f(x)=\underline{D}_+f(x)=\overline{D}_-f(x)$$
$$=\underline{D}_-f(x)(=f'(x))$$

というのにほかならないことがわかる．$f'(x)$が有限なとき，fがxで微分可能といわれることは周知であろう．

1) 開区間(a,b)の点xで$f'(x)$が存在するための必要十分条件は

$$(4)\quad \overline{D}_+f(x)\leqq\underline{D}_-f(x),\ \ \overline{D}_-f(x)\leqq\underline{D}_+f(x)$$

であることである．

［証明］ (4) が必要なことは (3) から明らかである．これが十分なことは (1)，(2)，(4) により

$$\overline{D}_+f(x)\geqq\underline{D}_+f(x)\geqq\overline{D}_-f(x)\geqq\underline{D}_-f(x)\geqq\overline{D}_+f(x)$$

から (3) がすぐ出てくることからわかる．

§4. 増加函数と微分法

準備がととのったので増加函数について話をはじめる．さきに結論をいうと，**増加函数はほとんど至るところ微分可能**なのである．減少函数についても同様のことがいわれる．

1) fが$[a,b]$で有限な増加函数ならば，(a,b)でほとんど至るところ

$$\overline{D}_+f(x)\leqq\underline{D}_-f(x),\ \ \overline{D}_-f(x)\leqq\underline{D}_+f(x).$$

［証明］ i) どちらの証明も似たようなものなので，上記のうち最初の不等式をとり上げて，集合

$$(1)\qquad \{x\,|\,\overline{D}_+f(x)>\underline{D}_-f(x),\ a<x<b\}$$

が零集合であることだけを証明する．

x が (1) の元ならば，$\overline{D}_+f(x)>u>v>\underline{D}_-f(x)$ なる有理数 u, v がかならずあるはずである．よって，$u>v$ なる有理数の組 $\{u, v\}$ のすべてについて

$$E_{uv}=\{x\,|\,\overline{D}_+f(x)>u>v>\underline{D}_-f(x)\}$$

とおけば，集合 (1) はそういう E_{uv} すべての結びとなっているわけである．しかも，$u>v$ なる有理数の組 $\{u, v\}$ すべてから成る集合は可付番集合 $\boldsymbol{Q}\times\boldsymbol{Q}$ の部分集合だから可付番集合である (II, §6, 2), 3))．したがって，あらゆる E_{uv} から成る集合族は可付番集合族であるということになる．よって，どの E_{uv} も零集合であることを示せば，集合 (1) も零集合であることがわかり (III, §12, 3))，証明は完結するわけである．

ii) 背理法によって $m^*(E_{uv})=0$ を証明する．そのために，まず，かりに $m^*(E_{uv})=\mu>0$ であるとして，$0<2\varepsilon<\mu$ なる任意の ε をとり，$E_{uv}\subseteq G, m(G)<m^*(E_{uv})+\varepsilon=\mu+\varepsilon$ なる開集合 G を一つ定めておく．

$x\in E_{uv}$ ならば $\underline{D}_-f(x)<v$ なのだから，条件

(2) $f(x)-f(x-h)<vh$ （h は定数，$h>0$）

をみたすような閉区間 $[x-h, x]$ が，かならずあるはずである．しかも，そういう $[x-h, x]$ のなかには，δ がどんな正数でも，$m([x-h, x])=h<\delta$ なるものがあるのだから，とくに，$[x-h, x]\subseteq G$ であるような $[x-h, x]$ だけを全部集めると，そうしてできた集合族（閉区間の族）は正に E_{uv} の Vitali 式被覆になっている．

よって，この集合族のなかから，有限個の交わらない閉区間

(3) $I_p = [b_p - h_p, b_p] \quad (p=1, 2, \cdots, M)$

をえらんで，

(4) $$m^*\left(E_{uv} \cap \left(\bigcup_{p=1}^{M} I_p\right)\right) > \mu - \varepsilon$$

ならしめることができる（§2，注意1）．もとより，ここに

$$f(b_p) - f(b_p - h_p) < vh_p, \quad \bigcup_{p=1}^{M} I_p \subseteq G$$

だから，

(5) $$\sum_{p=1}^{M} [f(b_p) - f(b_p - h_p)] < v\sum_{p=1}^{M} h_p = vm\left(\bigcup_{p=1}^{M} I_p\right) \leqq vm(G) < v(\mu + \varepsilon).$$

iii） $E_{uv} \cap (\bigcup_{p=1}^{M} I_p)$ から I_p の端点 $b_p - h_p, b_p$ $(p=1, 2, \cdots, M)$ をとりのぞいた残りを A で表わすと，

$$A = E_{uv} \cap \left(\bigcup_{p=1}^{M} (b_p - h_p, b_p)\right),$$

$$m^*(A) = m^*\left(E_{uv} \cap \left(\bigcup_{p=1}^{M} I_p\right)\right).$$

よって，(4) により

$$m^*(A) > \mu - \varepsilon.$$

さて，$x \in A$ ならば $x \in E_{uv}$ だから $\overline{D}_+ f(x) > u$．よって，A の各点 x には条件

(6) $f(x+k) - f(x) > uk \quad$（k は定数，$k>0$）

をみたすような閉区間 $[x, x+k]$ があるはずである．しか

も，その中には，δ がどんな正数でも，$k<\delta$ であるような $[x, x+k]$ があるのである．一方において，A の点 x は，また，$\bigcup_{p=1}^{M}(b_p-h_p, b_p)$ の点であるから，いま，条件 (6) をみたす $[x, x+k]$ の中から

$$(7) \qquad (b_p-h_p, b_p) \quad (p=1, 2, \cdots, M)$$

のどれかの部分集合になっているものだけを全部集めると，そうしてできた集合族は A の Vitali 式被覆になっている．

よって，この集合族から有限個の閉区間

$$J_q=[a_q, a_q+k_q] \quad (q=1, 2, \cdots, N)$$

をえらんで

$$m^*\left(A\cap\left(\bigcup_{q=1}^{N} J_q\right)\right)>m^*(A)-\varepsilon>\mu-2\varepsilon.$$

$$(8) \qquad \sum_{q=1}^{N}[f(a_q+k_q)-f(a_q)]>u\sum_{q=1}^{N}k_q$$

$$\geqq um^*\left(A\cap\left(\bigcup_{q=1}^{N} J_q\right)\right)>u(\mu-2\varepsilon)$$

ならしめることができる．

iv) ところで，$J_q\ (q=1, 2, \cdots, N)$ は (7) のどれかの部分集合なのだから，

$$\sum_{q=1}^{N}[f(a_q+k_q)-f(a_q)]\leqq\sum_{p=1}^{M}[f(b_p)-f(b_p-h_p)].$$

よって，(5) と (8) とをくらべ合せると，結局

$$v(\mu+\varepsilon)>u(\mu-2\varepsilon)$$

なる不等式がえられる．ここに ε は $0<2\varepsilon<\mu$ なる条件を

みたしていさえすればいいのだから，ここで$\varepsilon \to 0$ならしめると

$$v\mu \geqq u\mu \text{ すなわち, } \mu(v-u) \geqq 0$$

となって，$v<u$, $\mu>0$と矛盾した結果がえられたことになった． （証明終）

1）が証明されたので，§3，1）と考え合せると次の定理が出てくる．

2） fが$[a,b]$で有限な増加函数ならば，$[a,b]$のほとんど至るところ$f'(x)$が存在する．

この$f'(x)$がほとんど至るところ有限であること，すなわち，fが$[a,b]$でほとんど至るところ微分可能なことは次節2）で証明する．

§5. 増加函数の導函数の積分

fが$[a,b]$で有限な増加函数であるとき，$\{x \mid f(x)<c, x \in [a,b]\}$は空集合でなければ閉区間か右半開区間だから，$f$は$[a,b]$で可測な函数である．したがって，$f'(x)$の存在しない$[a,b]$の点$x$すべてから成る零集合を$N$で表わすことにすると，$f$は$A=[a,b]-N$でも可測な函数である．

いま，$b<x \leqq b+1$ならば$f(x)=f(b)$とおくことに約束しておくと，Aの各点xで，

$$(1) \qquad \lim_n n(f(x+n^{-1})-f(x)) = f'(x)$$

だから，Aを定義域とする函数f'はAで可測な函数であ

る．f が増加函数である以上，$f'\geqq 0$ だから，ともかく，$\int_A f'(x)dx$ が存在することはたしかである．

§4，2）により $m^*(N)=0$ だから，V，§6の終りにのべた定義により，この場合

$$\int_a^b f'(x)dx = \int_{[a,b]} f'(x)dx = \int_A f'(x)dx.$$

1） f が $[a,b]$ で有限な増加函数ならば，f' は $[a,b]$ で積分可能で

$$\int_a^b f'(x)dx \leqq f(b)-f(a). \tag{2}$$

［証明］（1）と Fatou の定理（V，§6，3））によれば

$$\begin{aligned}\int_a^b f'(x)dx &= \int_A f'(x)dx \\ &\leqq \varliminf_n \int_A n[f(x+n^{-1})-f(x)]dx \\ &= \varliminf_n n\left[\int_a^b f(x+n^{-1})dx - \int_a^b f(x)dx\right]\end{aligned}$$

である．

いま，$n(b-a)>1$ なる n ばかり考えると，

$$\begin{aligned}\int_a^b f(x+n^{-1})dx &= \int_a^{b-n^{-1}} f(x+n^{-1})dx \\ &\quad + \int_{b-n^{-1}}^b f(x+n^{-1})dx,\end{aligned}$$

$$\int_a^b f(x)dx = \int_a^{a+n^{-1}} f(x)dx + \int_{a+n^{-1}}^b f(x)dx$$

において，V，§5，問7により

$$\int_a^{b-n^{-1}} f(x+n^{-1})dx = \int_{a+n^{-1}}^{b} f(x)dx,$$

$$\int_{b-n^{-1}}^{b} f(x+n^{-1})dx = \int_{b-n^{-1}}^{b} f(b)dx = n^{-1}f(b),$$

$$\int_a^{a+n^{-1}} f(x)dx \geqq n^{-1}f(a)$$

だから,

$$n\left[\int_a^b f(x+n^{-1})dx - \int_a^b f(x)dx\right] \leqq f(b)-f(a).$$

よって,

$$\int_a^b f'(x)dx \leqq f(b)-f(a).$$

(証明終)

こうして正値函数 f' が A で積分可能であることがわかった以上, $\{x|f'(x)=+\infty\}$ は零集合でなければならない(V, §5, 3)). したがって

2) $[a, b]$ で有限な増加函数は $[a, b]$ でほとんど至るところ微分可能である.

例 1. N は Cantor の零集合 (III, §12, 例 5) であるとし, 次のようにして, $[0,1]$ において函数 f を定義する. $m^*(N)=0$ を思い出しておく.

N の各余区間 (III, §12, (1))

(3) $$\left(\frac{\alpha_1}{3}+\frac{\alpha_2}{3^2}+\cdots+\frac{\alpha_{n-1}}{3^{n-1}}+\frac{1}{3^n}, \frac{\alpha_1}{3}+\frac{\alpha_2}{3^2}+\cdots+\frac{\alpha_{n-1}}{3^{n-1}}+\frac{2}{3^n}\right)$$

($\alpha_1, \alpha_2, \cdots, \alpha_{n-1}$ は 0 か 2)

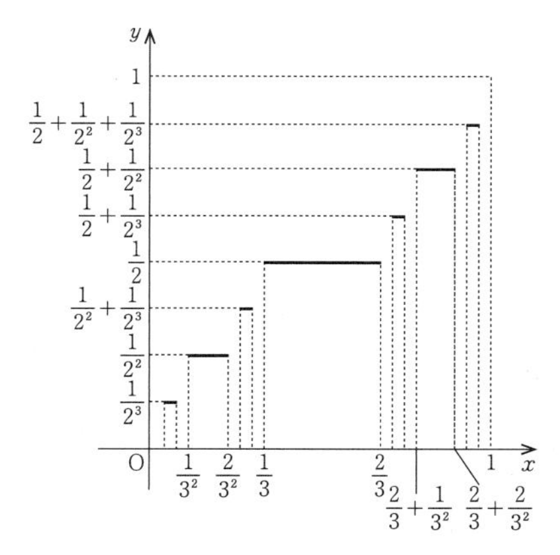

VI-2 図

の点 x では

$$f(x) = \frac{\beta_1}{2}+\frac{\beta_2}{2^2}+\cdots+\frac{\beta_{n-1}}{2^{n-1}}+\frac{1}{2^n} \tag{4}$$

と定める．ただし，$i=1, 2, \cdots, n-1$ に対し

$\alpha_i=0$ ならば $\beta_i=0$,
$\alpha_i=2$ ならば $\beta_i=1$

であるとする．

こうして $A=[0,1]-N$ で $f(x)$ の値を定めた上で，$f(0)=0$, $f(1)=1$ とし，また，0, 1 以外の N の点では $f(x)$ は $\sup\{f(t) \mid t \in A, t<x\}$ を表わすことにすれば，ここに，$[0,1]$ で有限な増加函数 f がえられたことになる．

$x \in A=[0,1]-N$ ならば，x は余区間 (3) のどれかの点であって，その余区間では f は定数にひとしく，$f'(x)=0$．$m^*(N)=0$ だから，これは $[0,1]$ でほとんど至るところ $f'(x)=0$ であるこ

とを意味する．よって，

$$\int_0^1 f'(x)dx = 0 < 1 = f(1) - f(0).$$

なお，この f は $[0,1]$ で連続函数であることに注意する．その証明は次のとおりである：

かりに，$x_0 \in [0,1]$ なる x_0 で f が不連続だとすると，f は増加函数だから

(5) $\qquad f(x_0-0) < f(x_0)$ か $f(x_0) < f(x_0+0)$

でなければならない*．すなわち，増加函数 f は $f(x_0-0)<y<f(x_0)$ または $f(x_0)<y<f(x_0+0)$ なる値 y をとりえないことになるのである．

しかるに，(4) の右辺は，実は

(6) $\qquad \dfrac{1}{2^n}, \dfrac{3}{2^n}, \dfrac{5}{2^n}, \cdots, \dfrac{2^n-1}{2^n} \quad (n=1, 2, \cdots)$

だから，n を十分大きくとると，(6) のなかには開区間 $(f(x_0-0), f(x_0))$ または $(f(x_0), f(x_0+0))$ の点であるものが，かならずあるはずである．すなわち，ある余区間の点 x で $f(x_0-0)<f(x)<f(x_0)$ または $f(x_0)<f(x)<f(x_0+0)$ となるので，ここに矛盾が生じてくる．すなわち (5) のようなことはありえないのである．

注意 1. この例は，f が連続な増加函数でも，(2) において等号の成立しない場合のあることを示している．

注意 2. この例は，また，f が $[a,b]$ で連続で，ほとんど至るところ $f'(x)=0$ であっても，f が $[a,b]$ で定数値函数でないことがあることを物語っている．そういう性質の函数を**特異函数**と称する．

---

* $f(x_0-0) = \lim_{x \to x_0-0} f(x),\ f(x_0+0) = \lim_{x \to x_0+0} f(x).$

増加函数についての話がひととおり終ったので，微分法とは直接関係ないが，増加函数について，次の定理をあげておく．

3) f が増加函数ならば，f の不連続点の集合は可付番集合である．

［証明］ f は増加函数なのだからその定義域のどの点 x においても $f(x-0)=\lim_{h\to-0}f(x+h)$, $f(x+0)=\lim_{h\to+0}f(x+h)$ が存在し，x で f が連続ならば，$f(x-0)=f(x)=f(x+0)$．よって，x で f が不連続ならば，$f(x-0)<f(x+0)$．したがって，$f(x-0)<r_x<f(x+0)$ なる一つの有理数 r_x をとると，不連続点 x に r_x を対応させることにより，f の不連続点の集合から可付番集合 $\boldsymbol{Q}$ の中への単射がえられる．すなわち，f の不連続点の集合は可付番集合である（II, §5, 2)）．

§6. 不定積分と微分法

§1 でのべたとおり，函数 f が $[a,b]$ で積分可能なとき

$$F(x)=\int_a^x f(t)dt=\int_a^x f^+(t)dt-\int_a^x f^-(t)dt$$

とおくと，F は二つの有限な増加函数の差になっている．したがって，F は連続であるばかりでなく，§5, 2) により，$[a,b]$ でほとんど至るところ微分可能である．この節では，さらに進んで§1 の問題 β) の答として，$[a,b]$ でほとんど至るところ，

$$F'(x)=f(x)$$

であることを示そう．そのために，まず，補助定理1）から話をはじめる．

1） f が $[a,b]$ で積分可能なとき，$[a,b]$ のどの点 x に対しても

$$\int_a^x f(t)dt = 0 \tag{1}$$

ならば，$[a,b]$ でほとんど至るところ $f(x)=0$ である．

［証明］ $A=\{x|f(x)>0, x\in(a,b)\}$ とおいて $m(A)=0$ を証明する．

かりに，$m(A)>0$ であるとし，$F\subseteq A, m(F)>0$ なる閉集合 F をとると（III，§11，3)），F のどの点 x でも，もとより，$f(x)>0$ である．そこで，$G=(a,b)-F$ とおけば，G は開集合だから，交わらない半開区間の列の結びとして表わすことができる（II，§9）：

$$G=\bigcup_{n=1}^{\infty}[a_n, b_n).$$

しかるに，仮設（1）により

$$\int_{a_n}^{b_n} f(x)dx = \int_a^{b_n} f(x)dx - \int_a^{a_n} f(x)dx = 0-0=0$$

だから，

$$\int_G f(x)dx = 0.$$

したがって，

$$\int_F f(x)dx + \int_G f(x)dx = \int_a^b f(x)dx = 0$$

により，

$$\int_F f(x)dx = 0.$$

V, §2, 5) によれば，これは f が F でほとんど至るところ 0 にひとしいことを意味し，F のどの点 x でも $f(x)>0$ であるということと矛盾する．よって，$m(A)=0$．同様にして，$m\{x|f(x)<0, x\in(a,b)\}=0$ が証明される．

2)　f が $[a,b]$ で積分可能ならば

$$F(x) = \int_a^x f(t)dt$$

とおくと，$[a,b]$ でほとんど至るところ

$$F'(x) = f(x).$$

［証明］　$[a,b]$ でほとんど至るところ，$\dfrac{d}{dx}\displaystyle\int_a^x f^+(t)dt=f^+(x)$，$\dfrac{d}{dx}\displaystyle\int_a^x f^-(t)dt=f^-(x)$ であることを証明すればいいのだから，最初から，$f\geqq 0$ であるとして証明を行なえば十分である．

i)　f が有界の場合：$0\leqq f\leqq M$ であるとし，$b<x\leqq b+1$ なる x に対し $f(x)=0, F(x)=F(b)$ として，f および F の定義域を $[a,b+1]$ までひろげておく．

$$f_n(x) = n[F(x+n^{-1})-F(x)]$$

とおけば，

$$f_n(x) = n\int_x^{x+n^{-1}} f(t)dt,\quad |f_n(x)| \leqq M$$

で，ほとんど至るところ $\lim\limits_n f_n(x)=F'(x)$ なのだから，

Lebesgue の項別積分の定理（V，§6，5)）により

$$\int_a^x F'(t)dt = \lim_n \int_a^x f_n(t)dt$$

$$= \lim_n n\int_a^x [F(t+n^{-1})-F(t)]dt$$

$$= \lim_n n\left[\int_a^x F(t+n^{-1})dt - \int_a^x F(t)dt\right].$$

V，§5，問7によれば

$$\int_a^x F(t+n^{-1})dt - \int_a^x F(t)dt$$

$$= \int_{a+n^{-1}}^{x+n^{-1}} F(t)dt - \int_a^x F(t)dt$$

$$= \int_x^{x+n^{-1}} F(t)dt - \int_a^{a+n^{-1}} F(t)dt$$

だから，

$$\int_a^x F'(t)dt = \lim_n n\int_x^{x+n^{-1}} F(t)dt - \lim_n n\int_a^{a+n^{-1}} F(t)dt.$$

しかるに，$F(x)$ は連続函数だから，§1，3）により

$$\lim_n n\int_x^{x+n^{-1}} F(t)dt = F(x),$$

$$\lim_n n\int_a^{a+n^{-1}} F(t)dt = F(a) = 0.$$

よって，

$$\int_a^x F'(t)dt = F(x) = \int_a^x f(t)dt.$$

すなわち，$x \in [a, b]$ なるどの x に対しても

$$\int_a^x [F'(t)-f(t)]dt = 0.$$

1）によれば，これは，$[a, b]$ でほとんど至るところ $F'(x)-f(x)=0$ であることを意味する．

ii） 一般の場合：$[a, b]$ の各点 x で

$$f_n(x) = \min\{f(x), n\}, \quad F_n(x) = \int_a^x f_n(t)dt,$$

$$G_n(x) = \int_a^x [f(t)-f_n(t)]dt$$

とおくと，

$$F(x) = G_n(x)+F_n(x).$$

しかるに，$f_n \geqq 0$, $f-f_n \geqq 0$ だから，F_n や G_n は増加函数で，いずれも，ほとんど至るところ微分可能である：$F_n'(x) \geqq 0$, $G_n'(x) \geqq 0$．しかも，f_n は有界なのだから，i）により，ほとんど至るところ，$F_n'(x)=f_n(x)$．よって，結局，ほとんど至るところ，

$$F'(x) = G_n'(x)+F_n'(x) \geqq F_n'(x),$$

すなわち，

$$F'(x) \geqq f_n(x)$$

であるということになる．

ここで，$n \to +\infty$ ならしめれば，ほとんど至るところ

$$F'(x) \geqq f(x). \tag{2}$$

よって，

$$\int_a^b F'(x)dx \geqq \int_a^b f(x)dx = F(b).$$

しかるに，一方，§5，1）によれば $\int_a^b F'(x)dx \leqq F(b)-F(a)=F(b)$ だから，$\int_a^b F'(x)dx = \int_a^b f(x)dx$，すなわち，

$$\int_a^b [F'(x)-f(x)]dx = 0.$$

よって，V，§2，5）によれば，(2) が成りたつ以上，ほとんど至るところ，$F'(x)-f(x)=0$.

注意 1. この結果 F が不定積分ならば，次のように書けるわけである.

$$F(x) = \int_a^x F'(t)dt.$$

§7. 有界変動の函数

§1 でのべたように，不定積分 $\int_a^x f(t)dt$ は二つの増加函数の差として表わされる．このことに関連して，有界変動の函数なるものを考える.

f は $[a, b]$ で有限な函数であるとし，$[a, b]$ のなかに

$$a = x_0 < x_1 < x_2 < \cdots < x_{k-1} < x_k = b$$

なる《分点》$x_1, x_2, \cdots, x_{k-1}$ を設ける.

$$f(x_i) - f(x_{i-1}) \quad (i=1, 2, \cdots, k)$$

のうちで，その値が正であるものの和を $p(a, b)$ で，負であるものの和を $-n(a, b)$ であらわし，また，$t(a, b) = p(a, b)+n(a, b)$ とおくことにすれば

(1) $$p(a, b) - n(a, b) = f(b) - f(a)$$

(2) $$t(a,b)=p(a,b)+n(a,b)$$
$$=\sum_{i=1}^{k}|f(x_i)-f(x_{i-1})|.$$

$p(a,b), n(a,b), t(a,b)$ の値は分点のえらび方によって，一般には，一定ではないが，どんなふうに分点をとっても，$t(a,b)$ の値が一定数を越えないとき，f は $[a,b]$ で**有界変動の函数**であるという．また，そのとき $t(a,b)$ の上限を $T(a,b)$ で表わし，これを $[a,b]$ における f の**全変動**と名づける．

(1)，(2) により，f が $[a,b]$ で有界変動のとき
$$2p(a,b)=t(a,b)+f(b)-f(a),$$
$$2n(a,b)=t(a,b)-f(b)+f(a)$$
だから，$p(a,b), n(a,b)$ の上限をそれぞれ $P(a,b)$, $N(a,b)$ で表わすと
$$2P(a,b)=T(a,b)+f(b)-f(a),$$
$$2N(a,b)=T(a,b)-f(b)+f(a).$$
よって，これから
$$f(b)=f(a)+P(a,b)-N(a,b).$$

$a<x\leqq b$ とし，上と同様のことを $[a,x]$ について行なえば，
$$f(x)=f(a)+P(a,x)-N(a,x).$$
よって，$\varphi(x)=f(a)+P(a,x)$, $\psi(x)=N(a,x)$, $\varphi(a)=f(a)$, $\psi(a)=0$ とおくと，

(3) $$f(x)=\varphi(x)-\psi(x).$$

ここに，φ, ψ が増加函数であることは明らかだから，

1)　$[a,b]$ で有界変動な函数 f は二つの増加函数の差として表わされる．逆に $[a,b]$ で二つの増加函数の差として表わされる函数 f は $[a,b]$ で有界変動である．

問 1. 1) の後半を証明する．

注意 1. f が増加函数のときは，(3) において $\psi=0$ の場合に当るから，f は有界変動の函数である．f が減少函数のときも同様である．

§1の終りにのべたことから

2)　f が $[a,b]$ で積分可能ならば，f の不定積分は $[a,b]$ で有界変動である．

§5，1)，2) により

3)　$[a,b]$ で有界変動の函数 f は $[a,b]$ でほとんど至るところ微分可能で，f' は $[a,b]$ で積分可能である．

§8. 絶対連続な函数

f が $[a,b]$ で有限な函数であるとき，$[a,b]$ でほとんど至るところ微分可能であっても

$$\int_a^b f'(x) = f(b)-f(a)$$

であるとはかぎらない（§5，注意1）．また，ほとんど至るところ $f'(x)=0$ であっても，f は $[a,b]$ で定数函数であるとはかぎらない（§5，注意2）．それならば，f にどういう条件をつけたら，この工合のわるい事情が好転するか．f が連続函数であるというだけでは足りないことは§5，注意1，2でわかっている．よって，ここで，あらたに絶対

連続という概念を導入する.

f は $[a, b]$ で有限な函数とする. ε がどんな正数でも,

$$a \leqq a_1 < b_1 \leqq a_2 < b_2 \leqq \cdots \leqq a_n < b_n \leqq b$$

$$(1) \qquad \sum_{p=1}^{n} (b_p - a_p) < \delta$$

なる $a_1, b_1, a_2, b_2, \cdots, a_n, b_n$ に対して, いつでも

$$\sum_{p=1}^{n} |f(b_p) - f(a_p)| < \varepsilon$$

であるように, ε だけで定まる正数 δ があるとき, f は $[a, b]$ で**絶対連続**であるという.

例 1. f が $[a, b]$ で積分可能であるとき, $F(x) = \int_a^x f(t)dt$ とおくと, V, §7, 1) において, $X = \bigcup_{p=1}^{n} [a_p, b_p)$ と考えれば, F が $[a, b]$ で絶対連続であることがわかる.

注意 1. f が $[a, b]$ で絶対連続であるとき, $a \leqq x_0 < b$ なる x_0 に対して, $0 < x - x_0 < \delta$ なる x をとれば $|f(x) - f(x_0)| < \varepsilon$. (これは (1) で $n=1$ の場合に当る). よって, f は x_0 で右連続である. 同様に, $a < x_0 \leqq b$ なる x_0 では f は左連続である. すなわち, 絶対連続な函数は連続函数なのである.

1) $[a, b]$ で絶対連続な函数 f は $[a, b]$ で有界変動の函数である.

[証明] 上記の絶対連続の定義において, $\varepsilon = 1$ に対する δ をえらび, $N\delta > b - a$ なる自然数 N を一つ定めた上で, $[a, b]$ を N 等分し, その分点を大きさの順に並べると

$$(2) \qquad a = \xi_0, \ \xi_1, \ \xi_2 \ \cdots, \ \xi_{N-1}, \ \xi_N = b,$$
$$(\xi_p - \xi_{p-1} < \delta, \quad p = 1, 2, \cdots, N)$$

であるとする.

$$a=x_0<x_1<x_2<\cdots<x_{k-1}<x_k=b$$

なる分点

(3) $$x_1,\ x_2,\ \cdots,\ x_{k-1}$$

を任意にとったとき，いつでも

(4) $$\sum_{i=1}^{k}|f(x_i)-f(x_{i-1})|<N$$

であることを示そう．

(2) の分点，(3) の分点を両方とも分点として採用し，これらを大きさの順に並べたものを

$$a=c_0,\ c_1,\ c_2,\ \cdots,\ c_{n-1},\ c_n=b$$

とする．明らかに

(5) $$\sum_{i=1}^{k}|f(x_i)-f(x_{i-1})|\leqq\sum_{j=1}^{n}|f(c_j)-f(c_{j-1})|.$$

ここに ξ_p, ξ_{p+1} は $c_1, c_2, \cdots, c_n$ の中のどれかなのだから，いま，$\xi_p=c_j, \xi_{p+1}=c_{j+q}$ であるとすると，$\sum_{s=j+1}^{j+q}(c_s-c_{s-1})=\xi_{p+1}-\xi_p<\delta$．よって，$\delta$ のえらび方から

(6) $$\sum_{s=j+1}^{j+q}|f(c_j)-f(c_{s-1})|<1.$$

しかるに，(5) の右辺は $p=1, 2, \cdots, N$ のおのおのについて (6) の左辺をつくり，それらを加え合せたものなのだから，

$$\sum_{j=1}^{n}|f(c_j)-f(c_{j-1})|<N.$$

よって，(5) により (4) がえられるわけである．

注意 2. この定理により $f=\varphi-\psi$ (φ, ψ は増加函数，§7, (3))．このとき φ, ψ が絶対連続なことはすぐわかる．

2)　f が $[a,b]$ で絶対連続でほとんど至るところ $f'(x)=0$ ならば，$f(x)$ は $[a,b]$ で定数にひとしい．

［証明］　まず，$f(b)=f(a)$ を証明する．

$$A=\{x|x\in(a,b),f'(x)=0\}$$

とおくと，仮設により，$m(A)=b-a$ である．A の定義により，$x\in A$ のときどんな正数 ε を与えても，正数 h を十分小さくとれば

$$|f(x+h)-f(x)|<\varepsilon h,\quad [x,x+h]\subseteq(a,b).$$

こういう閉区間 $[x,x+h]$ 全部から成る集合族は A の Vitali 式被覆だから，その集合族から有限個の交わらない閉区間

$$I_n=[x_n,x_n+h_n]$$
$$(n=1,2,\cdots,N,\quad a<x_1<x_2<\cdots<x_{N-1}<x_N<b)$$

をえらんで

$$(7)\quad m\left(A\cap\left(\bigcup_{n=1}^{N}I_n\right)\right)>m(A)-\delta=(b-a)-\delta$$

ならしめることができる．ここに，δ は絶対連続の定義のときに ε に対応してえらんだ δ ——この節の (1) の δ であるとする．

$$(8)\quad \sum_{n=1}^{N}|f(x_n+h_n)-f(x_n)|<\varepsilon\sum_{n=1}^{N}h_n\leqq\varepsilon(b-a)$$

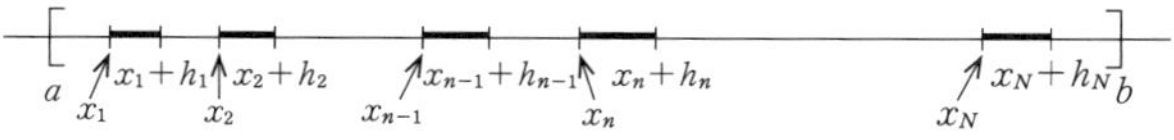

VI-3 図

に注意しておく.

(7) によれば,

$$m\left([a,b]-\bigcup_{n=1}^{N} I_n\right) = m([a,b])-m\left(\bigcup_{n=1}^{N} I_n\right)$$

$$\leqq (b-a)-m\left(A\cap\left(\bigcup_{n=1}^{N} I_n\right)\right) < \delta$$

であるが, $[a,b]-\bigcup_{n=1}^{N} I_n$ は

$$[a,x_1),\cdots,(x_{n-1}+h_{n-1},x_n),\cdots,$$
$$(x_{N-1}+h_{N-1},x_N),(x_N+h_N,b]$$

の結びだから, $x_0=a$, $x_{N+1}=b$, $h_0=0$ とおくと,

$$\sum_{n=1}^{N+1}[x_n-(x_{n-1}+h_{n-1})] < \delta.$$

したがって,

$$\sum_{n=1}^{N+1}|f(x_n)-f(x_{n-1}+h_{n-1})| < \varepsilon.$$

この不等式と (8) とから,

$$|f(b)-f(a)| \leqq \left|\sum_{n=1}^{N}[f(x_n+h_n)-f(x_n)] + \sum_{n=1}^{N+1}[f(x_n)-f(x_{n-1}+h_{n-1})]\right|$$

$$\leqq \sum_{n=1}^{N}|f(x_n+h_n)-f(x_n)| + \sum_{n=1}^{N+1}|f(x_n)-f(x_{n-1}+h_{n-1})|$$

$$< \varepsilon(b-a+1).$$

すなわち，どんな正数 ε をとっても，$|f(b)-f(a)|<\varepsilon(b-a+1)$ なのだから，$|f(b)-f(a)|=0$．よって，$f(b)=f(a)$．

$a<x<b$ なる各 x に対し $[a, x]$ について上と同様のことを行なえば，$f(x)=f(a)$ がえられる．

3) f が $[a, b]$ で絶対連続であるための必要十分条件は

$$f(x) = f(a)+\int_a^x f'(t)dt \tag{9}$$

であることである．

［証明］ この条件が十分であることは本節の例1でのべておいた．よって，これが必要であることを証明する．

f が $[a, b]$ で絶対連続ならば有界変動なのだから，f は $[a, b]$ でほとんど至るところ微分可能で f' は積分可能である（§7, 3)）．いま，

$$F(x) = f(a)+\int_a^x f'(t)dt$$

とおくと，$F(x)$ は絶対連続で，ほとんど至るところ $F'(x)=f'(x)$，すなわち，$F'(x)-f'(x)=0$ である（§6, 2)）．よって，絶対連続な函数 $F(x)-f(x)$ は，2) により，$[a, b]$ で定数にひとしいはずである．しかるに，$F(a)-f(a)=0$ だから，$[a, b]$ の各点 x で $f(x)=F(x)$，すなわち，(9) がえられた．

4)（Lebesgue 分解の定理） f が $[a, b]$ で絶対連続でない連続な有界変動函数ならば，f は絶対連続函数（不定積分）と特異函数（§5, 注意2）との和として表わされる．

また，この表わしかたはひと通りしかない．

問1. 4) を証明する．

§9. 原始函数と不定積分

§1で提出した問題α) に対しては，V，§9，1) と前節の3) がある程度の解答を与えている．ここで，もう一つ別の解答を与えておこう．すなわち

1) f が $[a,b]$ で微分可能で，f' が $[a,b]$ で積分可能ならば

$$(1)\qquad f(x) = f(a) + \int_a^x f'(t)dt \quad (a \leqq x \leqq b).$$

この定理の証明はすこし混みいっているので，最初に次の補助定理2)，3)，4) を証明したあとでのべることにする．

2) $A \subseteq [a,b]$, $m^*(A)=0$ であるとき，$[a,b]$ で連続な増加函数で，しかも A の各点 x で

$$\varphi'(x) = +\infty$$

であるような函数 φ が存在する．

［証明］ $A \subseteq G_n$, $m(G_n) < 2^{-n}$ なる開集合 G_n をとって

$$\varphi_n(x) = m(G_n \cap [a,x]) \quad (n=1,2,\cdots)$$

とおけば，φ_n は連続な正値増加函数で

$$\varphi_n(x) < 2^{-n}.$$

よって，

$$\varphi(x) = \sum_{n=1}^{\infty} \varphi_n(x)$$

とおくと，右辺の級数は $[a,b]$ で一様収束するから，φ は $[a,b]$ で連続な正値増加函数である．

ところで，$x\in A$ ならば $x\in G_n$ なのだから，正数 h を十分小さくとると，$[x,x+h]\subseteq G_n$．よって，

$$\begin{aligned}\varphi_n(x+h) &= m\{(G_n\cap[a,x])\cup(G_n\cap(x,x+h])\}\\ &= m(G_n\cap[a,x])+m((x,x+h]) = \varphi_n(x)+h.\end{aligned}$$

すなわち，

$$\frac{\varphi_n(x+h)-\varphi_n(x)}{h}=1.$$

よって，N がどんなに大きな自然数でも，正数 δ を十分小さくえらぶと，$0<h<\delta$ ならば

$$\frac{\varphi(x+h)-\varphi(x)}{h}\geqq\sum_{n=1}^{N}\frac{\varphi_n(x+h)-\varphi_n(x)}{h}=N.$$

したがって，$\underline{D}_+\varphi(x)\geqq N$，よって $D_+\varphi(x)=+\infty$．

同様にして

$$D_-\varphi(x)=+\infty.$$

3)　f が $[a,b]$ で連続で，$[a,b)$ の各点 x で $\overline{D}_+f(x)\geqq 0$ ならば，f は $[a,b]$ で増加函数である．

［証明］　背理法によることとし，かりに，

$$a\leqq x_1<x_2\leqq b,\quad f(x_1)>f(x_2)$$

なる 2 点 x_1,x_2 があるとしてみる．

$$0<h(x_2-x_1)<f(x_1)-f(x_2)$$

なる正数 h をとって，$g(x)=f(x)+hx$ とおけば，$g(x_1)>g(x_2)$．$g(x)$ は連続函数だから $g(x_1)>\alpha>g(x_2)$ なる任意の α をとって，

(2) $$x_0 = \sup\{x \mid x_1 < x < x_2,\ g(x) = \alpha\}$$

とおくと，$g(x_0) = \alpha, x_1 < x_0 < x_2$. このとき，もし，$x_0 < \xi < x_2, g(\xi) > \alpha$ なる ξ があるとすると，$g(\xi) > \alpha > g(x_2)$ だから，$\xi < x < x_2, g(x) = \alpha$ なる x があることになり（中間値の定理），x_0 の定義 (2) に背くことになる．したがって，$x_0 < x < x_2$ なる x に対しては，$g(x) \leqq \alpha = g(x_0)$. すなわち，$\overline{D}_+ g(x_0) \leqq 0$. よって，$\overline{D}_+ f(x_0) = \overline{D}_+ g(x_0) - h < 0$. これは $\overline{D}_+ f(x_0) \geqq 0$ という仮設と矛盾する結果である．

4) f は $[a, b]$ で連続な函数で，ほとんど至るところ $\underline{D}_+ f(x) \geqq 0$，しかも，$[a, b)$ のどの点 x でも $\underline{D}_+ f(x) > -\infty$ ならば，f は $[a, b]$ で増加函数である．

［証明］ $A = \{x \mid a \leqq x < b, \underline{D}_+ f(x) < 0\}$ とおけば $m^*(A) = 0$ だから，この A について 2) の函数 φ をつくって，

$$F(x) = f(x) + h \cdot \varphi(x) \quad (h \text{ は正の定数})$$

とおく．A の点 x では

(3) $$\overline{D}_+ F(x) \geqq \underline{D}_+ f(x) + h \cdot \underline{D}_+ \varphi(x)$$

において，$\underline{D}_+ f(x) > -\infty$, $\underline{D}_+ \varphi(x) = \varphi'(x) = +\infty$ だから，$\overline{D}_+ F(x) > 0$. $[a, b) - A$ の点 x では，(3) において $\underline{D}_+ f(x) \geqq 0$. また，$\varphi$ は増加函数だから，$\underline{D}_+ \varphi(x) \geqq 0$. よって，$\overline{D}_+ F(x) \geqq 0$. すなわち，$[a, b)$ のどの点でも $\overline{D}_+ F(x) \geqq 0$ なのだから，3) により，F は $[a, b]$ で増加函数である．よって，$x_1 < x_2$ ならば

$$F(x_1) \leqq F(x_2), \text{ すなわち，}$$

$$f(x_1) + h\varphi(x_1) \leqq f(x_2) + h\varphi(x_2).$$

ここで $h \to 0$ ならしめれば $f(x_1) \leqq f(x_2)$ が出てくるわけ

である. (証明終)

1) の証明：最初に，f は微分可能だから，$[a, b]$ で連続であることに注意する.

$g_n(x)=\min\{n, f'(x)\}$ とおけば，g_n は $[a, b]$ で可測函数で (IV, §3, 4))，$|g_n(x)|\leqq|f'(x)|$ だから，g_n は $[a, b]$ で積分可能な函数である．しかも，$\lim_n g_n=f'$ なのだから，Lebesgue の項別積分定理 (V, §6, 4)) により，

$$\text{(4)} \qquad \lim_n \int_a^x g_n(t)dt = \int_a^x f'(t)dt.$$

また，$G_n(x)=\int_a^x g_n(t)dt$ とおくと，十分小さい正数 h に対し

$$\frac{G_n(x+h)-G_n(x)}{h} = \frac{1}{h}\int_x^{x+h} g_n(t)dt \leqq n$$

だから，$\overline{D}_+ G_n(x)\leqq n$. よって，

$$\begin{aligned} \underline{D}_+(f(x)-G_n(x)) &\geqq f'(x)-\overline{D}_+ G_n(x) \\ &\geqq f'(x)-n > -\infty. \end{aligned}$$

また，$f-G_n$ は $[a, b]$ で連続で，§6, 2) により，ほとんど至るところ

$$(f(x)-G_n(x))' = f'(x)-g_n(x) \geqq 0.$$

よって，4) により，$f-G_n$ は増加函数だから

$$f(x)-G_n(x) \geqq f(a)-G_n(a) = f(a),$$

すなわち，

$$f(x)-f(a) \geqq G_n(x) = \int_a^x g_n(t)dt.$$

これと，(4) とを見くらべれば

$$f(x)-f(a) \geqq \int_a^x f'(t)dt.$$

上と同様のことを $-f$ について行なえば，$f(x)-f(a) \leqq \int_a^x f'(t)dt$ がえられる．これで，(1) が証明されたわけである．

注意 1. f が $[a, b]$ で微分可能のとき，f' が $[a, b]$ で積分可能であるとは限らない（付録，§10）．したがって，ルベグ積分は導函数がいつでも積分可能であるような積分の境地までは達していないわけである．この問題を解決するために，Denjoy（ダンジョワ），Perron（ペロン）などの考案した積分の定義があるが，この本ではそこまでは立ち入らない．

VII. 多変数の函数の積分

いままでは，もっぱら，1 変数の函数についての話であった．この章では多変数の函数の積分についてのべる．もっとも，一般的に n 変数の函数を扱うと，ことば使いがわずらわしくなるので，$n=2$ の場合，すなわち，2 変数の場合を見本として取り上げ，それで間にあわせることにした．$n>2$ の場合も本質的には別に変わりはない．ただ，いいまわし方がすこし面倒になるだけのことである．

§1. 平面上の点集合

多変数の函数のルベグ積分は 1 変数の函数の場合と同様にして定義される．この章では，その見本として，2 変数の函数の積分について説明する．n 変数 $(n>2)$ の函数の場合も 2 変数の函数の場合と本質的に異なることはない．

2 変数 x, y の函数は $\boldsymbol{R}^2(=\boldsymbol{R}\times\boldsymbol{R})$ の部分集合から $\overline{\boldsymbol{R}}$ の中への写像にほかならない．x, y の組 $\langle x, y\rangle$ を平面上の点の座標と考えると*，$\boldsymbol{R}^2$ は平面を表わすものと考えられるから（II, §6, 例 1），2 変数 x, y の函数は平面上の点集合から $\overline{\boldsymbol{R}}$ の中への写像であるとも考えられる．今後，点とその座標とを同一視して，平面 $\boldsymbol{R}^2$ 上の点 P の座標が $\langle x, y\rangle$ のとき，P$\langle x, y\rangle$ とか P$=\langle x, y\rangle$ とか書くことにする．

---

* 開区間との混同をふせぐために，記号 (x, y) の代わりに $\langle x, y\rangle$ を使うことにした．

$\boldsymbol{R}^2$ 上の点集合については，II, §8, §9, §10 でのべたことが，ほとんどそのままあてはまる．以下，手短かにそのことを説明しよう．

まず，$\boldsymbol{R}^2$ の点 $\mathrm{P}_1=\langle x_1, y_1\rangle$ から点 $\mathrm{P}_2=\langle x_2, y_2\rangle$ への**距離**を

$$\mathrm{dist}(\mathrm{P}_1, \mathrm{P}_2) = [(x_1-x_2)^2+(y_1-y_2)^2]^{\frac{1}{2}}$$

であると定義する．こう定義した距離は次の 3 条件をみたしている：

i)　$\mathrm{dist}(\mathrm{P}_1, \mathrm{P}_2) \geqq 0$. $\mathrm{P}_1=\mathrm{P}_2$ のとき，またそのときに限り，

$$\mathrm{dist}(\mathrm{P}_1, \mathrm{P}_2) = 0.$$

ii)　$\mathrm{dist}(\mathrm{P}_1, \mathrm{P}_2)=\mathrm{dist}(\mathrm{P}_2, \mathrm{P}_1)$.

iii)　$\mathrm{dist}(\mathrm{P}_1, \mathrm{P}_3) \leqq \mathrm{dist}(\mathrm{P}_1, \mathrm{P}_2)+\mathrm{dist}(\mathrm{P}_2, \mathrm{P}_3)$.

問 1．i), ii), iii) をたしかめる．

距離が定義されたので，それを使って

$$U(\langle a, b\rangle\,;\rho) = \{\langle x, y\rangle \,|\, \mathrm{dist}(\langle a, b\rangle, \langle x, y\rangle)<\rho\} \qquad (\rho>0)$$

を点 $\langle a, b\rangle$ の ρ 近傍と名づける．また，A が $\boldsymbol{R}^2$ の点集合のとき

$$U(\langle x, y\rangle\,;\rho) \subseteq A$$

ならば，$\langle x, y\rangle$ は A の内点とよばれる．A が内点ばかりから成るとき，A は開集合という．空集合 $\emptyset$ も開集合であると定めておく．$\boldsymbol{R}$ のときと同様に開集合を表わすのに，文字 G がもちいられる．

1)　開集合の結びは開集合であり，

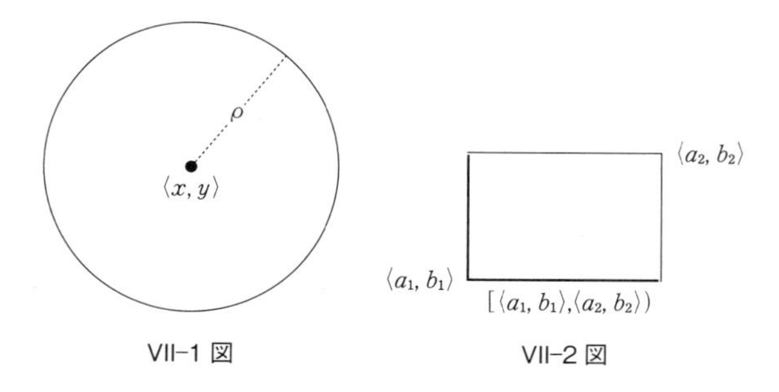

VII-1 図　　VII-2 図

2)　有限個の開集合の交わりは開集合である

ことも，II, §8のときと同様に証明できる．これから以下，II, §8の本文は，そのまま，$\boldsymbol{R}^2$ の開集合についても当てはまる．内核，近傍，開近傍などの定義もII, §8とまったく同じである．

問 2. $U(\mathrm{P}\,;\rho)$ は開集合であることをたしかめる．

つぎに，$a_1<a_2$，$b_1<b_2$ のとき

$$[\langle a_1, b_1\rangle, \langle a_2, b_2\rangle] = \{\langle x, y\rangle \mid a_1\leqq x\leqq a_2,\ b_1\leqq y\leqq b_2\},$$
$$(\langle a_1, b_1\rangle, \langle a_2, b_2\rangle) = \{\langle x, y\rangle \mid a_1< x< a_2,\ b_1< y< b_2\},$$
$$[\langle a_1, b_1\rangle, \langle a_2, b_2\rangle) = \{\langle x, y\rangle \mid a_1\leqq x< a_2,\ b_1\leqq y< b_2\},$$
$$(\langle a_1, b_1\rangle, \langle a_2, b_2\rangle] = \{\langle x, y\rangle \mid a_1< x\leqq a_2,\ b_1< y\leqq b_2\}$$

とおいて，これらをそれぞれ，閉区間，開区間，右半開区間，左半開区間と称する．また，$\langle a_1, b_1\rangle$ をこれらの左下の頂点，$\langle a_2, b_2\rangle$ を右上の頂点という．なお，今後，半開区間というとき，右半開区間を指すものと約束しておく．

II, §9におけると同様にして，開集合 G は交わらない半

開区間の列の結びとして表わすことができる．$\boldsymbol{R}$ の場合には，

$$[n2^{-(p-1)}, (n+1)2^{-(p-1)})$$

なる半開区間をもちいたが，$\boldsymbol{R}^2$ ではその代わりに半開区間（半開正方形）

$$[\langle m2^{-(p-1)}, n2^{-(p-1)}\rangle, \langle (m+1)2^{-(p-1)}, (n+1)2^{-(p-1)}\rangle)$$
$$(m=0, \pm 1, \pm 2, \cdots,\quad n=0, \pm 1, \pm 2, \cdots)$$

をもちいるだけの相違にすぎない．これは，いわば，平面を半開正方形の網の目に分けて，G の中にある網の目だけをひろっていく行き方である．（ただし，II, §9, 問 1 に相当する定理は成りたたない．）

II, §10 にならって，$A \subseteq \boldsymbol{R}^2$ のとき，$A^c=\boldsymbol{R}^2-A$ とおいて，A^c を A の余集合という．とくに，開集合の余集合を閉集合という．空集合 $\emptyset$ は，開集合 $\boldsymbol{R}^2$ の余集合だから，閉集合である．閉集合を表わすのには文字 F を使うことにする：$F=G^c$．開集合についての定理 1)，2) から，de Morgan の公式により，次の 1′)，2′) がすぐ出てくる．

1′) 閉集合の交わりは閉集合である．

2′) 有限個の閉集合の結びは閉集合である．

ここまでくると，II, §10 の本文は $\boldsymbol{R}^2$ の閉集合の場合にもそのままあてはまることがわかる．触点，閉包の定義も II, §10 のときとまったく同様である．

§2. $\boldsymbol{R}^2$ における測度・外測度

$\boldsymbol{R}^2$ における測度や外測度の定義も $\boldsymbol{R}$ におけるときと同

様である（III 章）.

外測度から話をはじめる.

しばらく，文字 I は $\boldsymbol{R}^2$ における半開区間を表わすものと約束して，$I=[\langle a_1, b_1\rangle, \langle a_2, b_2\rangle)$ のとき

$$|I| = (a_2-a_1)(b_2-b_1)$$

とおくことにし，$\boldsymbol{R}^2$ の点集合 A の外測度は*

$$m_2{}^*(A) = \inf\left\{\sum_{n=1}^{\infty}|I_n| \,\middle|\, A\subseteq\bigcup_{n=1}^{\infty}I_n\right\}$$

によって定義する．こうして定義した外測度は次の 5 条件をみたしている.

C1) $0\leqq m_2{}^*(A)\leqq+\infty$. とくに $A=\emptyset$ ならば $m_2{}^*(A)=0$.

C2) $A\subseteq B$ ならば $m_2{}^*(A)\leqq m_2{}^*(B)$.

C3) $m_2{}^*\left(\bigcup_{n=1}^{\infty}A_n\right)\leqq\sum_{n=1}^{\infty}m_2{}^*(A_n)$.

C4) $m_2{}^*([\langle a_1, b_1\rangle, \langle a_2, b_2\rangle))=(a_2-a_1)(b_2-b_1)$.

C5) B が A と合同ならば $m_2{}^*(A)=m_2{}^*(B)$.

C1)，C2)，C3) は III, §5 におけるとまったく同様にして証明される．C4) についてもそうなのだが，これについては，すこしばかり，注釈が必要である．（なお，C5) の証明は§6 にゆずることにする.）

まず，$A\subseteq[\langle a, b\rangle, \langle a', b'\rangle]$ なる閉区間 $[\langle a, b\rangle, \langle a', b'\rangle]$ があるとき，A は**有界な集合**であるという．こう定義すると，III, §3 でのべた有界閉集合についての Borel-Lebesgue の被覆定理がそのまま $\boldsymbol{R}^2$ でも成立する．証明

* $\boldsymbol{R}$ における外測度と区別するために，$m_2{}^*$ という記号を使う.

法は，III, §3の証明法と同様で，ただ，$\boldsymbol{R}$ の場合に $[a,b]$ を次々に2等分していったのに対し，今度は $[\langle a,b\rangle, \langle a',b'\rangle]$ を4等分していくだけのちがいがあるだけである．

問 1. A が有界なための必要十分条件は $A \subseteq U(\langle 0,0\rangle\,;\rho)$ なる正数 ρ があることである．これを証明する．

つぎに，III, §4の定理1)，2)，3)，4)，5) が $\boldsymbol{R}^2$ においても成立する．1)，2) の証明は，$\boldsymbol{R}^2$ の点の座標が2数の組なので，二重の手間がかかるが，原理的には $\boldsymbol{R}$ の場合とまったく同様である．3) は1)，2) から，すぐ出るし，4) はBorel-Lebesgueの被覆定理を使って，$\boldsymbol{R}$ のときと同様にして証明される．5) の証明も，III, §4, 問1の答におけると同様である．

念のため，もっとも重要なIII, §4，3)，4) に相当する定理を次のJ2)，J3) としてここに書いておこう．なお，空集合 $\varnothing$ も半開区間の一種と考えることにする：

J1) $0 \leqq |I| < +\infty$.

J2) $I=\bigcup_{p=1}^{n} I_p$ の右辺が直和ならば，$|I|=\sum_{p=1}^{n}|I_p|$.

J3) $I \subseteq \bigcup_{n=1}^{\infty} I_n$ ならば，$|I| \leqq \sum_{n=1}^{\infty}|I_n|$.

このJ3) を使うとC4) の証明はIII, §5とまったく同様にして行なわれる．

C1)―C4) の成立することがわかったので，こんどは可測集合を定義する：III, §6と同様に，$\boldsymbol{R}^2$ のどの点集合 X をとっても

$$m_2{}^*(X) = m_2{}^*(X \cap A) + m_2{}^*(X \cap A^c)$$

のとき，A は可測であるという．III, §6 の 1)—6) はそのまま $\boldsymbol{R}^2$ の場合に証明できる．可測集合全部を集めてできる集合族 $\mathfrak{L}_2$ が加法的集合族 (III, §8) であることも同様である：

M1) $\emptyset \in \mathfrak{L}_2$,

M2) $A \in \mathfrak{L}_2$ ならば $A^c \in \mathfrak{L}_2$,

M3) $A_n \in \mathfrak{L}_2 (n=1, 2, \cdots)$ ならば $\bigcup_{n=1}^{\infty} A_n \in \mathfrak{L}_2$.

半開区間が可測集合であることも，III, §7, 1 にならい，上記 J2) と次の I1), I2) を使って証明することができる：

I1) $I_1 \cap I_2$ は半開区間である．

I2) $I_1 - I_2$ は四つの半開区間の直和である．

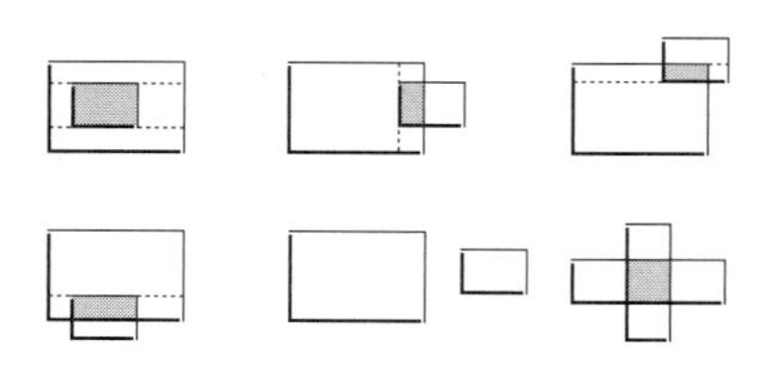

$I_1 \cap I_2$ と $I_1 - I_2$

VII-3 図

半開区間が可測であることがわかると，開集合，したがって閉集合が可測なことも，III, §7, 2), 3) と同様にすぐ証明されるわけである．

こうして，$\boldsymbol{R}^2$ における可測集合族が定まったうえは，A が可測集合のとき

$$m_2(A) = m_2{}^*(A)$$

とおいて，$m_2(A)$ を A の測度と名づける．こうして定義された測度は III, §1 に書いておいた次の 4 条件をみたしている．

L1) $0 \leqq m_2(A) \leqq +\infty$. とくに

$$A = \varnothing \text{ ならば } m_2(A) = 0.$$

L2) $A_1, A_2, \cdots, A_n, \cdots$ が交わらない可測集合のときは

$$m_2\left(\bigcup_{n=1}^{\infty} A_n\right) = \sum_{n=1}^{\infty} m_2(A_n).$$

L3) $m_2([\langle a_1, b_1\rangle, \langle a_2, b_2\rangle)) = (a_2 - a_1)(b_2 - b_1).$

L4) B が可測集合 A に合同ならば B も可測で

$$m_2(A) = m_2(B).$$

L1)，L2)，L3) が成り立つことの証明は III, §9 におけると同様である．L4) については C5) とともにあとまわしとする．なお，III, §10 でのべた測度についての諸定理も，そのまま，$\boldsymbol{R}^2$ の可測集合にあてはまる．$m_2{}^*(A) = 0$ のとき A を零集合とよぶことも $\boldsymbol{R}$ の場合と同様である．零集合についての III, §12 の定理 1)，2)，3) も，そのまま，$\boldsymbol{R}^2$ で成立する．すなわち，

1) 零集合の部分集合は零集合である．

2) 零集合は可測集合である．

3) A_n $(n = 1, 2, \cdots)$ が零集合なら $\bigcup_{n=1}^{\infty} A_n$ も零集合である．

例 1. $\{\langle x, y\rangle \mid a \leqq x < b, y = c\}$, $\{\langle x, y\rangle \mid x = c, a \leqq y < b\}$ は零集合である．

例 2. $\{\langle x,y\rangle \mid y=c\}, \{\langle x,y\rangle \mid x=c\}$ は零集合である.

問 2. 例 1，例 2 を証明する.

最後に，$m_2{}^*(A)=\inf\{m_2(G) \mid A\subseteq G\}$ であること．また，$\boldsymbol{R}^2$ のどの点集合 A にも等測包 A^* すなわち $A\subseteq A^*$, $m_2{}^*(A)=m_2(A^*)$ なる可測集合 $A^*=\bigcap_{n=1}^{\infty}G_n$ のあることも，III，§11 と同様にして証明される.

問 3. I_n が半開正方形を表わすとしたとき，

$$m_2{}^*(A) = \inf\left\{\sum_{n=1}^{\infty}|I_n| \,\middle|\, A\subseteq \bigcup_{n=1}^{\infty} I_n\right\}$$

を証明する.

§3. 2変数函数のルベグ積分

f が $\boldsymbol{R}^2$ の可測集合 A で定義されているとし，

$$A(f(x,y)>c) = \{\langle x,y\rangle \mid \langle x,y\rangle \in A, f(x,y)>c\}$$

が，どんな数 c に対しても可測であるとき，f は A で可測な函数であるという．このように，IV，§2 にならって $\boldsymbol{R}^2$ における可測函数を定義すると，IV 章でのべた定理はそのまま $\boldsymbol{R}^2$ の場合にもあてはまる．証明法もまったく同様である.

こんどは積分の番である．V 章にならい，正値函数の積分から話をはじめる.

f は $\boldsymbol{R}^2$ の可測な点集合 A で可測な正値函数であるとし，まず，A を交わらない有限個の可測集合 $A_1, A_2, \cdots, A_k$ に分割する：

(1) $$A = A_1\cup A_2\cup\cdots\cup A_k$$

$$(i \neq j \text{ ならば } A_i \cap A_j = \emptyset).$$

つぎに,

(2)　$a_i = \inf\{f(x, y) \mid \langle x, y \rangle \in A_i\} \quad (i=1, 2, \cdots, k)$,

(3)　$\mathfrak{s} = a_1 m(A_1) + a_2 m(A_2) + \cdots + a_k m(A_k)$

とおいて, $\mathfrak{s}$ を f の A における近似和とよぶことにし, (条件 (1) をみたすような) A のあらゆる分割についてこのような近似和 $\mathfrak{s}$ をつくる.

そういうすべての近似和の上限を, A における f のルベグ (2重) 積分と名づけ,

$$\iint_A f(x, y) dxdy \text{ または } \int_A f(x, y) dm_2$$

で表わす. f の A における近似和の集合を $\langle \mathfrak{s} \rangle$ で表わせば

$$\iint_A f(x, y) dxdy = \sup \langle \mathfrak{s} \rangle.$$

f が A で可測で, かならずしも, 正値函数でないときの積分の定義は次のとおりである:

$$\iint_A f^+(x, y) dxdy, \quad \iint_A f^-(x, y) dxdy$$

のうち, すくなくとも一つが有限なとき

$$\iint_A f(x, y) dxdy = \iint_A f^+(x, y) dxdy - \iint_A f^-(x, y) dxdy$$

とおいて, この左辺を A における f の (2重) 積分とよび, f は A で積分確定であるという. とくに, 右辺の二つの積分がいずれも有限なときは, f は A で積分可能であるとい

われる.

こうして $\boldsymbol{R}^2$ における積分が定義されると, V 章の§1から§7 までの諸定理は, $\int_A f(x)dx$ を $\iint_A f(x,y)dxdy$ でおきかえると, そのまま成立する. §10 についても同様である. また, $f(x,y)$ が $A=[\langle a_1, b_1\rangle, \langle a_2, b_2\rangle]$ でリーマン積分可能ならば, $f(x,y)$ はルベグ積分可能で

$$(\mathrm{L})\iint_A f(x,y)dxdy = (\mathrm{R})\int_{a_2}^{b_2}\int_{a_1}^{b_1} f(x,y)dxdy$$

であることも, V, §8 と同様にして証明することができる. ただし, V, §9 でのべた積分と原始函数についての定理や VI 章の内容は 1 変数の函数についての特有の定理で, そのままでは, 2 変数の函数についてはあてはまらない.

以上は, いわば, II, III, IV, V 章の復習みたいなものであった. 次の節から, $\boldsymbol{R}^2$ (あるいは $\boldsymbol{R}^n$) における積分——いわゆる 2 重積分 (あるいは n 重積分) 特有の問題を扱うことになる.

§4. Fubini の定理

f が閉区間 $[\langle a_1, b_1\rangle, \langle a_2, b_2\rangle]$ で連続な函数であるとき, 等式

$$\int_{b_1}^{b_2}\int_{a_1}^{a_2} f(x,y)dxdy = \int_{b_1}^{b_2}\left[\int_{a_1}^{a_2} f(x,y)dx\right]dy$$

$$= \int_{a_1}^{a_2}\left[\int_{b_1}^{b_2} f(x,y)dy\right]dx$$

の成りたつことはよく知られている．$\boldsymbol{R}^2$ におけるルベグ（2重）積分についても Fubini（フビニ）の定理とよばれる類似の定理がある．以下，すこし準備をしたうえで，段階的にこの定理を証明しよう．

この節では，便宜上，$\boldsymbol{R}^2=\boldsymbol{R}\times\boldsymbol{R}$ を $\boldsymbol{X}\times\boldsymbol{Y}$ で表わすことにする．$\boldsymbol{X}$ も $\boldsymbol{Y}$ も $\boldsymbol{R}$ であるにちがいないのだが，x 軸を $\boldsymbol{X}$，y 軸を $\boldsymbol{Y}$ で表わそうというつもりなのである．いいかえると，$\boldsymbol{R}^2$ の各点 $\langle x,y\rangle$ の第1座標 x 全部の集合を $\boldsymbol{X}$，第2座標 y の全部の集合を $\boldsymbol{Y}$ と書こうということになる．

つぎに，f が $\boldsymbol{X}\times\boldsymbol{Y}$ の点集合 A で積分可能な函数であるとき，

$$\langle x,y\rangle\notin A \ \text{ならば}\ f(x,y)=0$$

とおいて，f の定義域を全平面 $\boldsymbol{X}\times\boldsymbol{Y}$ までひろげると，明らかに

$$\iint_A f(x,y)dxdy=\iint_{\boldsymbol{X}\times\boldsymbol{Y}} f(x,y)dxdy.$$

よって，この節では，函数 f は $\boldsymbol{X}\times\boldsymbol{Y}$ で積分可能であると考えて，

$$(1)\quad \iint_{\boldsymbol{X}\times\boldsymbol{Y}} f(x,y)dxdy=\int_{\boldsymbol{Y}}\left[\int_{\boldsymbol{X}} f(x,y)dx\right]dy$$
$$=\int_{\boldsymbol{X}}\left[\int_{\boldsymbol{Y}} f(x,y)dy\right]dx$$

を証明することにする．

1） A が $\boldsymbol{X}\times\boldsymbol{Y}$ で可測集合であるとき，

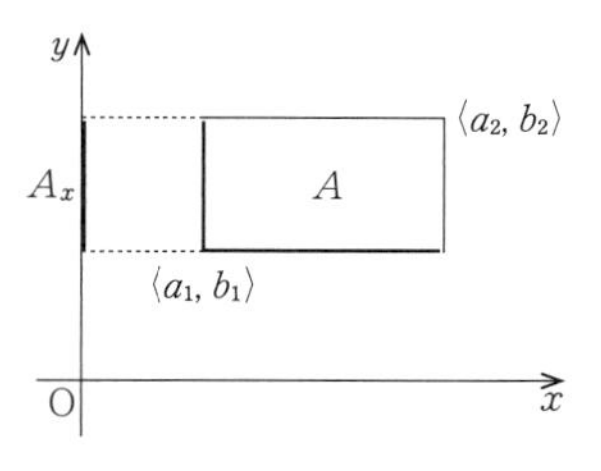

VII–4 図

$$A_x = \{y|\langle x, y\rangle \in A\}$$

は*，$\boldsymbol{X}$ 上のある零集合に属する x をのぞき，その他の x に対しては，$\boldsymbol{Y}$ 上の可測集合である．また $m(A_x)$ は $\boldsymbol{X}$ で可測な函数で

$$m_2(A) = \int_{\boldsymbol{X}} m(A_x)dx.$$

［証明］ i）　$A=[\langle a_1, b_1\rangle, \langle a_2, b_2\rangle)$ のとき：$a_1 \leqq x < a_2$ ならば A_x は $\boldsymbol{Y}$ 上の半開区間 $\{y|b_1 \leqq y < b_2\}$ だから，$m(A_x) = b_2 - b_1$ でそれ以外の x に対しては $m(A_x) = m(\varnothing) = 0$．よって，$m(A_x)$ は $\boldsymbol{X}$ 上の可測函数で，

$$\int_{\boldsymbol{X}} m(A_x)dx = \int_{a_1}^{a_2} (b_2 - b_1)dx = (a_2 - a_1)(b_2 - b_1)$$
$$= m_2(A).$$

ii）　A が開集合のとき：$A = \bigcup_{n=1}^{\infty} I_n$ で I_n は $\boldsymbol{X} \times \boldsymbol{Y}$ の半開区間，$i \neq j$ ならば $I_i \cap I_j = \varnothing$ であるとすると，$A_x =$

＊　$\langle x, y\rangle \in A$ なる $\langle x, y\rangle$ がなければ A_x は，もちろん，空集合である．

$\bigcup_{n=1}^{\infty}(I_n)_x$.

ここに，$(I_n)_x$ はいずれも $\boldsymbol{Y}$ 上の半開区間なのだから，A_x は $\boldsymbol{Y}$ 上の可測集合で，$m(A_x)=\sum_{n=1}^{\infty}m((I_n)_x)$. i) によれば，$m((I_n)_x)$ は $\boldsymbol{X}$ 上の可測函数だから，$m(A_x)$ も $\boldsymbol{X}$ 上の可測函数である．よって，i) と V，§6，1) により，

$$\int_X m(A_x)dx=\sum_{n=1}^{\infty}\int_X m((I_n)_x)dx=\sum_{n=1}^{\infty}m_2(I_n)=m_2(A).$$

iii) A が有界な G_δ 集合のとき：$A=\bigcap_{n=1}^{\infty}G_n$ で，G_1 は有界，$G_{n+1}\subseteq G_n(n=1,2,\cdots)$ であるとすれば $\lim_n m_2(G_n)=m_2(A)$. また，$(G_n)_x$ は $\boldsymbol{Y}$ 上の開集合で，$(G_1)_x$ は有界だから $m((G_1)_x)<+\infty$ で，$(G_{n+1})_x\subseteq(G_n)_x$ $(n=1,2,\cdots)$，$A_x=\bigcap_{n=1}^{\infty}(G_n)_x$，よって，$A_x$ は $\boldsymbol{Y}$ 上の可測集合で $\lim_n m((G_n)_x)=m(A_x)$. したがって，ii) により，$m(A_x)$ は $\boldsymbol{X}$ 上の可測函数だから，$m((G_n)_x)\leqq m((G_1)_x)$ に注意すると，Lebesgue の項別積分定理（V，§6，4）により

$$\int_X m(A_x)dx=\int_X \lim_n m((G_n)_x)dx=\lim_n\int_X m((G_n)_x)dx$$

$$=\lim_n m_2(G_n)=m_2(A).$$

iv) A が有界な零集合のとき：$A\subseteq A^*$, $m_2(A^*)=m_2(A)=0$, $A^*=\bigcap_{n=1}^{\infty}G_n$ なる A^*（A の等測包 III，§11）をとると，iii) により，$\int_X m(A_x{}^*)dx=m_2(A^*)=0$. ここに，$m(A_x{}^*)\geqq 0$ だから，$m(A_x{}^*)$ は $\boldsymbol{X}$ でほとんど至るところ 0 にひとしい（V，§2，5)）．よって，$m^*(A_x)\leqq m(A_x{}^*)$ により，$m(A_x)$ も $\boldsymbol{X}$ でほとんど至るところ 0 に

ひとしい．すなわち，$m(A_x)$ は $\boldsymbol{X}$ で可測な函数で

$$\int_{\boldsymbol{X}} m(A_x)dx = 0 = m_2(A).$$

v）A が有界なとき：$A^*=\bigcap_{n=1}^{\infty}G_n$ を A の等測包とし，$B=A^*-A$ とおけば，$m_2(B)=0$（III，§12，問1）．したがって，iv）により，$m(B_x)$ は $\boldsymbol{X}$ でほとんど至るところ0にひとしい．ゆえに，$\boldsymbol{X}$ 上の零集合 $N=\{x|m(B_x)\neq 0\}$ に属しない x に対しては，$A_x=(A^*)_x-B_x$ は $\boldsymbol{Y}$ 上の可測集合で，$m(A_x)=m((A^*)_x)$．したがって，iii）により，$m(A_x)$ は $\boldsymbol{X}$ 上の可測函数で

$$\int_{\boldsymbol{X}} m(A_x)dx = \int_{\boldsymbol{X}} m(A_x{}^*)dx = m_2(A^*) = m_2(A).$$

vi）一般の場合：$A_n=A\cap U(\langle 0,0\rangle\,;n)$ とおけば，A_n はそれぞれ有界な可測集合で，$A_n\subseteq A_{n+1}$ $(n=1,2,\cdots)$，$A=\bigcup_{n=1}^{\infty}A_n$，$m_2(A)=\lim_n m_2(A_n)$．しかるに，v）によれば，$\boldsymbol{X}$ 上のある零集合 N_n 以外の x に対し，$(A_n)_x$ は $\boldsymbol{Y}$ 上の可測集合で，$m((A_n)_x)$ は $\boldsymbol{X}$ 上の可測函数である．よって，$A_x=\bigcup_{n=1}^{\infty}(A_n)_x$ は零集合 $N=\bigcup_{n=1}^{\infty}N_n$ 以外の x に対しては $\boldsymbol{Y}$ 上の可測集合で，$m(A_x)=\lim_n m((A_n)_x)$ は $\boldsymbol{X}$ 上で可測函数である．したがって，

$$\int_{\boldsymbol{X}} m(A_x)dx = \lim_n \int_{\boldsymbol{X}} m((A_n)_x)dx = \lim_n m_2(A_n)$$
$$= m_2(A).$$

（証明終）

これから，《$\boldsymbol{X}$ でほとんど至るところ》という代わりに《ほとんどすべての x に対して》という言いかたを使うこ

とにする.《ほとんどすべての y に対して》というのは《$\boldsymbol{Y}$ でほとんど至るところ》という意味である.

2)（**Fubini の定理**） f が $\boldsymbol{X}\times\boldsymbol{Y}$ で積分可能ならば，ほとんどすべての x に対し

$$g(x)=\int_{Y}f(x,y)dy$$

が存在し，g は $\boldsymbol{X}$ で積分可能で

$$\iint_{X\times Y}f(x,y)dy=\int_{X}g(x)dx. \tag{2}$$

また，$f\geqq 0$ で，f が $\boldsymbol{X}\times\boldsymbol{Y}$ で可測な函数ならば，ほとんどすべての x に対し $g(x)$ が存在し，g は $\boldsymbol{X}$ で可測で等式 (2) が成立する.

［証明］ この定理の前半は f^{+}, f^{-} について証明すれば十分だから，最初から，$f\geqq 0$ であるとして後半を証明するだけにとどめる.

i) f が単函数のとき：$f=c_1\chi_{A_1}+c_2\chi_{A_2}+\cdots+c_k\chi_{A_k}$, $A=\bigcup_{i=1}^{k}A_i$ とすると，1) により，ほとんどすべての x に対し，$(A_i)_x$ は $\boldsymbol{Y}$ 上の可測集合である. また，

$$g_i(x)=\int_{Y}\chi_{A_i}(x,y)dy=m((A_i)_x)\quad(i=1,2,\cdots,k)$$

とおくと，g_i は $\boldsymbol{X}$ で可測な函数で

$$m_2(A_i)=\int_{X}g_i(x)dx\quad(i=1,2,\cdots,k).$$

よって，ほとんどすべての x に対し，$A_x=\bigcup_{i=1}^{k}(A_i)_x$ は $\boldsymbol{Y}$ 上の可測集合で

$$g(x) = \int_Y f(x, y)dy = \sum_{i=1}^{k} c_i \int_Y \chi_{A_i}(x, y)dy = \sum_{i=1}^{k} c_i g_i(x)$$

とおけば，g は $\boldsymbol{X}$ で可測な函数である．

$$\iint_{X\times Y} f(x, y)dxdy = \sum_{i=1}^{k} c_i \iint_{X\times Y} \chi_{A_i}(x, y)dxdy$$

$$= \sum_{i=1}^{k} c_i m_2(A_i) = \sum_{i=1}^{k} \int_X c_i g_i(x)dx$$

$$= \int_X \sum_{i=1}^{k} c_i g_i(x)dx = \int_X g(x)dx.$$

ii）一般の場合：$\{f_n\}_{n=1,2,\cdots}$ は可測な増加単函数列で $f = \lim_n f_n$ であるとする*．

i）により，ほとんどすべての x に対し

$$g_n(x) = \int_Y f_n(x, y)dy$$

で定められる函数 g_n は，$\boldsymbol{X}$ で可測な函数で

$$\iint_{X\times Y} f_n(x, y)dxdy = \int_X g_n(x)dx.$$

ここで，$n \to +\infty$ ならしめれば，V，§6，2）により

$$\iint_{X\times Y} f(x, y)dxdy = \iint_{X\times Y} \lim_n f_n(x, y)dxdy$$

$$= \lim_n \iint_{X\times Y} f_n(x, y)dxdy$$

---

* そういう函数列 $\{f_n\}$ のあることはIV，§5，2）と同様に証明できる．

$$= \lim_n \int_X g_n(x)dx.$$

しかるに，ほとんどすべての x に対し，$g_n(x) \leqq g_{n+1}(x)$ ($n=1, 2, \cdots$) で

$$\lim_n g_n(x) = \lim_n \int_Y f_n(x, y)dy = \int_Y \lim_n f_n(x, y)dy$$

$$= \int_Y f(x, y)dy = g(x)$$

だから，

$$\lim_n \int_X g_n(x)dx = \int_X \lim_n g_n(x)dx = \int_X g(x)dx.$$

すなわち，

$$\iint_{X \times Y} f(x, y)dxdy = \int_X g(x)dx = \int_X \left[\int_Y f(x, y)dy\right]dx.$$

これで，(1) の等式の一部分が証明されたわけである．他の部分，すなわち，次の 2′) の証明も同様である．

2′) f が $\boldsymbol{X} \times \boldsymbol{Y}$ で積分可能ならば，ほとんどすべての y に対し

$$h(y) = \int_X f(x, y)dx$$

が存在し，h は $\boldsymbol{Y}$ で積分可能で

$$\iint_{X \times Y} f(x, y)dxdy = \int_Y h(y)dy. \tag{3}$$

また，$f \geqq 0$ で f が $\boldsymbol{X} \times \boldsymbol{Y}$ で可測ならば，ほとんどすべての y に対し，h が存在し，h は $\boldsymbol{Y}$ で可測で (3) が成立す

る．

§5. 連続写像

さきに取り残しておいた C5) や L4) の証明に取りかかろう．そのためには，まず，$\boldsymbol{R}^2$ における点集合が合同であるとは何を意味するかを定義しなければならない．その定義の準備として，$\boldsymbol{R}^2$ から $\boldsymbol{R}^2$ の中への連続写像についての説明から話をはじめる．

f は $\boldsymbol{R}^2$ から $\boldsymbol{R}^2$ 自身の中への写像であるとする：

$$f : \boldsymbol{R}^2 \to \boldsymbol{R}^2$$

$\mathrm{P}_0 \in \boldsymbol{R}^2, \mathrm{P}_0' = f(\mathrm{P}_0)$ とし，P_0' のどの近傍 U' をとっても，かならず

(1) $$f(U) \subseteq U'$$

なる P_0 の近傍 U があるときには，写像 f は P_0 で**連続**であるといわれる．(1) は $U \subseteq f^{-1}(U')$ と同意義だから，いいかえると，$f^{-1}(U')$ が P_0 の近傍であるとき*，f は P_0 で連続であるといっても同じことになる．

$\mathrm{P} = \langle x, y\rangle$, $\mathrm{P}' = f(\mathrm{P}) = \langle x', y'\rangle$, $x' = g(x, y)$, $y' = h(x, y)$ とおくと，f が $\mathrm{P}_0 = \langle x_0, y_0\rangle$ で連続であるための必要十分条件は，2 変数の函数 g と h が $\langle x_0, y_0\rangle$ で連続であることである．

問 1. いまのべたことを確かめる．

f が $\boldsymbol{R}^2$ の各点 P で連続であるときは，f は ($\boldsymbol{R}^2$ から $\boldsymbol{R}^2$ の中への) **連続写像**であるという．

例 1. $x' = \rho x, y' = \sigma y$ (ρ, σ は定数) によって，点 $\mathrm{P} = \langle x, y\rangle$ に点 $\langle x', y'\rangle$ を対応させる写像は連続写像である．《平行移動》$x' = x + \alpha, y' = y + \beta$ (α, β は定数) についても同様である．

1) f が $\boldsymbol{R}^2$ から $\boldsymbol{R}^2$ の上への連続写像であるための必要十分条件は，$\boldsymbol{R}^2$ のどの開集合 G をとっても，$f^{-1}(G)$ が開集合である

---

* II, §8, 4).

ことである.

［証明］ i)（必要） $\mathrm{P}\in f^{-1}(G)$とすれば，$\mathrm{P}'=f(\mathrm{P})\in G$で$G$はP′の近傍だから，$f^{-1}(G)$はPの近傍である．$f^{-1}(G)$の各点についてそうなのだから，$f^{-1}(G)$は開集合である（II, §8, 問2）.

ii)（十分） Pを$\boldsymbol{R}^2$の任意の点，U'を$\mathrm{P}'=f(\mathrm{P})$の任意の近傍とすると，$\mathrm{P}'\in G\subseteq U'$なる開集合$G$があるはずである（II, §8).
$\mathrm{P}\in f^{-1}(G)\subseteq f^{-1}(U')$で$f^{-1}(G)$は開集合だから，$f^{-1}(U')$はPの近傍．したがって，Pで$f$は連続である.

注意 1. fが$\boldsymbol{R}^2$から$\boldsymbol{R}^2$の上への連続写像でも，開集合Gの像$f(G)$は開集合であるとはかぎらない（付録，§11).

fが$\boldsymbol{R}^2$から$\boldsymbol{R}^2$への全単射のとき，すなわち，$f(\boldsymbol{R}^2)=\boldsymbol{R}^2$で，$\mathrm{P}_1\neq\mathrm{P}_2$ならば$f(\mathrm{P}_1)\neq f(\mathrm{P}_2)$であるとき，$f$は$\boldsymbol{R}^2$の**変換**とよばれる．このとき，$f$の逆写像$f^{-1}$も$\boldsymbol{R}^2$の変換で，$f$の逆変換とよばれる．上の例1の写像は，いずれも$\boldsymbol{R}^2$の連続な変換である（ただし，$\rho\neq0, \sigma\neq0$）．しかも，この二つの変換の場合，逆変換も連続であることに注意する.

このように連続変換fの逆変換f^{-1}も連続なとき，fは**位相変換**とよばれる.

次に，**合同変換**というのは

$$\begin{aligned} x' &= \alpha+\cos\theta\cdot x-\sin\theta\cdot y \\ y' &= \beta+\sin\theta\cdot x+\cos\theta\cdot y \end{aligned} \qquad (\alpha, \beta, \theta \text{ は定数})$$

の形の変換のことである．$\alpha_1=\cos\theta, \alpha_2=-\sin\theta, \beta_1=\sin\theta, \beta_2=\cos\theta$とおくと，この変換は次のように書かれる.

$$(2) \qquad x' = \alpha+\alpha_1x+\alpha_2y, \quad y' = \beta+\beta_1x+\beta_2y.$$

ここに，

$$\alpha_1{}^2+\beta_1{}^2 = 1, \quad \alpha_2{}^2+\beta_2{}^2 = 1, \quad \alpha_1\alpha_2+\beta_1\beta_2 = 0.$$

合同変換（2）は連続で，その逆変換

$$x' = -(\alpha_1\alpha+\beta_1\beta)+\alpha_1x+\beta_1y, \quad y' = -(\alpha_2\alpha+\beta_2\beta)+\alpha_2x+\beta_2y$$

もやはり連続である．したがって，$(f^{-1})^{-1}=f$ に注意すれば，1）により，

2） f が $\boldsymbol{R}^2$ の合同変換ならば，開集合 G の像 $f(G)$ は開集合である．

なお，(2) の f の特別の場合として，

$$f_1 : x' = x+\alpha, \quad y' = y+\beta$$
$$f_2 : x' = \alpha_1 x+\alpha_2 y, \quad y' = \beta_1 x+\beta_2 y$$

なる二つの合同変換を考えると，f は《回転》f_2 と平行移動 f_1 とで合成された変換と考えることができる：

$$f = f_1 \circ f_2.$$

問 2. 合同変換によって 2 点間の距離は変わらないことを証明する．

§6. 合同な点集合と外測度

$A'=f(A)$ なる合同変換 f があるとき，A' は A と**合同**であるという．明らかに

i）A は A 自身と合同である．

ii）A' が A と合同ならば，A は A' に合同である．

iii）A が A' と合同，A' が A'' と合同ならば，A は A'' と合同である．

これから，C5）すなわち，

(★)　　A' が A と合同ならば $m_2{}^*(A') = m_2{}^*(A)$

を証明しようとする．これが証明されれば，L4）も同時に証明されたことになる．これは $\boldsymbol{R}$ の場合の L4）と同様である（III，§6，7）および III，§9）．

前節の終りでのべたとおり，一般の合同変換は特殊な合同変換である平行移動 f_1 と回転 f_2 とで合成される．したがって

(1)　　$m_2{}^*(f_i(A)) = m_2{}^*(A) \quad (i=1,2)$

を証明すれば，(★) が証明されたことになる．以下段階的に (1)

の証明をのべよう.

最初に, I が $\boldsymbol{R}^2$ のどんな半開正方形 (p. 228) でもいつでも

(2) $m_2{}^*(f_i(I)) \leqq |I|$, $m_2{}^*(f_i{}^{-1}(I)) \leqq |I|$ $(i=1,2)$

であることがわかると, (1) が証明されることに注意する. このことは, 次にのべる 1) において $\rho=1$ としてみれば, 明らかである. よって, これからは, もっぱら, (2) の証明にとりかかるわけである.

1) g が $\boldsymbol{R}^2$ の連続変換で, I が $\boldsymbol{R}^2$ のどの半開正方形でも

(3) $$m_2{}^*(g(I)) \leqq \rho\cdot|I| \quad (\rho>0)$$

ならば, $\boldsymbol{R}^2$ の任意の点集合 A に対し

(4) $$m_2{}^*(g(A)) \leqq \rho\cdot m_2{}^*(A).$$

そのうえ, さらに, 逆変換 g^{-1} も連続な変換で

(5) $$m_2{}^*(g^{-1}(I)) \leqq \rho^{-1}\cdot|I|$$

ならば, 任意の点集合 A に対し

$$m_2{}^*(g(A)) = \rho\cdot m_2{}^*(A).$$

[証明] $A\subseteq\bigcup_{n=1}^\infty I_n$ ならば $g(A)\subseteq\bigcup_{n=1}^\infty g(I_n)$ だから, (3) により,

$$m_2{}^*(g(A)) \leqq \sum_{n=1}^\infty m_2{}^*(g(I_n)) \leqq \rho\sum_{n=1}^\infty |I_n|.$$

よって (§2, 問 3),

(4′) $$m_2{}^*(g(A)) \leqq \rho\inf\left\{\sum_{n=1}^\infty |I_n| \,\middle|\, A\subseteq\bigcup_{n=1}^\infty I_n\right\} = \rho\cdot m_2{}^*(A).$$

g^{-1} が連続で (5) が成りたつときは, 同様にして, $m_2{}^*(g^{-1}(A)) \leqq\rho^{-1}\cdot m_2{}^*(A)$. ここで, A は任意の点集合なのだから, A の代わりに, $g(A)$ を入れてみると, $m_2{}^*(g^{-1}\circ g(A)) \leqq \rho^{-1}\cdot m_2{}^*(g(A))$. すなわち, $\rho\cdot m_2{}^*(A)\leqq m_2{}^*(g(A))$. これと (4′) とから $m_2{}^*(g(A))=\rho\cdot m_2{}^*(A)$ がでてくる.

2) h が $x'=\rho x, y'=\sigma y\,(\rho>0, \sigma>0)$ で定められる変換ならば

(6)　$$m_2{}^*(h(A)) = \rho\sigma m_2{}^*(A).$$

［証明］ h も h^{-1} も連続な変換である．$I=[\langle a_1, b_1\rangle, \langle a_2, b_2\rangle)$ とすると，$h(I)=[\langle \rho a_1, \sigma b_1\rangle, \langle \rho a_2, \sigma b_2\rangle)$ だから

$$m_2{}^*(h(I)) = (\rho a_2-\rho a_1)(\sigma b_2-\sigma b_1)$$
$$= \rho\sigma(a_2-a_1)(b_2-b_1) = \rho\sigma|I|.$$

同様にして，$m_2{}^*(h^{-1}(I))=(\rho\sigma)^{-1}|I|$ だから，1) により，(6) がえられる．

3) f_1 が平行移動

$$x' = x+\alpha,\quad y' = y+\beta$$

ならば

$$m_2{}^*(f_1(I)) = |I|,\quad m_2{}^*(f_1{}^{-1}(I)) = |I|.$$

［証明］ $I=[\langle a_1, b_1\rangle, \langle a_2, b_2\rangle)$ であるとすると，容易にわかるように，

$$f_1(I) = [\langle a_1+\alpha, b_1+\beta\rangle, \langle a_2+\alpha, b_2+\beta\rangle)$$

だから，

$$m_2{}^*(f_1(I)) = ((a_2+\alpha)-(a_1+\alpha))\cdot((b_2+\beta)-(b_1+\beta))$$
$$= (a_2-a_1)(b_2-b_1) = |I|.$$

また，$f_1{}^{-1}$ も平行移動だから，同様に $m_2{}^*(f_1{}^{-1}(I))=|I|$.

これで，1) により，平行移動は外測度に影響しないことが証明されたわけである．

4) f_2 が回転（§5）

$$x' = \alpha_1 x+\alpha_2 y,\quad y' = \beta_1 x+\beta_2 y$$

のとき，$I_0=[\langle 0, 0\rangle, \langle 1, 1\rangle)$ とおくと，I が $\boldsymbol{R}^2$ のどんな半開正方形（p. 228）でも

(7)　$$m_2{}^*(f_2(I)) = m_2{}^*(f_2(I_0))\cdot|I|.$$

［証明］ $I=[\langle a_1, b_1\rangle, \langle a_2, b_2\rangle)$ とし φ を平行移動

$$x' = x-a_1,\quad y' = y-b_1$$

とすると，$\varphi(I)=[\langle 0, 0\rangle, \langle a_2-a_1, b_2-b_1\rangle)$．よって，2) で $\rho=a_2-a_1, \sigma=b_2-b_1$ とすると，$\varphi(I)=h(I_0)$．なお，このとき $\rho=\sigma$ だ

から $f_2\circ h=h\circ f_2$ に注意する．

次に，ψ を平行移動

$$x' = x+\alpha_1 a_1+\alpha_2 b_1,\quad y' = y+\beta_1 a_1+\beta_2 b_1$$

とすれば，明らかに，$f_2=\psi\circ f_2\circ\varphi$ だから，$m_2{}^*(f_2(I))=m_2{}^*(\psi\circ f_2\circ\varphi(I))$．しかるに，平行移動は外測度に影響しないから，$m_2{}^*(\psi\circ f_2\circ\varphi(I))=m_2{}^*(f_2\circ\varphi(I))$．よって，$f_2\circ h=h\circ f_2$ に注意すれば

$$\begin{aligned} m_2{}^*(f_2(I)) &= m_2{}^*(f_2\circ\varphi(I)) = m_2{}^*(f_2\circ h(I_0)) \\ &= m_2{}^*(h\circ f_2(I_0)). \end{aligned}$$

ここで，(6) によれば，$m_2{}^*(h\circ f_2(I_0))=(a_2-a_1)(b_2-b_1)m_2{}^*(f_2(I_0))$．すなわち，(7) がえられたわけである．

5) I が $\boldsymbol{R}^2$ のどの半開正方形でも，$f_2(I)$ および $f_2{}^{-1}(I)$ は可測集合で

(8) $$m_2(f_2(I)) = |I|,\quad m_2(f_2{}^{-1}(I)) = |I|.$$

[証明] (7) において，$\rho=m_2{}^*(f_2(I_0))$ とおくと

(9) $$m_2{}^*(f_2(I)) = \rho\cdot|I|.$$

ここに，ρ は回転 f_2 で定まり，I がどの半開正方形であるかには関係のない定数である．以下，$\rho=1$ を証明しよう．

N が $\boldsymbol{R}^2$ の零集合ならば，(9) と 1) により，$m_2{}^*(f_2(N))\leqq\rho\cdot m_2{}^*(N)=0$．よって，$f_2(N)$ もまた零集合である．たとえば，$I-I^i$ は零集合だから (§2，例 1)，$f_2(I-I^i)$ も零集合なのである．しかるに，I^i は開集合だから $f_2(I^i)$ も開集合 (§5，2))．したがって，$f_2(I)=f_2(I^i\cup(I-I^i))=f_2(I^i)\cup f_2(I-I^i)$ は可測集合で，$m_2(f_2(I))=m_2(f_2(I^i))$ である．

いま，G を任意の開集合とし

$$G=\bigcup_{n=1}^{\infty} I_n \quad (p\neq q \text{ ならば } I_p\cap I_q=\emptyset,\ I_n \text{ は半開正方形})$$

とすれば，$f_2(G)=\bigcup_{n=1}^{\infty} f_2(I_n)$ において，$f_2(I_n)$ は可測なのだから，(9) により，

$$m_2(f_2(G)) = \sum_{n=1}^{\infty} m_2(f_2(I_n)) = \rho \sum_{n=1}^{\infty} |I_n|.$$

すなわち，

(10) $$m_2(f_2(G)) = \rho \cdot m_2(G).$$

ここで，とくに，$G=U(\langle 0,0\rangle\,;1)$ とおくと，回転は距離を変えないのだから（§5，問 2），$f_2(G)=G$ である．よって，$m_2(f_2(G))=m_2(G)$．したがって，(10) は $m_2(G)=\rho\cdot m_2(G)$ となり，$m_2(G)\neq 0$ だから，どうしても，$\rho=1$ でなければならない．よって，$m_2(f_2(I))=m_2(f_2(I^i))=m_2(I^i)=|I|$．すなわち，(8) の前半が証明されたのである．

f_2 が回転ならば，f_2^{-1} も回転だから，上とまったく同様にして，(8) の後半の部分が証明される．

これで，(2) が $i=1, i=2$ の場合に証明されたことになり，したがって (1) がえられ，結局（★）の証明が完結したわけである．

§7. 縦線集合と積分

§4 と同じように，$\boldsymbol{R}^2=\boldsymbol{X}\times\boldsymbol{Y}$ と書くことにし，f は $\boldsymbol{X}$ の点集合 A で定義された正値函数とする．

$$\underline{\Omega}(f\,;A) = \{\langle x,y\rangle \mid x\in A, 0\leqq y<f(x)\},$$
$$\overline{\Omega}(f\,;A) = \{\langle x,y\rangle \mid x\in A, 0\leqq y\leqq f(x)\}$$

とおいて

$$\underline{\Omega}(f\,;A) \subseteq E \subseteq \overline{\Omega}(f\,;A)$$

なる任意の点集合 E を f の**縦線集合**とよび，これを $\Omega(f\,;A)$ で表わすことにする．

とくに，A が $\boldsymbol{X}$ の可測集合で f が A で可測な函数であるときは，$\Omega(f\,;A)$ は $\boldsymbol{X}\times\boldsymbol{Y}$ の可測集合で

(1) $$m_2(\Omega(f\,;A)) = \int_A f(x)dx$$

であることを示すのがこの節の目的である．

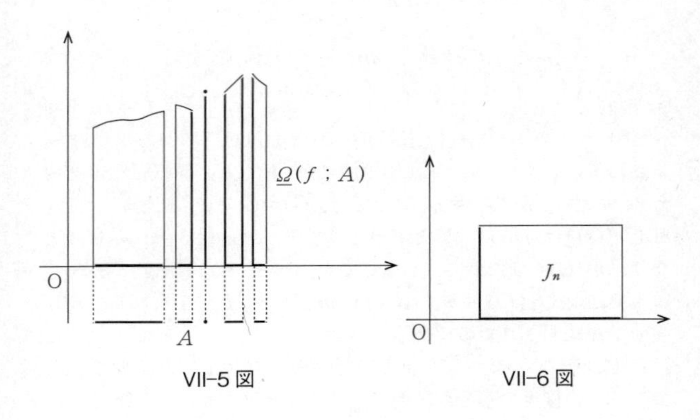

VII-5 図　　VII-6 図

1)　c が正の定数で，$A \subseteq \boldsymbol{X}$ ならば

(2)
$$m_2{}^*(\underline{\Omega}(c\chi_A\,;A)) \leqq c\cdot m^*(A).$$

［証明］　$A \subseteq \bigcup_{n=1}^{\infty} I_n$（各 I_n は $\boldsymbol{X}$ 上の半開区間）とし，$J_n = \underline{\Omega}(c\chi_{I_n}\,;I_n)$ とおくと，J_n は $\boldsymbol{X}\times\boldsymbol{Y}$ における半開区間で，$|J_n| = c\cdot|I_n|$, $\underline{\Omega}(c\chi_A\,;A) \subseteq \bigcup_{n=1}^{\infty} J_n$ だから，

$$m_2{}^*(\underline{\Omega}(c\chi_A\,;A)) \leqq \sum_{n=1}^{\infty}|J_n| = c\sum_{n=1}^{\infty}|I_n|.$$

よって，

$$m_2{}^*(\underline{\Omega}(c\chi_A\,;A)) \leqq c\inf\left\{\sum_{n=1}^{\infty}|I_n| \,\middle|\, A \subseteq \bigcup_{n=1}^{\infty} I_n\right\} = c\cdot m^*(A).$$

2)　c が正の定数で，A が $\boldsymbol{X}$ の可測集合ならば $\underline{\Omega}(c\chi_A\,;A)$ は $\boldsymbol{X}\times\boldsymbol{Y}$ の可測集合で

(3)
$$m_2(\underline{\Omega}(c\chi_A\,;A)) = c\cdot m(A) = \int_A c\chi_A(x)dx.$$

［証明］　i)　A が有界のとき：$A \subseteq I, B = I - A$ とすると B も $\boldsymbol{X}$ の可測集合で，(2) により

(4) $$m_2^*(\underline{\Omega}(c\chi_A\,;\,A)) \leqq c\cdot m(A),$$
$$m_2^*(\underline{\Omega}(c\chi_B\,;\,B)) \leqq c\cdot m(B).$$

さらに，$J=\underline{\Omega}(c\chi_I\,;\,I)$ とおくと，J は $\boldsymbol{X}\times\boldsymbol{Y}$ の半開区間で $m_2(J)=c\cdot m(I)$．また，$J=\underline{\Omega}(c\chi_A\,;\,A)\cup\underline{\Omega}(c\chi_B\,;\,B)$ だから

(5) $$m_2(J) \leqq m_2^*(\underline{\Omega}(c\chi_A\,;\,A))+m_2^*(\underline{\Omega}(c\chi_B\,;\,B)).$$

しかるに，A, B は $\boldsymbol{X}$ で可測だから $m(I)=m(A)+m(B)$．すなわち，$c\cdot m(I)=c\cdot m(A)+c\cdot m(B)$．よって，(4) により，

$$c\cdot m(I) = m_2(J) \geqq m_2^*(\underline{\Omega}(c\chi_A\,;\,A))+m_2^*(\underline{\Omega}(c\chi_B\,;\,B)).$$

この不等式と (5) とから

$$m_2(J) = m_2^*(\underline{\Omega}(c\chi_A\,;\,A))+m_2^*(\underline{\Omega}(c\chi_B\,;\,B)).$$

この等式において，$\underline{\Omega}(c\chi_B\,;\,B)=J-\underline{\Omega}(c\chi_A\,;\,A)$ なのだから，III, §12, 問3によれば，$\underline{\Omega}(c\chi_A\,;\,A)$ は $\boldsymbol{X}\times\boldsymbol{Y}$ で可測な集合である．しかもその上，$m_2^*(\underline{\Omega}(c\chi_A\,;\,A)) + m_2^*(\underline{\Omega}(c\chi_B\,;\,B)) = m_2(J)=c\cdot m(I)=c\cdot m(A)+c\cdot m(B)$ なのだから，(4) の不等式は，じつは，等式でなければならない．すなわち，(3) が証明されたわけである．

ii) 一般の場合：$A_n=A\cap[-n, n]$ とおくと，A_n は有界な可測集合だから，i) により，$\underline{\Omega}(c\chi_{A_n}\,;\,A_n)$ は $\boldsymbol{X}\times\boldsymbol{Y}$ で可測で

$$m_2(\underline{\Omega}(c\chi_{A_n}\,;\,A_n)) = c\cdot m(A_n).$$

しかるに，

$$A_n \subseteqq A_{n+1},\quad \underline{\Omega}(c\chi_{A_n}\,;\,A_n) \subseteqq \underline{\Omega}(c\chi_{A_{n+1}}\,;\,A_{n+1}) \quad (n=1, 2, \cdots),$$
$$A = \bigcup_{n=1}^{\infty} A_n,\quad \underline{\Omega}(c\chi_A\,;\,A) = \bigcup_{n=1}^{\infty}\underline{\Omega}(c\chi_{A_n}\,;\,A_n)$$

だから，$\underline{\Omega}(c\chi_A\,;\,A)$ は可測で

$$m_2(\underline{\Omega}(c\chi_A\,;\,A)) = \lim_n m_2(\underline{\Omega}(c\chi_{A_n}\,;\,A_n))$$
$$= c\lim_n m(A_n) = c\cdot m(A).$$

3) f が A で可測な正値単函数ならば，$\underline{\Omega}(f\,;\,A)$ は可測で

$$m_2(\underline{\Omega}(f\,;\,A)) = \int_A f(x)dx.$$

［証明］ $f=c_1\chi_{A_1}+c_2\chi_{A_2}+\cdots+c_k\chi_{A_k}$, $A=A_1\cup A_2\cup\cdots\cup A_k$（直和）とすると，

$$\underline{\Omega}(f\,;A)=\underline{\Omega}(c_1\chi_{A_1}\,;A_1)\cup\underline{\Omega}(c_2\chi_{A_2}\,;A_2)\cup\cdots$$
$$\cdots\cup\underline{\Omega}(c_k\chi_{A_k}\,;A_k)\quad（直和）$$

は 2）により可測で

$$\begin{aligned}m_2(\underline{\Omega}(f\,;A))&=m_2(\underline{\Omega}(c_1\chi_{A_1}\,;A_1))+\cdots+m_2(\underline{\Omega}(c_k\chi_{A_k}\,;A_k))\\&=c_1m(A_1)+c_2m(A_2)+\cdots+c_km(A_k)\\&=\int_A f(x)dx.\end{aligned}$$

4） f が A で可測な正値函数ならば，$\underline{\Omega}(f\,;A)$ は可測で

$$m_2(\underline{\Omega}(f\,;A))=\int_A f(x)dx.$$

［証明］ $\{f_n\}_{n=1,2,\cdots}$ を $0\leqq f_n\leqq f_{n+1}$ $(n=1,2,\cdots)$ で $\lim_n f_n=f$ なる A で可測な単函数列とすると

$$\underline{\Omega}(f_n\,;A)\subseteq\underline{\Omega}(f_{n+1}\,;A),\quad \underline{\Omega}(f\,;A)=\bigcup_{n=1}^{\infty}\underline{\Omega}(f_n\,;A)$$

だから，$\underline{\Omega}(f\,;A)$ は可測で，3）により

$$\begin{aligned}m_2(\underline{\Omega}(f\,;A))&=\lim_n m_2(\underline{\Omega}(f_n\,;A))=\lim_n\int_A f_n(x)dx\\&=\int_A f(x)dx.\end{aligned}$$

5） f が A で可測な正値函数ならば，どの縦線集合 $\Omega(f\,;A)$ も可測で

$$m_2(\Omega(f\,;A))=m_2(\underline{\Omega}(f\,;A)).$$

［証明］ $m_2(\Omega(f\,;A))<+\infty$ の場合だけ証明しておく，一般の場合の証明は 2）の証明 ii）と同様である．

$0<\rho<1$ ならば

$$\overline{\Omega}(\rho f\,;A)\subseteq\underline{\Omega}(f\,;A)\subseteq\Omega(f\,;A)\subseteq\overline{\Omega}(f\,;A).$$

いま，$x'=x, y'=\rho y$ なる変換を h で表わすと

$$\overline{\Omega}(\rho f\,;A)=\{\langle x,y\rangle\,|\,x\in A, 0\leqq y\leqq \rho f(x)\}$$

だから,

$$\overline{\Omega}(\rho f\,;A)=h(\overline{\Omega}(f\,;A)).$$

よって, §6, 2) により, $m_2{}^*(\overline{\Omega}(\rho f\,;A))=\rho\cdot m_2{}^*(\overline{\Omega}(f\,;A))$, すなわち,

$$\rho\cdot m_2{}^*(\overline{\Omega}(f\,;A))\leqq m_2(\underline{\Omega}(f\,;A))\leqq m_2{}^*(\Omega(f\,;A))$$
$$\leqq m_2{}^*(\overline{\Omega}(f\,;A)).$$

ここで, $\rho\to 1$ ならしめると, $\rho\cdot m_2{}^*(\overline{\Omega}(f\,;A))\to m_2{}^*(\overline{\Omega}(f\,;A))$ だから,

$$m_2(\underline{\Omega}(f\,;A))=m_2{}^*(\Omega(f\,;A))=m_2{}^*(\overline{\Omega}(f\,;A)).$$

したがって, III, §12, 問1により, どの $\Omega(f\,;A)$ も可測でなければならない.

注意 1. A が可測なとき, $f\geqq 0$ で $\Omega(f\,;A)$ が可測ならば f が A で可測な函数であることも知られている*. よって, 縦線集合をもとにして積分を定義しても, われわれの定義と一致するわけである.

これで (1) の証明が完結し, 序説 (I章) でのべたように, 定積分と縦線集合とが結びつけられたわけである.

---

* 小松勇作, ルベック積分 (共立全書).

VIII. 測度空間

この章は，いわば，いままでこの本でのべてきたことの総まとめである．総まとめをする前に，まず，III, IV, V，VII 章で説明したルベグ積分と多少毛色のちがったところのあるルベグ・スティルチェス積分の話をしておく．こうした実例を積み重ねた上で，それから，いわば，帰納的に抽象してえられる測度空間ならびにそういう抽象的な測度空間における積分について説明する方針である．

§1. ルベグ・スティルチェス測度

IV 章（可測函数），V 章（ルベグ積分）をよみ返してみると，測度についての条件

L1） $0 \leqq m(A) \leqq +\infty$, $m(\varnothing)=0$.

L2） $A_1, A_2, \cdots, A_n, \cdots$が交わらない点集合列ならば

$$m\left(\bigcup_{n=1}^{\infty} A_n\right) = \sum_{n=1}^{\infty} m(A_n).$$

L3） $m([a, b))=b-a$.

L4） B が可測集合 A と合同ならば $m(B)=m(A)$.

のうちで，L3)，L4）はいったん III 章（ルベグ測度）で証明されてしまうと，V, §1, 問 1；V, §5, 問 7；V, §8 および VI 章以外では，どこにも利用されていない．V, §8 はリーマン積分とルベグ積分との関係を扱った節であるし，VI 章は微分法と積分法との関係を論じた章で V, §1,

問1；V, §5, 問7はV, §9およびVI, §5で使われているだけである．

また，VII章（多変数の函数の積分）では，上記L1)，L2)，L4）においてmをm_2でおきかえ，L3）を

$$m_2([\langle a_1, b_1\rangle, \langle a_2, b_2\rangle)) = (a_2-a_1)(b_2-b_1)$$

としたものが，$\boldsymbol{R}^2=\boldsymbol{X}\times\boldsymbol{Y}$における測度についての条件になるが，この場合にも，L3)，L4）は最後の2節§6（合同な点集合と外測度)，§7（縦線集合と積分）で利用されるにとどまり，あとはどこにも登場していないのである．

こうしてみると，L3)，L4）は測度に対して当然要求されるべき条件ではありながら，積分を定義し，その積分についての重要な諸定理を導くのには，かならずしも，必要でないということになる．いいかえると，L1)，L2）の2条件だけをみたすような測度が与えられれば，いままで考えてきたルベグ積分と類似の《積分》を考えることができようというものである．

以下，一例として，ルベグ・スティルチェス測度なるものについてのべることにする．

$\boldsymbol{R}$を定義域とする左連続で有限な増加函数gが与えられているとする：

$$x_1 < x_2 \text{ ならば } -\infty < g(x_1) \leqq g(x_2) < +\infty,$$

$$\lim_{h\to-0} g(x+h) = g(x-0) = g(x).$$

このgを使って，条件

LS1)　$0\leqq m_g(A)\leqq+\infty,\ m_g(\varnothing)=0.$

LS2） $A_1, A_2, \cdots, A_n, \cdots$ が交わらない $\boldsymbol{R}$ の点集合列ならば

$$m_g\left(\bigcup_{n=1}^{\infty} A_n\right) = \sum_{n=1}^{\infty} m_g(A_n)$$

をみたし，さらに

LS3） $m_g([a, b)) = g(b) - g(a)$

であるような**《ルベグ・スティルチェス（Lebesgue-Stieltjes）測度》**略称して**LS 測度** m_g なるものを定義しようと試みる．$g(x) = x$ とすると，これはまさにわれわれのすでに知っているルベグ測度だから，ルベグ測度は LS 測度の特別な場合と考えることができる．

ルベグ測度のときもそうであったが（III, §1），条件 LS1），LS2），LS3）をみたすような m_g を $\boldsymbol{R}$ のすべての点集合に対して定義するわけにはいかない．ここでも，III, §2 にならって，まず，函数 g による LS 外測度――略称して g 外測度――を定義する：すなわち，

CS1） $0 \leqq m_g{}^*(A) \leqq +\infty$, $m_g{}^*(\varnothing) = 0$.

CS2） $A \subseteq B$ ならば $m_g{}^*(A) \leqq m_g{}^*(B)$.

CS3） $m_g{}^*\left(\bigcup_{n=1}^{\infty} A_n\right) \leqq \sum_{n=1}^{\infty} m_g{}^*(A_n)$.

CS4） $m_g{}^*([a, b)) = g(b) - g(a)$

なる 4 条件をみたすような集合函数（V, §7）$m_g{}^*$ を定義しようというのである．

$m_g{}^*$ の定義のしかたは III, §5 と同じ道をたどる．まず，

$$|[a, b)|_g = g(b) - g(a)$$

とおくことにし,

$$m_g^*(A) = \inf\left\{ \sum_{n=1}^{\infty} |I_n|_g \,\middle|\, A \subseteq \bigcup_{n=1}^{\infty} I_n \right\}$$

によって, m_g^* を $\boldsymbol{R}$ のすべての点集合 A に対して定義する.

こうして定義した m_g^* が条件 CS1), CS2), CS3) をみたすことの証明は III, §5 におけると同様に行なわれる. もっとも, CS1) の $m_g^*(\varnothing)=0$ の証明は多少の説明を必要とする.

VI, §5, 3) により, g の不連続点の集合は可付番集合だから, 可付番集合でない $\boldsymbol{R}$ には g の連続な点がいくらでもあるわけである. よって, a では g が連続であるように, a をえらび, δ を任意の正数とすれば, $\varnothing \subseteq [a, a+\delta)$. しかるに, ε がどんな正数でも, g が a で連続である以上, 正数 δ を十分小さくとると, $0 \leqq g(a+\delta) - g(a) < \varepsilon$, すなわち, $m_g^*(\varnothing) \leqq g(a+\delta) - g(a) < \varepsilon$. したがって, $m_g^*(\varnothing)=0$ というわけである.

CS4) は III, §5 の C4) に相当するものであるが, C4) の証明では

$$\text{III, §4, 4)}: [a, b) \subseteq \bigcup_{n=1}^{\infty} I_n \text{ ならば } |[a, b)| \leqq \sum_{n=1}^{\infty} |I_n|$$

が主役をつとめている. CS4) の場合には, これに代わるものとして, 次の定理があれば C4) とまったく同様にして証明できる.

$$[a, b) \subseteq \bigcup_{n=1}^{\infty} I_n \text{ ならば } |[a, b)|_g \leqq \sum_{n=1}^{\infty} |I_n|_g.$$

このことの証明は節を改めて行なうことにする.

§2. $|I|_g$ についての定理

前節の終りにのべた定理の証明にとりかかる. 証明の順序はIII, §4のときと同様である.

1) $I \subseteq \bigcup_{i=1}^{n} I_i$ ならば

(1) $$|I|_g \leqq \sum_{i=1}^{n} |I_i|_g.$$

[証明] $I=[a, b)$, $I_i=[a_i, b_i)\,(i=1, 2, \cdots, n)$ とする.

s は

$$s > \max\{|I|, |I_1|, |I_2|, \cdots, |I_n|\}$$

なる自然数, r は

(2) $$\frac{r}{s} \in I,\ \text{すなわち},\ a \leqq \frac{r}{s} < b$$

なる整数であるとし, そういう $\frac{r}{s}$ について $g\left(\frac{r}{s}\right)-g\left(\frac{r-1}{s}\right)$ の和を N で表わす:

$$N = \sum_{a \leqq \frac{r}{s} < b} \left[g\left(\frac{r}{s}\right)-g\left(\frac{r-1}{s}\right) \right].$$

同様に,

$$N_i = \sum_{a_i \leqq \frac{r}{s} < b_i} \left[g\left(\frac{r}{s}\right)-g\left(\frac{r-1}{s}\right) \right]$$

とおくと, 明らかに

(3) $$N \leqq N_1+N_2+\cdots+N_n.$$

いま, $\frac{p-1}{s} < a \leqq \frac{p}{s}$, $\frac{q}{s} < b \leqq \frac{q+1}{s}$ とすると, $N=g\left(\frac{q}{s}\right)-g\left(\frac{p-1}{s}\right)$ だから

(4) $$g\left(b-\frac{1}{s}\right)-g(a) \leqq N \leqq g(b)-g\left(a-\frac{1}{s}\right).$$

同様にして

(5) $$g\left(b_i-\frac{1}{s}\right)-g(a_i) \leqq N_i \leqq g(b_i)-g\left(a_i-\frac{1}{s}\right).$$

よって，(3) により

$$g\left(b-\frac{1}{s}\right)-g(a) \leqq \sum_{i=1}^{n}\left[g(b_i)-g\left(a_i-\frac{1}{s}\right)\right].$$

ここで，$s\to+\infty$ ならしめれば

$$g(b)-g(a) \leqq \sum_{i=1}^{n}[g(b_i)-g(a_i)].$$

2) $\bigcup_{i=1}^{n} I_i$ が直和で，$\bigcup_{i=1}^{n} I_i \subseteq I$ ならば

$$\sum_{i=1}^{n}|I_i|_g \leqq |I|_g.$$

［証明］ こんどは，$N_1+N_2+\cdots+N_n \leqq N$ だから，(4)，(5) により

$$\sum_{i=1}^{n}\left[g\left(b_i-\frac{1}{s}\right)-g(a_i)\right] \leqq g(b)-g\left(a-\frac{1}{s}\right).$$

ここで，$s\to+\infty$ ならしめると，

$$\sum_{i=1}^{n}[g(b_i)-g(a_i)] \leqq g(b)-g(a).$$

3) $I=\bigcup_{i=1}^{n} I_i$ で右辺が直和ならば

$$|I|_g = \sum_{i=1}^{n}|I_i|_g.$$

［証明］ $I \subseteq \bigcup_{i=1}^{n} I_i$ だから，1) により，$|I|_g \leqq \sum_{i=1}^{n}|I_i|_g$．$\bigcup_{i=1}^{n} I_i \subseteq I$ だから，2) により，$|I|_g \geqq \sum_{i=1}^{n}|I_i|_g$．

4) $I \subseteq \bigcup_{n=1}^{\infty} I_n$ ならば

$$|I|_g \leqq \sum_{n=1}^{\infty}|I_n|_g.$$

［証明］ $\sum_{n=1}^{\infty}|I_n|_g<+\infty$ のときだけ証明すれば十分である．$I=[a,b), I_n=[a_n,b_n)$ とすると，g は左連続なのだから，ε がどんな正数でも，正数 η, η_n を十分小さくとって，

$$J=[a,b-\eta),\quad J^a=[a,b-\eta],\quad J_n=[a_n-\eta_n,b_n),$$
$$J_n{}^i=(a_n-\eta_n,b_n)$$

とおくと，

$$0\leqq|I|_g-|J|_g=[g(b)-g(a)]-[g(b-\eta)-g(a)]$$
$$=g(b)-g(b-\eta)<\varepsilon/2$$
$$0\leqq|J_n|_g-|I_n|_g=[g(b_n)-g(a_n-\eta_n)]-[g(b_n)-g(a_n)]$$
$$=g(a_n)-g(a_n-\eta_n)<\frac{\varepsilon}{2^{n+1}}$$

ならしめることができる．

$$J^a\subseteq\bigcup_{n=1}^{\infty}J_n{}^i$$

なのだから，あとは，III，§4，4）の証明と同様 Borel-Lebesgue の被覆定理を使って，求める不等式 $|I|_g\leqq\sum_{n=1}^{\infty}|I_n|_g$ がえられる．

なお，

5） $I_1, I_2, \cdots, I_n, \cdots$ が交わらない半開区間の列で $I=\bigcup_{n=1}^{\infty}I_n$ ならば

$$|I|_g=\sum_{n=1}^{\infty}|I_n|_g$$

であることも，III，§4，問1と同様にして証明される．

これで，4）がえられたので，残されていたCS4）の証明もでき上がったわけである．

§3. g 可測集合と g 測度

g 外測度が定義されたので，III，§6 にならって g 可測集合なるものを考える．

A が $\boldsymbol{R}$ のある定まった点集合のとき，$\boldsymbol{R}$ のどの点集合 X をとっても

$$m_g{}^*(X) = m_g{}^*(X \cap A) + m_g{}^*(X \cap A^c)$$

であるとき，A は g 可測集合であるという．このように定義すると，III, §6 の定理 1）から 6）までは，《可測》ということばを《g 可測》ということばでおきかえると，そのまま成立する．各定理の証明法もそのままである．ただし，III, §6, 7）は，かならずしも，成りたたない．

また，$\boldsymbol{R}$ や $\emptyset$ が g 可測であることも，III, §6, 例 1, 2 と同様であり，さらに，半開区間，したがって開集合，閉集合が g 可測であることも，§2, 3）を使って，III, §7 と同様に証明できる．

よって，g 可測な集合全部を集めた集合族を $\mathfrak{S}$ で表わすと，$\mathfrak{S}$ は加法的集合族（III, §8）であることがわかる：

M1） $\emptyset \in \mathfrak{S}$.

M2） $A \in \mathfrak{S}$ ならば $A^c \in \mathfrak{S}$.

M3） $A_n \in \mathfrak{S}$ $(n=1, 2, \cdots)$ ならば $\bigcup_{n=1}^{\infty} A_n \in \mathfrak{S}$.

さらに，$\mathfrak{S}$ は，III, §8 の $\mathfrak{L}$ と同様，条件

M4） G が開集合ならば $G \in \mathfrak{S}$

をもみたしているわけである．

g 可測集合とはどんなものかがわかったので，こんどは，函数 g による LS 測度——略称して g 測度を次のように定義する：

A が g 可測ならば

$$m_g(A) = m_g{}^*(A)$$

とおいて，$m_g(A)$ を A の g 測度と名づける．この定義による g 測度 m_g が§2の条件LS1)，LS2)，LS3) をみたしていることはIII，§9と同様にして証明される．また，III，§10でのべた定理1)，2)，3)，4) も m を m_g でおきかえると，そのまま成立するし，III，§11（等測包）の定理1)，2)，3) についても同様である．また，$m_g{}^*(A)=0$ のとき A を g 零集合とよぶことにすれば，III，§12でのべた諸定理も《零集合》を《g 零集合》でおきかえると，そのままあてはまる．

ただ，注意すべきは1点から成る集合 $\{a\}$ は，かならずしも，g 零集合ではないことである．

a で g が右不連続なとき，すなわち，$g(a+0)-g(a)>0$ の場合を考えてみよう．$\{a\}\subseteq\bigcup_{n=1}^{\infty}I_n$ ならば，a は I_n のうちのどれかの元でなければならないから，いま $a\in I_k=[a_k, b_k)$ であるとすると，$a_k\leqq a<b_k$ である以上 $|I_k|_g=g(b_k)-g(a_k)\geqq g(a+0)-g(a)>0$．したがって，

$$m_g{}^*(\{a\}) = \inf\left\{\sum_{n=1}^{\infty}|I_n|_g \,\middle|\, \{a\}\subseteq\bigcup_{n=1}^{\infty}I_n\right\} \geqq g(a+0)-g(a).$$

また，$h>0$ なら，$\{a\}\subseteq[a, a+h)$ だから $m_g{}^*(\{a\})\leqq g(a+h)-g(a)$．よって，$h\to+0$ ならしめれば，$m_g{}^*(\{a\})\leqq g(a+0)-g(a)$．すなわち，$m_g{}^*(\{a\})=g(a+0)-g(a)>0$．なお，$\{a\}=\bigcap_{n=1}^{\infty}\left[a, a+\dfrac{1}{n}\right)$ だから $\{a\}$ は g 可測であって，じつは，$m_g(\{a\})=g(a+0)-g(a)>0$ なのである．

さらに，g 可測集合族とIII，§6で定義した可測集合族

とは，かならずしも，一致しないことに注意する．そればかりではない．g 以外の左連続増加函数 h をとって，g のときと同様にして，h 可測集合族を定めると，これと g 可測集合族とが一致するともかぎらないのである．

このように，g 可測集合族は g が，どの左連続増加函数であるかによって一定しない．しかし，g がどの左連続増加函数でも，$\mathfrak{S}$ は条件 M1)，M2)，M3)，M4) をみたしているのだから，ボレル集合族 $\mathfrak{B}$ (III, §8) ——この 4 条件をみたす《最小の》加法的集合族——の元はどれも g 可測である．いいかえると，ボレル集合は，どの g に対しても，いつでも g 可測なのである．

こんなしだいで，これからいわゆるルベグ・スティルチェス積分を論ずるにあたっては，主として，ボレル集合における積分を考えることにする．ただし，話をボレル集合にかぎると，$m_g^*(N)=0$ でも N はボレル集合であるとはかぎらないという不便さのあることを，ここで，注意しておく．ルベグ測度の場合——$g(x)\equiv x$ の場合——でも，すでにそうなのである（付録，§7）．

例 1. g が $[a, b]$ で絶対連続な函数（VI, §8）であるとき，

$$x<a \text{ ならば } g(x)=g(a),\quad x>b \text{ ならば } g(x)=g(b)$$

とおいて，g の定義域を $\boldsymbol{R}$ にまで広げると，g は $\boldsymbol{R}$ での増加函数になる．この g についての g 測度 m_g の場合には次の (1) が成立する：

$$(1) \qquad m(N)=0 \text{ ならば } m_g^*(N)=0.$$

証明は次のとおりである．

$(-\infty, a), (b, +\infty)$ で g の値はそれぞれ定数だから $m_g(N\cap$

$(-\infty, a))=0$, $m_g(N\cap(b,+\infty))=0$. したがって, $N\subseteq[a,b]$ の場合だけを考えれば十分である. III, §11, 注意1により

$$N \subseteq N^*,\quad N^*\in\mathfrak{B},\quad m(N^*)=m(N)=0,$$
$$N \subseteq N_g{}^*,\quad N_g{}^*\in\mathfrak{B},\quad m_g(N_g{}^*)=m_g{}^*(N)$$

なる $N^*, N_g{}^*$ をとって, $\overline{N}=N^*\cap N_g{}^*$ とおくと, $\overline{N}\in\mathfrak{B}$ だから

$$\overline{N}\subseteq\mathfrak{L},\quad \overline{N}\subseteq\mathfrak{S},\quad N\subseteq\overline{N},\quad m(\overline{N})=m(N)=0,$$
$$m_g(\overline{N})=m_g{}^*(N).$$

ここで, $m(\overline{N})=0$, $m_g{}^*(\overline{N})\leqq g(b)-g(a)$ に注意すると, III, §11, 3) により

$$0=m(\overline{N})=\sup\{m(F)\,|\,F\subseteq\overline{N}\}. \tag{2}$$
$$m_g(\overline{N})=\sup\{m_g(F)\,|\,F\subseteq\overline{N}\}. \tag{3}$$

ここに, (2), (3) のどの F をとっても $F\subseteq[a,b]$ で F は有界閉集合だから, III, §9, 問1により, δ がどんな正数でも

$$F\subseteq\bigcup_{p=1}^{k} I_p,\quad \sum_{p=1}^{k}|I_p|<m(F)+\delta\leqq m(\overline{N})+\delta=\delta \tag{4}$$

なる有限個の交わらない半開区間 $I_p=[a_p,b_p)$ $(p=1,2,\cdots,k)$ があるはずである.

よって, 絶対連続函数の定義により, 任意の正数 ε が与えられたとき, (4) の δ を十分小さくとっておけば,

$$m_g(F)\leqq\sum_{p=1}^{k}|I_p|_g=\sum_{p=1}^{k}(g(b_p)-g(a_p))<\varepsilon.$$

したがって, (3) に登場するどの F をとっても, $m_g(F)=0$. すなわち, (3) により

$$m_g{}^*(N)=m_g(\overline{N})=0.$$

§4. ルベグ・スティルチェス積分

前節までで準備ができたので, §1で予告したルベグ・スティルチェス積分の定義にとりかかろう.

まず, ボレル集合をこれからはB可測集合とよぶことに

する．

つぎにfがB可測集合Aで定義された函数で，cがどの実数でも，$A(f(x)>c)$がB可測であるとき，すなわち，

$$A(f(x)>c)\in\mathfrak{B}$$

であるとき，fはAでB可測な函数であるという．IV章（可測函数）でのべた諸定理において，《可測集合》，《可測函数》ということばをそれぞれ《B可測集合》，《B可測函数》でおきかえても，これらの諸定理は（IV，§2，5）をのぞいて）そのまま成立することに注意する．

注意1． IV，§2，5）がかならずしも成立しないのは，$N\in\mathfrak{B}$，$m_g(N)=0$でもNの部分集合がボレル集合でないことがあるからである．

いま，fはB可測集合Aで定義されたB可測な正値函数であるとする．Aを有限個のB可測集合$A_1, A_2, \cdots, A_k$に分割して

$$A = A_1\cup A_2\cup\cdots\cup A_k \quad (\text{直和}) \tag{1}$$

であるとし，

$$a_i = \inf\{f(x)|x\in A_i\} \quad (i=1,2,\cdots,k)$$

$$\mathfrak{s}_g = a_1m_g(A_1)+a_2m_g(A_2)+\cdots+a_km_g(A_k)$$

とおき，$\mathfrak{s}_g$をfのAにおけるg近似和と称する．（条件(1)をみたすような）Aのあらゆる分割について，このようなg近似和をつくると，それらのg近似和の上限がAでの（gによる）fの**ルベグ・スティルチェス積分**，略称して**LS積分**

$$\int_A f(x)dg(x)$$

である．あらゆる $\mathfrak{s}_g$ の集合を $\langle \mathfrak{s}_g \rangle$ で表わせば，すなわち，

$$\int_A f(x)dg(x) = \sup\langle \mathfrak{s}_g \rangle.$$

一般に，f がB可測集合 A でB可測であるときは

$$\int_A f(x)dg(x) = \int_A f^+(x)dg(x) - \int_A f^-(x)dg(x)$$

によって f のルベグ・スティルチェス積分を定義する．ただし，上の等式の右辺の2項のうち，少なくとも一つは有限な値をもつ場合だけを考えることに約束する．このようなとき，f は A で（g による）LS積分確定であるといい，また，$\int_A f(x)dg(x)$ の値が有限のとき，f は A で（g による）LS積分可能であるということにする．

以上のLS積分の定義は，いうまでもなく，V章（ルベグ積分）にならったものであって，V章§1から§7までに出てくる諸定理は，《m》を《m_g》でおきかえ，《ルベグ積分》を《LS積分》でおきかえると，（V，§5，4）をのぞいて）そのままLS積分にもあてはまる．

注意2. V，§5，4）をのぞいたのは，その証明にIV，§2，5）が使われるからである（注意1参照）．

注意3. g が増加函数で左連続でないとき，

$$g^*(x) = g(x-0)$$

とおくと，g^* は左連続な増加函数になる．よって

$$\int_A f(x)dg(x) = \int_A f(x)dg^*(x)$$

とおいて，これを g による f の LS 積分とよぶことがある．

注意 4. LS 積分は確率論で大切な役目を演ずる．ただし，その場合，左連続の代わりに右連続な増加函数が使われている．いままで，左半開区間をもとにして論じてきたが，その代わりに右半開区間を使えば，右連続な増加函数による LS 積分を定義することができる．ルベグ積分自体外測度を定義するとき，右半開区間をもとにして出発しても別に差しつかえはなかったのである．

§5. 測度空間

かえりみると，われわれは，まず，1 変数の函数のルベグ積分，いいかえると，$\boldsymbol{R}$ におけるルベグ積分から話をはじめた．つづいて，VII 章では $\boldsymbol{R}^2$ におけるルベグ積分について説明した．この VII 章での話は，手を加えるとそのまま，$\boldsymbol{R}^n$ におけるルベグ積分，いいかえると，n 変数の函数のルベグ積分の話に改造することができる．さらに，ルベグ・スティルチェス積分という多少毛色の変わった積分のあることは，いままでこの章で説明してきたとおりである．

これらの積分は，いずれも，Lebesgue の流儀による積分である．そういう Lebesgue 流の積分を定義するのには，次のような道具だてがそろえば十分であった．

最初に《可測集合族》なるものを定める．つづいて，その可測集合族を定義域とする集合函数（V，§7），ことばをかえると，その可測集合族から $\{x \mid x \in \overline{\boldsymbol{R}}, 0 \leqq x \leqq +\infty\}$ の中への写像を与えて，これを《測度》と名づける．ただし，この測度はL1)，L2)——LS1)，LS2)——なる2条件をみたしていなければならない*．こうした上で《可測函数》なるものを定義すると，これで，積分を定義するための準備がととのえられる——III，§6以下IV章までの道は，だいたい，こんなものであった．

ここまでくると，次のような考えが出てくるのは自然であろう．

$\boldsymbol{R}$とか$\boldsymbol{R}^2$，あるいは$\boldsymbol{R}^n$とかいう空間の点集合でなくても，上のような順序をふんでいけば，ほかのいろいろな集合のうえでの《積分》を考えてもよさそうなものだというのである．詳しくいうと，次のようなことになる．

$\boldsymbol{X}$は任意の空でない一定の集合であるとする．$\boldsymbol{X}$の元は$\boldsymbol{R}, \boldsymbol{R}^2, \boldsymbol{R}^n$などの点でなくてもかまわない，何であってもいいことにしておく．ただ，名義のうえだけのことであるが，$\boldsymbol{X}$を空間とよび，$\boldsymbol{X}$の元を点とよぶことにする．

つぎに，$\mathfrak{M}$を$\boldsymbol{X}$の部分集合（《点集合》）を元とする**加法的集合族**（III，§8）とする：すなわち，

M1)　$\varnothing \in \mathfrak{M}$.

M2)　$A \in \mathfrak{M}$のとき，$A^c = \boldsymbol{X} - A$とおけば$A^c \in \mathfrak{M}$.

M3)　$A_n \in \mathfrak{M}\ (n=1, 2, \cdots)$ならば$\bigcup_{n=1}^{\infty} A_n \in \mathfrak{M}$.

であるとし，$\mathfrak{M}$の元を強引に**可測集合**と名づける．M1)，M2)により$\boldsymbol{X} \in \mathfrak{M}$であることに注意する．

---

* L3)，L4)を問題にしなくてよいことは§1でのべておいた．

このように，集合 $\boldsymbol{X}$ と加法的集合族 $\mathfrak{M}$ が与えられたとき，$\boldsymbol{X}$ と $\mathfrak{M}$ との組 $\{\boldsymbol{X}, \mathfrak{M}\}$ は**可測空間**とよばれる．

さらに，可測空間 $\{\boldsymbol{X}, \mathfrak{M}\}$ において，次の2条件

L1） $A \in \mathfrak{M}$ ならば，$0 \leqq \mu(A) \leqq +\infty$，$\mu(\varnothing)=0$.

L2） $A_n \in \mathfrak{M}\ (n=1,2,\cdots)$ で $A_1, A_2, \cdots, A_n, \cdots$ が交わらない集合列ならば

$$\mu\left(\bigcup_{n=1}^{\infty} A_n\right) = \sum_{n=1}^{\infty} \mu(A_n)$$

をみたすような集合函数 μ が与えられたとき，$\boldsymbol{X}, \mathfrak{M}, \mu$ の組 $\{\boldsymbol{X}, \mathfrak{M}, \mu\}$ を**測度空間**とよび，μ をその**測度**と称することにする．

$\{\boldsymbol{R}, \mathfrak{L}, m\}, \{\boldsymbol{R}^2, \mathfrak{L}_2, m_2\}, \{\boldsymbol{R}, \mathfrak{S}, m_g\}$ はいままでにわれわれの知っている測度空間の例である．なお，今後は $\{\boldsymbol{R}, \mathfrak{L}, m\}$ を $\{\boldsymbol{R}, \mathfrak{L}_1, m\}$ と書くことに約束する．

III，§8 でのべたとおり，III，§6 でのべた可測集合についての定理は M1），M2），M3）からすべて導き出される．また，III，§10 の測度についての定理も，m を μ でおきかえればこの節の L1），L2）から出てくることも明らかであろう．ただし，III，§11（等測包），§12（零集合）は，いまのところ問題外にしておく．

測度空間 $\{\boldsymbol{X}, \mathfrak{M}, \mu\}$ が与えられると，それからあとは，いつものとおりの方法で積分が定義される．

まず，f は可測集合 A で定義された函数であるとし，c がどの実数でも

$$A(f(x)>c) = \{x \mid x \in A, f(x)>c\}$$

が可測であるとき，f は A で可測な函数であるという．IV 章（可測函数）でのべた諸定理は，IV, §2, 5）をのぞいて，ここで定義した可測函数にも全部あてはまる*.

つぎに，f が A で可測な正値函数であるとき，A における f の積分

$$(1) \qquad \int_A f(x)d\mu$$

を次のようにして定義する．

$$(2) \qquad A = A_1 \cup A_2 \cup \cdots \cup A_k,$$

$$A_i \in \mathfrak{M} \quad (i=1,2,\cdots,k,\quad i \neq j \text{ ならば } A_i \cap A_j = \emptyset)$$

$$a_i = \inf\{f(x) \,|\, x \in A_i\} \quad (i=1,2,\cdots,k)$$

$$\mathfrak{s} = a_1\mu(A_1) + a_2\mu(A_2) + \cdots + a_k\mu(A_k)$$

とおくことにし，A のあらゆる《分割》(2) について，《近似和》$\mathfrak{s}$ をつくり，そういう $\mathfrak{s}$ 全部の上限を A での f の積分と称し，これを (1) で表わす．

f が正値函数とかぎらないときは，

$$(3) \qquad \int_A f(x)d\mu = \int_A f^+(x)d\mu - \int_A f^-(x)d\mu$$

によって，A での f の積分 (1) を定義する．ただし，(3) の右辺の 2 項のうち，すくなくとも一つは有限な数である場合だけを考える．この場合，f は A で積分確定であるといい，とくに，右辺の 2 項がともに有限なとき，f は A で**積分可能**であるという．

---

* 完備測度空間（§6）のときは IV, §2, 5）は成立する（§6, 問 4）.

このように定義した積分については，V 章（ルベグ積分）の§1から§7までにのべた定理やその証明法が V，§5，4）をのぞいて全部あてはまる*．ただし，m を μ でおきかえ，$\int_A f(x)dx$ などを $\int_A f(x)d\mu$ でおきかえるものとする．

こうやって，いわば抽象的に積分を定義してみると，V 章，VII 章で扱った1変数函数の積分，2変数函数の積分，さてはこの章の§4で説明したLS積分は，すべて，ここで定義した積分の特別な場合にあたるわけである．

なお，この節を終える前に，もうすこし，測度空間についての話をしておこう．

測度空間 $\{\boldsymbol{X}, \mathfrak{M}, \mu\}$ で $\mu(\boldsymbol{X})<+\infty$ であるとき，この**測度空間は有界**であるといわれる．また，このとき，**測度 μ が有界**であるともいうことがある．

$$\boldsymbol{X}=\bigcup_{n=1}^{\infty}\boldsymbol{X}_n,\quad \boldsymbol{X}_n\in\mathfrak{M},\quad \mu(\boldsymbol{X}_n)<+\infty,\quad \boldsymbol{X}_n\subseteq\boldsymbol{X}_{n+1}\quad (n=1,2,\cdots)$$

なる $\boldsymbol{X}_1, \boldsymbol{X}_2, \cdots, \boldsymbol{X}_n, \cdots$ があるとき $\{\boldsymbol{X}, \mathfrak{M}, \mu\}$ は**準有界な測度空間**とよばれる．かんたんに，測度 μ **は準有界**であるともいう．$\{\boldsymbol{R}, \mathfrak{L}_1, m\}$, $\{\boldsymbol{R}^2, \mathfrak{L}_2, m_2\}$ は準有界な測度空間である．

問 1． $\{\boldsymbol{X}, \mathfrak{M}, \mu\}$ が準有界であるときには，$\boldsymbol{X}=\bigcup_{n=1}^{\infty}A_n$，$A_n\in\mathfrak{M}$，$\mu(A_n)<+\infty$ $(n=1,2,\cdots)$ で，しかも交わらない列 $A_1, A_2,$

＊ 完備測度空間（§6）の場合には V，§5，4）も成立する（§6，問 4）．

$\cdots, A_n, \cdots$ があることを証明する.

なお,

$$A \in \mathfrak{M}, \quad A = \bigcup_{n=1}^{\infty} A_n, \quad A_n \in \mathfrak{M}, \quad \mu(A_n) < +\infty,$$

$$A_n \subseteq A_{n+1} \quad (n=1, 2, \cdots)$$

なる $A_1, A_2, \cdots, A_n, \cdots$ があるとき, A において測度 μ は**準有界**であるといわれる.

1) 一般に, $\{\boldsymbol{X}, \mathfrak{M}, \mu\}$ で可測な正値函数 f が $\boldsymbol{X}$ で積分可能ならば, $\boldsymbol{X}(f(x)>0)=\{x|f(x)>0\}$ において測度 μ は準有界である.

［証 明］ $A_n=\left\{x \middle| f(x)>\dfrac{1}{n}\right\}$ とおくと, $\chi_{A_n} \leqq nf$ だから,

$$\mu(A_n) = \int_X \chi_{A_n}(x) d\mu \leqq \int_X nf(x) d\mu$$

$$= n\int_X f(x) d\mu < +\infty.$$

$A_n \subseteq A_{n+1} (n=1, 2, \cdots), \{x | f(x)>0\}=\bigcup_{n=1}^{\infty} A_n$ は明らかであろう.

§6. 完備測度空間

$\{\boldsymbol{X}, \mathfrak{M}, \mu\}$ で $N \in \mathfrak{M}, \mu(N)=0$ ならば N は**零集合**とよばれる.

$N' \subseteq N, N \in \mathfrak{M}, \mu(N)=0$ ならば, いつでも, $N' \in \mathfrak{M}$, したがって, $\mu(N')=0$ であるとき, 測度空間 $\{\boldsymbol{X}, \mathfrak{M}, \mu\}$ は**完備**であるといわれる. $\{\boldsymbol{R}, \mathfrak{L}_1, m\}$ は完備であるが

(III, §12), $\{\boldsymbol{R}, \mathfrak{B}, m\}$ は完備でない測度空間である．N がボレル集合のとき，$m(N)=0$ であっても，$N' \subseteq N$ で，しかもボレル集合でない N' のありうることが，知られているからである（付録，§7）．

注意 1. $\{\boldsymbol{X}, \mathfrak{M}, \mu\}$ が完備であることを簡単に《測度 μ は完備である》ということばで表わすことが多い．

このように，III, §12 でのべた定理の中には，どの測度空間でも成りたつとは限らないものがある．ただし，完備でない測度空間でも，$N_i\ (i=1, 2, \cdots)$ が零集合ならば $\bigcup_{i=1}^{\infty} N_i$ も零集合であることには変わりがない．

完備でない測度空間 $\{\boldsymbol{X}, \mathfrak{M}, \mu\}$ が与えられたとき，これを補強して完備な測度空間に直すことができる．この《**完備化**》の方法は次のとおりである．

まず，零集合の部分集合と可測集合との結びを全部集めてできる集合族を $\overline{\mathfrak{M}}$ で表わす．すなわち，$\overline{\mathfrak{M}}$ は

(1)　$X = A \cup B,\quad A \in \mathfrak{M},\quad B \subseteq N \in \mathfrak{M},\quad \mu(N) = 0$

なる X 全部の集合を表わすのである．

$A \in \mathfrak{M}$ ならば $A = A \cup \varnothing$, $\varnothing \in \mathfrak{M}$, $\mu(\varnothing)=0$ だから，$A \in \overline{\mathfrak{M}}$．したがって，$\mathfrak{M} \subseteq \overline{\mathfrak{M}}$ は明らかであろう．

1)　こうして定めた $\overline{\mathfrak{M}}$ は加法的集合族である：

［証明］ i)　$\varnothing \in \mathfrak{M} \subseteq \overline{\mathfrak{M}}$ だから，M1）は明らかである．

ii)　(1) の X をとって，$N_1 = N - B$ とおくと，$B = N - N_1 = N \cap N_1{}^c$ だから，したがって $X^c = (A \cup B)^c = (A \cup (N \cap N_1{}^c))^c = A^c \cap (N \cap N_1{}^c)^c = A^c \cap (N^c \cup N_1) = (A^c \cap N^c) \cup (A^c \cap N_1)$.

ここに, III, §8, 問1により, $A^c \cap N^c \in \mathfrak{M}$, また, $A^c \cap N_1 \subseteq N$ だから,

$$X^c \in \overline{\mathfrak{M}}.$$

すなわち, M2) が証明されたわけである.

iii) 今度はM3) の証明である. $X_n = A_n \cup B_n$, $A_n \in \mathfrak{M}$, $B_n \subseteq N_n$, $N_n \in \mathfrak{M}$, $\mu(N_n)=0$ とすると,

$$\bigcup_{n=1}^{\infty} X_n = \left(\bigcup_{n=1}^{\infty} A_n\right) \cup \left(\bigcup_{n=1}^{\infty} B_n\right), \quad \bigcup_{n=1}^{\infty} A_n \in \mathfrak{M},$$

$$\bigcup_{n=1}^{\infty} B_n \subseteq \bigcup_{n=1}^{\infty} N_n, \quad \bigcup_{n=1}^{\infty} N_n \in \mathfrak{M}, \quad \mu\left(\bigcup_{n=1}^{\infty} N_n\right)=0.$$

よって, $\bigcup_{n=1}^{\infty} X_n \in \overline{\mathfrak{M}}$.

$\overline{\mathfrak{M}}$ が加法的集合族であることがわかったので, (1) のような各 X に対し,

$$\overline{\mu}(X) = \mu(A)$$

とおくと, ここに完備な*測度空間 $\{\boldsymbol{X}, \overline{\mathfrak{M}}, \overline{\mu}\}$ がえられたことになる.

$\mathfrak{M}, \mu$ をそれぞれ $\overline{\mathfrak{M}}, \overline{\mu}$ でおきかえると, L1) の成立することは明らかであろう.

問 1. $\mathfrak{M}, \mu$ をそれぞれ $\overline{\mathfrak{M}}, \overline{\mu}$ でおきかえると L2) が成立することを証明する.

問 2. $X = A \cup B = A_1 \cup B_1, A \in \mathfrak{M}, B \subseteq N \in \mathfrak{M}, \mu(N)=0, A_1 \in \mathfrak{M}, B_1 \subseteq N_1 \in \mathfrak{M}, \mu(N_1)=0$ のとき, $\mu(A)=\mu(A_1)$ を証明する. (これが証明されないと $\overline{\mu}(X)$ が一意にきまらない心配がある.)

問 3. $\{\boldsymbol{X}, \overline{\mathfrak{M}}, \overline{\mu}\}$ が完備であることを確かめる.

問 4. $\{\boldsymbol{X}, \mathfrak{M}, \mu\}$ が完備測度空間ならば, IV, §2, 5) およびV,

---

* 完備なことの証明は問3.

§5, 4）に相当する定理が成りたつことを証明する.

§7. 外測度の構成

§5では, いわば天降り（アマクダリ）式に可測集合族や測度なるものを設定し, そうしてできた測度空間を考えた. しかし, III, IV 章やこの章のはじめの部分では, 半開区間の長さやそれに類似の量をもととして, まず, 外測度なるものを定義し, これを通じて, 可測集合や測度を定義する手続きをとった. こんどは, こういう, いわば, 構成的な手続きの内幕を考えてみることにする.

$\boldsymbol{X}$ は一定の集合, $\mathfrak{J}$ は $\boldsymbol{X}$ の部分集合から成る（空でない）集合族で, 次の2条件をみたしているとし, $\mathfrak{J}$ の元を《**区間**》とよぶことにする.

I1） $I_i\in\mathfrak{J}(i=1,2,\cdots,n)$ ならば $\bigcap_{i=1}^n I_i\in\mathfrak{J}$.

I2） $I_1\in\mathfrak{J}, I_2\in\mathfrak{J}$ ならば I_1-I_2 は $\mathfrak{J}$ の有限個の元の直和である.

つぎに, $\mathfrak{J}$ を定義域とする集合函数 $|\ \ |$ があって*, 次の2条件をみたしているものとする：

J1） $I\in\mathfrak{J}$ ならば $0\leqq|I|\leqq+\infty$, $|\varnothing|=0$.

J2） $I=\bigcup_{i=1}^n I_i$（直和）, $I\in\mathfrak{J}$, $I_i\in\mathfrak{J}$ $(i=1,2,\cdots,n)$ ならば, $|I|=\sum_{i=1}^n|I_i|$.

区間を表わすには, 上のように, 文字 I をもちいることにする. さらに

---

* V, §7.

I3) $\boldsymbol{X}=\bigcup_{n=1}^{\infty}I_n,\quad I_n\in\mathfrak{J}\ (n=1,2,\cdots)$
なる集合列 $I_1, I_2, \cdots, I_n, \cdots$ があるという約束を設ける．そうすると，III, §5 にならって，$\boldsymbol{X}$ の各部分集合 A に対し

$$(1)\qquad \mu^*(A)=\inf\left\{\sum_{n=1}^{\infty}|I_n|\;\middle|\;A\subseteq\bigcup_{n=1}^{\infty}I_n\right\}$$

とおいて，A の**外測度** $\mu^*(A)$ を定義することができる．

こうして定義された外測度 μ^* が III, §2 と同様の条件

C1) $0\leqq\mu^*(A)\leqq+\infty,\quad \mu^*(\emptyset)=0.$

C2) $A\subseteq B$ ならば $\mu^*(A)\leqq\mu^*(B).$

C3) $A\subseteq\bigcup_{n=1}^{\infty}A_n$ ならば $\mu^*(A)\leqq\sum_{n=1}^{\infty}\mu^*(A_n).$

をみたすことは III, §5 と同じ方法で証明することができる．

なお，ここで

J3) $I\subseteq\bigcup_{n=1}^{\infty}I_n,\ I\in\mathfrak{J},\ I_n\in\mathfrak{J}\ (n=1,2,\cdots)$ ならば

$$|I|\leqq\sum_{n=1}^{\infty}|I_n|.$$

なる条件をつけ加えると

C′4) $I\in\mathfrak{J}$ ならば $\mu^*(I)=|I|$

を証明することができる．証明は III, §5 の C4) と同様だが，念のため書いておこう．

$I_1=I,\ I_n=\emptyset\ (n=2,3,\cdots)$ とおくと，$I\subseteq\bigcup_{n=1}^{\infty}I_n$ だから，(1) により，$\mu^*(I)\leqq\sum_{n=1}^{\infty}|I_n|=|I_1|$，すなわち，$\mu^*(I)\leqq|I|$．つぎに，$I\subseteq\bigcup_{n=1}^{\infty}I_n$ ならば，J3) により，$|I|\leqq\sum_{n=1}^{\infty}|I_n|$．よって，(1) により

$$|I| \leqq \inf\left\{\sum_{n=1}^{\infty}|I_n| \,\middle|\, I \subseteq \bigcup_{n=1}^{\infty} I_n\right\} = \mu^*(I).$$

よって，$\mu^*(I) \leqq |I|$, $|I| \leqq \mu^*(I)$ だから $\mu^*(I) = |I|$.

問 1. $I_n \in \mathfrak{J}$ $(n=1, 2, \cdots)$ ならば $\bigcup_{n=1}^{\infty} I_n$ は区間の列の直和として表わされることを証明する.

§8. 可測集合と測度の設定

外測度がきまったので，今度は可測集合を定義する．

$X \subseteq \boldsymbol{X}$ なるどの X に対しても

(1)　$\mu^*(X) = \mu^*(X \cap A) + \mu^*(X \cap A^c)$

　$(A^c = \boldsymbol{X} - A)$

であるとき，A は可測集合であるという．こうして定義された可測集合が加法的集合族を形づくることは，III, §6 と同様の方法で証明できる．$\varnothing$ や $\boldsymbol{X}$ は可測集合である．

また，この可測集合族を $\mathfrak{M}$ で表わし

(2)　$A \in \mathfrak{M}$ ならば $\mu(A) = \mu^*(A)$

とおいて，$\mu(A)$ を A の**測度**と名づける．条件

L1)　$A \in \mathfrak{M}$ ならば $0 \leqq \mu(A) \leqq +\infty$, $\mu(\varnothing) = 0$.

L2)　$A_n \in \mathfrak{M}$ $(n=1, 2, \cdots)$ で，$A_1, A_2, \cdots, A_n, \cdots$ が交わらないときは $\mu\left(\bigcup_{n=1}^{\infty} A_n\right) = \sum_{n=1}^{\infty} \mu(A_n)$.

がみたされることは III, §9 におけると同様である．

こうして，ここに測度空間 $\{\boldsymbol{X}, \mathfrak{M}, \mu\}$ ができ上がった．この測度空間では，$\mu^*(A)=0$ なる集合——いわゆる零集合——は可測であり，また，$A' \subseteq A, \mu^*(A)=0$ ならば $\mu^*(A')=0$ だから A' も可測で $\mu(A')=0$ である．いいか

えると，いまつくられた測度空間は完備なのである．

なお，J3) がみたされていると，$\mathfrak{J}\subseteq\mathfrak{M}$ であること，すなわち，

1) $I\in\mathfrak{J}$ ならば I は可測である

ことを証明しておこう．

$\mu^*(X)<+\infty$ のとき，ε を任意の正数とし

$$X\subseteq\bigcup_{n=1}^{\infty}I_n,\quad \mu^*(X)\leqq\sum_{n=1}^{\infty}|I_n|<\mu^*(X)+\varepsilon,$$

$$I_n\in\mathfrak{J}\quad(n=1,2,\cdots)$$

とすると，

$$X\cap I\subseteq\bigcup_{n=1}^{\infty}(I_n\cap I),\quad X\cap I^c\subseteq\bigcup_{n=1}^{\infty}(I_n\cap I^c)=\bigcup_{n=1}^{\infty}(I_n-I).$$

よって，

$$\mu^*(X\cap I)+\mu^*(X\cap I^c)\leqq\sum_{n=1}^{\infty}\mu^*(I_n\cap I)+\sum_{n=1}^{\infty}\mu^*(I_n-I)$$

$$=\sum_{n=1}^{\infty}[\mu^*(I_n\cap I)+\mu^*(I_n-I)].$$

しかるに，I2) によれば，$I_n-I=\bigcup_{p=1}^{k_n}I_{np}$ だから，

$$\mu^*(I_n-I)\leqq\sum_{p=1}^{k_n}\mu^*(I_{np})=\sum_{p=1}^{k_n}|I_{np}|.$$

また，I1) により，$I_n\cap I\in\mathfrak{J}$ で $\mu^*(I_n\cap I)=|I_n\cap I|$ だから，

$$\mu^*(X\cap I)+\mu^*(X\cap I^c)\leqq\sum_{n=1}^{\infty}\left[|I_n\cap I|+\sum_{p=1}^{k_n}|I_{np}|\right].$$

しかも，$I_n=(I_n\cap I)\cup(I_n-I)=(I_n\cap I)\cup I_{n1}\cup I_{n2}\cup\cdots\cup I_{nk_n}$（直和）だから，J2) により，

$$|I_n \cap I| + \sum_{p=1}^{k_n} |I_{np}| = |I_n|.$$

すなわち,

$$\mu^*(X \cap I) + \mu^*(X \cap I^c) \leqq \sum_{n=1}^{\infty} |I_n|.$$

よって.

$$\mu^*(X \cap I) + \mu^*(X \cap I^c) < \mu^*(X) + \varepsilon.$$

ここで, $\varepsilon \to 0$ ならしめると

$$\mu^*(X \cap I) + \mu^*(X \cap I^c) \leqq \mu^*(X).$$

しかるに, $X = (X \cap I) \cup (X \cap I^c)$, $\mu^*(X) \leqq \mu^*(X \cap I) + \mu^*(X \cap I^c)$ なのだから, これで, $\mu^*(X) < +\infty$ の場合の (1) の証明ができたわけである. $\mu^*(X) = +\infty$ の場合には証明するまでもなく明らかである.

問 1. J1) で, $0 \leqq |I| \leqq +\infty$ の代わりに, $0 \leqq |I| < +\infty$ としておくと, この節でつくった測度空間 $\{\boldsymbol{X}, \mathfrak{M}, \mu\}$ は準有界であることを証明する. ただし, 条件 J3) がみたされているものとする.

条件 J3) がみたされている場合には, III, §11, 1) と同様に次の 2), 3) が成立する.

2) $A \subseteq \boldsymbol{X}$ ならば

(3) $$\mu^*(A) = \inf\{\mu(X) \mid X \in \mathfrak{M}, A \subseteq X\}.$$

[証 明] $A \subseteq \boldsymbol{X}$ で $\boldsymbol{X} \in \mathfrak{M}$ なのだから, $X \in \mathfrak{M}$, $A \subseteq X$ なる X がいつでもあることはたしかである.

$A \subseteq X \in \mathfrak{M}$ ならば $\mu^*(A) \leqq \mu(X)$ だから, 明らかに

$$\mu^*(A) \leqq \inf\{\mu(X) \mid X \in \mathfrak{M}, A \subseteq X\}.$$

したがって, $\mu^*(A) = +\infty$ のときは (3) は改めて証明す

るまでもない．よって，$\mu^*(A)<+\infty$ として

(4)　　$\mu^*(A) \geqq \inf\{\mu(X) \mid X \in \mathfrak{M}, A \subseteq X\}$

を証明する．

定義（§7の（1））により，任意の正数 ε に対し

$$A \subseteq \bigcup_{n=1}^{\infty} I_n,\quad I_n \in \mathfrak{J},\quad \mu^*(A) \leqq \sum_{n=1}^{\infty} |I_n| < \mu^*(A)+\varepsilon$$

なる $I_1, I_2, \cdots, I_n, \cdots$ をとって，$X=\bigcup_{n=1}^{\infty} I_n$ とおくと，$I_n \in \mathfrak{M}$ だから，$X \in \mathfrak{M}$ で $\mu(X) \leqq \sum_{n=1}^{\infty} |I_n|$.

よって

$A \subseteq X \in \mathfrak{M},\ \mu(X) \leqq \mu^*(A)+\varepsilon$，すなわち，

$\inf\{\mu(X) \mid X \in \mathfrak{M}, A \subseteq X\} \leqq \mu^*(A)+\varepsilon.$

ここに，ε は任意の正数だから，これで（4）がえられたわけである．

3）$A \subseteq \boldsymbol{X}$ ならば次の条件：

(5)　　$A \subseteq A^*,\ A^* \in \mathfrak{M},\ \mu(A^*) = \mu^*(A)$

をみたすような A^* が存在する．

［証明］ i）$\mu^*(A)=+\infty$ のときは，$A \subseteq \boldsymbol{X}, \boldsymbol{X} \in \mathfrak{M}$, $\mu(\boldsymbol{X})=+\infty$ だから，$A^*=\boldsymbol{X}$ とおく．

ii）$\mu^*(A)<+\infty$ のときには，2）により，

(6)　$A \subseteq X_p \in \mathfrak{M}$,

$$\mu^*(A) \leqq \mu(X_p) < \mu^*(A)+\frac{1}{p}\quad (p=1, 2, \cdots)$$

なる X_p がある．よって，

$$A^* = \bigcap_{p=1}^{\infty} X_p$$

とおくと，$A \subseteq A^* \in \mathfrak{M}$ で，どの自然数 p をとっても，$\mu(A^*) \leqq \mu(X_p) < \mu^*(A) + \dfrac{1}{p}$ だから，$\mu(A^*) = \mu^*(A)$.

（証明終）

一般に，条件 (5) をみたすような A^* を A の**等測包**という．

注意 1. 2)，3) の証明を見れば明らかなように，$A^* = \bigcap_{p=1}^{\infty} X_p$ において，$X_p = \bigcup_{q=1}^{\infty} I_{pq}$, $I_{pq} \in \mathfrak{J}$ と考えることができる．よって，$A^* = \bigcap_{p=1}^{\infty} \left(\bigcup_{q=1}^{\infty} I_{pq} \right), I_{pq} \in \mathfrak{J}$ なる等測包 A^* がえられたわけである．($\mu^*(A) = +\infty$ のときにも，I3) (§7) の I_n をとって，$I_{pq} = I_q$ $(p = 1, 2, \cdots)$ とすれば，$X_p = \bigcup_{q=1}^{\infty} I_q = \boldsymbol{X}$，$\bigcap_{p=1}^{\infty} X_p = \boldsymbol{X} = A^*$.)

注意 2. $\mu^*(A) < +\infty$ のときは，(6) により，

$$\mu\left(\bigcup_{q=1}^{\infty} I_{1q} \right) = \mu(X_1) < \mu^*(A) + 1 < +\infty$$

に注意しておく．

定理 2) の成りたつような外測度は**正則な外測度**とよばれる．たとえば，III, §5 で定義した m^* は，III, §11 により，正則な外測度である．

IX. 測度空間における集合函数

VI 章で，1変数の函数の不定積分は絶対連続であり，逆に，絶対連続な1変数の函数は不定積分であることを証明しておいた．VIII 章で紹介した抽象的な測度空間でも，これに似た定理（Radon-Nikodym の定理）が成りたつことを証明しようというのがこの章の主題である．

§1．加法的集合函数

測度空間 $\{\boldsymbol{X}, \mathfrak{M}, \mu\}$ における測度 μ は2条件*

A1） $\mu(\emptyset)=0.$

A2） $A_n \in \mathfrak{M}\ (n=1, 2, \cdots)$ で $A_1, A_2, \cdots, A_n, \cdots$ が交わらなければ

$$\mu\left(\bigcup_{n=1}^{\infty} A_n\right) = \sum_{n=1}^{\infty} \mu(A_n)$$

をみたしている．μ が測度でなくても，加法的集合族 $\mathfrak{M}$ を定義域とする集合函数 μ がこの条件をみたしているとき，μ は $\mathfrak{M}$ で**加法的な集合函数**であるといわれる．たとえば，f が $\boldsymbol{X}$ で積分可能な一定の函数であるとき

$$F(X) = \int_X f(x)d\mu \quad (X \in \mathfrak{M})$$

とおけば，《不定積分》F は $\mathfrak{M}$ で加法的な集合函数である（V，§6，7））．

＊ A2）は L2）と同じものである．

ところで，測度μは負の値をとらない加法的集合函数，いわば正値加法的集合函数である．これに反し，一般にFは負の値もとりうる加法的集合函数である．ここでは，一般にそういう正負の値をとりうる加法的集合函数について考えてみることにする．もう一度不定積分Fを例にとると，定義により

$$F(X)=\int_X f^+(x)d\mu-\int_X f^-(x)d\mu$$

だから，Fは二つの正値加法的集合函数の差として表わされている．一般にどの加法的集合函数についても同様であることを証明しようというのが当面の目標である．

ここに，νは可測空間$\{\boldsymbol{X},\mathfrak{M}\}$（VIII，§5）の可測集合族$\mathfrak{M}$を定義域とする加法的集合函数であるとする．ただし，$+\infty+(-\infty)$のような無意味な算法の現われるのを防ぐため

A3） i） どの$X\in\mathfrak{M}$についても $-\infty<\nu(X)$ か

ii） どの$X\in\mathfrak{M}$についても $\nu(X)<+\infty$ か

どちらか一方であると約束しておくことにする．

1） $A\in\mathfrak{M}$，$B\in\mathfrak{M}$，$A\subseteq B$，$|\nu(B)|<+\infty$ならば，$|\nu(A)|<+\infty$．

［証明］ $\nu(B)=\nu(A)+\nu(B-A)$だから，もし$\nu(A)=+\infty$ならば，i）により，$\nu(B-A)>-\infty$だから，$\nu(B)=+\infty$となり仮設に背く．また，もし$\nu(A)=-\infty$ならば，ii）により，$\nu(B-A)<+\infty$だから$\nu(B)=-\infty$となり仮設に背くことになる．

2) $A_n \in \mathfrak{M}\ (n=1,2,\cdots)$ で，$\bigcup_{n=1}^{\infty} A_n$ が直和であるとき，

$$\left|\sum_{n=1}^{\infty} \nu(A_n)\right| = \left|\nu\left(\bigcup_{n=1}^{\infty} A_n\right)\right| < +\infty$$

ならば，級数 $\sum_{n=1}^{\infty} \nu(A_n)$ は絶対収束する．

［証明］ $\nu(A_n) \geqq 0$ ならば $A_n^+ = A_n$，$A_n^- = \emptyset$，$\nu(A_n) < 0$ ならば，$A_n^+ = \emptyset$，$A_n^- = A_n$ と定めると，A2)，A3) により

$$(1) \qquad \begin{aligned} \nu\left(\bigcup_{n=1}^{\infty} A_n^+\right) &= \sum_{n=1}^{\infty} \nu(A_n^+), \\ \nu\left(\bigcup_{n=1}^{\infty} A_n^-\right) &= \sum_{n=1}^{\infty} \nu(A_n^-) \end{aligned}$$

において，同時に $\nu(\bigcup_{n=1}^{\infty} A_n^+) = +\infty$，$\nu(\bigcup_{n=1}^{\infty} A_n^-) = -\infty$ ということはありえない．(1) の級数のうち，すくなくとも一方は収束するのである．

$\sum_{n=1}^{\infty} \nu(A_n^+)$ が収束するとすると，元来 $\sum_{n=1}^{\infty} \nu(A_n)$ は収束するのだから，

$$\begin{aligned} \sum_{n=1}^{\infty} \nu(A_n^-) &= \sum_{n=1}^{\infty} [\nu(A_n) - \nu(A_n^+)] \\ &= \sum_{n=1}^{\infty} \nu(A_n) - \sum_{n=1}^{\infty} \nu(A_n^+) \end{aligned}$$

も収束しなければならない．同様にして，$\sum_{n=1}^{\infty} \nu(A_n^-)$ が収束するとすると，$\sum_{n=1}^{\infty} \nu(A_n^+)$ の収束することが示される．いずれにしても，(1) の級数は両方とも収束するのである．すべての n に対し $\nu(A_n^+) \geqq 0$，$\nu(A_n^-) \leqq 0$ であるところを見ると，$\sum_{n=1}^{\infty} |\nu(A_n^-)|$ は収束し，

$$\sum_{n=1}^{\infty}|\nu(A_n)| = \sum_{n=1}^{\infty}[\nu(A_n{}^+)+|\nu(A_n{}^-)|]$$
$$= \sum_{n=1}^{\infty}\nu(A_n{}^+)+\sum_{n=1}^{\infty}|\nu(A_n{}^-)|,$$

すなわち，$\sum_{n=1}^{\infty}\nu(A_n)$ は絶対収束することがわかった.

なお，ν_1, ν_2 が可測空間 $\{\boldsymbol{X}, \mathfrak{M}\}$ における加法的集合函数のとき，$X\in\mathfrak{M}$ なる各 X において

$$(\nu_1+\nu_2)(X) = \nu_1(X)+\nu_2(X),$$
$$(\nu_1-\nu_2)(X) = \nu_1(X)-\nu_2(X)$$

とおいて，$\nu_1+\nu_2$ および $\nu_1-\nu_2$ をそれぞれ ν_1, ν_2 の**和**および**差**と称する.

問 1. μ, ν が準有界な測度ならば $\lambda=\mu+\nu$ も準有界であることを証明する.

§2. Jordan 分解

§1 で予告したように，加法的集合函数 ν が正値の加法的集合函数の差として表わされることを証明しよう．そのため，まず，次の定義から話をはじめる.

$X\in\mathfrak{M}$, $X\subseteq A\in\mathfrak{M}$ なるどの X をとっても，いつでも $\nu(X)\geqq 0$ であるとき，A は（ν に関して）**正集合**であるという．また，いつでも $\nu(X)\leqq 0$ であるときは A は（ν に関して）**負集合**であるという．空集合は正集合でもあり，負集合でもあるわけである.

1) 正（負）集合の可測な部分集合は正（負）集合である.

注意 1. 詳しくいうと，1）の内容は次のとおりである：《正集

合の可測な部分集合は正集合である．また，負集合の可測な部分集合は負集合である.》以下，こういうカッコの使い方をすることがある．次の定理 2）のカッコもそういう意味である．

問 1. 1）を証明する．

2) $A_n\,(n=1,2,\cdots)$ が正（負）集合ならば $A=\bigcup_{n=1}^{\infty}A_n$ も正（負）集合で

$$\nu(A_n) \leqq \nu(A) \quad (\nu(A_n) \geqq \nu(A)).$$

［証明］ $A_n'=A_n-(\bigcup_{p=1}^{n-1}A_p)\,(n=1,2,\cdots)$，$A_0=\varnothing$ とおくと，1）により，$A_1', A_2', \cdots, A_n', \cdots$ は交わらない正（負）集合で，$A=\bigcup_{n=1}^{\infty}A_n'$．よって，$X\in\mathfrak{M}$，$X\subseteq A$ ならば

$$(1) \qquad \nu(X) = \nu(X\cap A) = \sum_{n=1}^{\infty}\nu(X\cap A_n').$$

よって，$A_n\,(n=1,2,\cdots)$ が正（負）集合のときは $\nu(X)\geqq 0$ $(\nu(X)\leqq 0)$．また，(1) において，とくに，$X=A$ とおけば，$\nu(A)=\sum_{n=1}^{\infty}\nu(A_n')$ だから，$A_n(n=1,2,\cdots)$ が正集合ならば

$$\nu(A) \geqq \sum_{p=1}^{n}\nu(A_p') = \nu\left(\bigcup_{p=1}^{n}A_p'\right) = \nu(A_n).$$

$A_n(n=1,2,\cdots)$ が負集合ならば，同様にして，$\nu(A)\leqq\nu(A_n)$.

3)（Hahn（ハーン）分解） 正集合 A と負集合 B をえらんで

$$\boldsymbol{X} = A\cup B, \quad A\cap B = \varnothing$$

であるようにできる．

［証明］ どちらでも同様だから，前節 A3）の i）の場合

だけを証明する：$-\infty<\nu(X)\leqq+\infty$.

$$\beta=\inf\{\nu(X)\,|\,X\text{は負集合}\}$$

とおいて，$\lim_n \nu(B_n)=\beta$ なる負集合の列 $B_1, B_2, \cdots, B_n, \cdots$ をとって，$B=\bigcup_{n=1}^{\infty}B_n$ とおく．2）によれば，B は負集合でどの自然数 n についても $\nu(B)\leqq\nu(B_n)$ だから，$\nu(B)=\beta$. すなわち，B は集合函数 ν の値が最小であるような負集合である．仮定により，$\beta>-\infty$.

あとは，$A=X-B$ が正集合であることを示せばよいわけである．

かりに，A が正集合でないとすると，$A_0\in\mathfrak{M}$，$A_0\subseteq A$，$\nu(A_0)<0$ なる A_0 があることになる．もしこの A_0 が負集合だと，$B\cup A_0$ も負集合で $\nu(B\cup A_0)=\nu(B)+\nu(A_0)<\beta$ となって，β の定義と矛盾するから，A_0 は負集合ではありえない．よって，$A'\subseteq A_0$，$A'\in\mathfrak{M}$，$\nu(A')>0$ なる A' が，かならず，なければならないことになる．（このとき，$-\infty<\nu(A_0)<0$ だから，§1，1）により $\nu(A')<+\infty$ であることに注意する．）

よって，条件

$$A'\in\mathfrak{M},\quad A'\subseteq A_0,\quad \nu(A')\geqq n^{-1}\quad (n\text{は自然数})$$

をみたすような A', n のうちで，n が最小であるような A', n をえらび，これを A_1, n_1 とする：

$$A_1\in\mathfrak{M},\quad A_1\subseteq A_0,\quad \nu(A_1)\geqq {n_1}^{-1}.$$

つぎに，

$$\nu(A_0-A_1)=\nu(A_0)-\nu(A_1)<\nu(A_0)<0$$

だから，A_0-A_1 について A_0 と同様の手続きで

$$A_2 \in \mathfrak{M}, \quad A_2 \subseteq A_0 - A_1, \quad \nu(A_2) \geqq n_2^{-1}$$

なる最小の自然数 n_2 と A_2 とをえらぶ.

$$\nu(A_0 - (A_1 \cup A_2)) = \nu(A_0) - (\nu(A_1) + \nu(A_2)) < 0$$

だから $A_0 - (A_1 \cup A_2)$ について同様のことをおこない，この手続きをどこまでも続けていく：すなわち，条件

$$A_p \in \mathfrak{M}, \quad A_p \subseteq A_0 - \bigcup_{i=1}^{p-1} A_i, \quad \nu(A_p) \geqq n_p^{-1}$$

をみたすような最小の自然数 n_p と A_p とを $p=1, 2, \cdots$ に対して次々にえらんでいくのである.

明らかに，$\bigcup_{p=1}^{\infty} A_p \subseteq A_0$ で，$|\nu(A_0)| < +\infty$ だから，§1, 1）によれば，$|\nu(\bigcup_{p=1}^{\infty} A_p)| < +\infty$. よって正項級数

$$\sum_{p=1}^{\infty} \nu(A_p) = \nu\left(\bigcup_{p=1}^{\infty} A_p\right)$$

は収束し，したがって，級数 $\sum_{p=1}^{\infty} n_p^{-1}$ も収束する．よって，$n_p^{-1} \to 0$.

ここで，

$$B' = A_0 - \bigcup_{p=1}^{\infty} A_p$$

とおくと，$X \subseteq B'$, $X \in \mathfrak{M}$ ならば，どの p に対しても，$\nu(X) < n_p^{-1}$ だから，$\nu(X) \leqq 0$. すなわち，B' は負集合で，

$$\nu(B') = \nu(A_0) - \sum_{p=1}^{\infty} \nu(A_p) < \nu(A_0) < 0.$$

よって，$B \cup B'$ は負集合で，しかも $B \cap B' = \emptyset$ だから，$\nu(B \cup B') = \nu(B) + \nu(B') < \beta$ となり，β の定義と矛盾する結果がえられる．すなわち，$\nu(A_0) < 0$ なる仮定は否定さ

れなければならない．A は正集合なのである．　（証明終）

4)　$\boldsymbol{X}=A_1\cup B_1$，$A_1\cap B_1=\emptyset$，$\boldsymbol{X}=A_2\cup B_2$，$A_2\cap B_2=\emptyset$ で A_1, A_2 が正集合，B_1, B_2 が負集合ならば，どの可測集合 X に対しても

$$\nu(X\cap A_1)=\nu(X\cap A_2),\quad \nu(X\cap B_1)=\nu(X\cap B_2)$$

である．

［証明］　$X\cap(A_1-A_2)\subseteq A_1$ だから $\nu(X\cap(A_1-A_2))\geqq 0$. しかるに，また，$X\cap(A_1-A_2)\subseteq B_2$ だから，$\nu(X\cap(A_1-A_2))\leqq 0$. よって，$\nu(X\cap(A_1-A_2))=0$. 同様に，$\nu(X\cap(A_2-A_1))=0$ だから，

$$\begin{aligned}\nu(X\cap(A_1\cup A_2)) &= \nu[X\cap(A_1\cup(A_2-A_1))]\\ &= \nu(X\cap A_1)+\nu(X\cap(A_2-A_1))\\ &= \nu(X\cap A_1).\end{aligned}$$

同様に

$$\nu(X\cap(A_1\cup A_2))=\nu(X\cap A_2).$$

すなわち，

$$\nu(X\cap A_1)=\nu(X\cap A_2).$$

同様にして，

$$\nu(X\cap B_1)=\nu(X\cap B_2).$$
（証明終）

Hahn 分解 $\boldsymbol{X}=A\cup B$ において，$X\in\mathfrak{M}$ なる X に対し

$$\nu^+(X)=\nu(X\cap A),\quad \nu^-(X)=-\nu(X\cap B)$$

とおくと，4）により，正値集合函数 ν^+, ν^- を一意に定めうることがわかった．ν^+, ν^- が加法的集合函数であることは明らかであろう．よって，

5)（**Jordan**（ジョルダン）**分解**）　ν が加法的集合函数な

らば，ν は正値加法的集合函数（測度）ν^+, ν^- の差として表わされる：

$$\nu = \nu^+ - \nu^-$$

なお，$|\nu| = \nu^+ + \nu^-$ とおくと，$|\nu|$ は正値加法的集合函数，すなわち，測度であることに注意する．

問 2. $\nu = \nu^+ - \nu^-$ が定理 5）の Jordan 分解であるとき，$\nu = \nu_1 - \nu_2$, $\nu_1 \geqq 0$, $\nu_2 \geqq 0$ ならば，$\nu_1 \geqq \nu^+$, $\nu_2 \geqq \nu^-$, $|\nu| \leqq \nu_1 + \nu_2$ であることを証明する．

$\{\boldsymbol{X}, \mathfrak{M}, |\nu|\}$ が有界な測度空間であるときは，ν は**有界**な加法的集合函数であるといわれる．また，$\{\boldsymbol{X}, \mathfrak{M}, |\nu|\}$ が準有界のときは，ν は**準有界**であるといわれる．

§3. 絶対連続な集合函数

VI, §8, 4）で 1 変数の函数について Lebesgue 分解の定理をのべておいた．一般の測度空間でこれに類似の定理を証明する準備として，加法的集合函数について《絶対連続》ならびに《特異》という概念を導入する．

μ, ν が可測空間 $\{\boldsymbol{X}, \mathfrak{M}\}$ での加法的集合函数で

$X \in \mathfrak{M}$, $|\mu|(X) = 0$ ならば，いつでも $|\nu|(X) = 0$

であるとき，ν は μ に関し**絶対連続**であるといい，このことを記号

$$\nu \ll \mu$$

で表わす．

問 1. $\nu \ll \mu$ ならば $\nu^+ \ll \mu$, $\nu^- \ll \mu$ であること，またその逆も成りたつことを証明する．

例 1. μ が測度, f が測度空間 $\{\boldsymbol{X}, \mathfrak{M}, \mu\}$ で積分可能な一定の函数であるとき,

$$\nu(X) = \int_X f(x) d\mu \quad (X \in \mathfrak{M})$$

とおくと,《不定積分》ν は μ に関し絶対連続な加法的集合函数である (V, §5, 7)).

1) 可測空間 $\{\boldsymbol{X}, \mathfrak{M}\}$ で ν が有限な加法的集合函数 ($X \in \mathfrak{M}$ なら $-\infty < \nu(X) < +\infty$) で, $\nu \ll \mu$ であるときは, どんな正数 ε を与えても

$$X \in \mathfrak{M}, \quad |\mu|(X) < \delta \text{ ならば } |\nu|(X) < \varepsilon$$

であるような正数 δ をえらぶことができる.

[証明] 背理法による. かりに

$A_n \in \mathfrak{M}, \ |\mu|(A_n) < 2^{-n}, \ |\nu|(A_n) \geqq \varepsilon_0 > 0 \quad (n=1, 2, \cdots)$

なる定数 ε_0 と集合列 $A_1, A_2, \cdots, A_n, \cdots$ があったとしてみる. $A = \bigcap_{n=1}^{\infty}(\bigcup_{p=n}^{\infty} A_p)$ とおくと, $A \in \mathfrak{M}$ で

$$|\mu|(A) \leqq \sum_{p=n}^{\infty} |\mu|(A_p) < \sum_{p=n}^{\infty} 2^{-p} = 2^{-(n-1)} \quad (n=1, 2, \cdots)$$

だから, $|\mu|(A)=0$.

しかるに, ν は有限なのだから, $|\nu|(\bigcup_{p=1}^{\infty} A_p) < +\infty$ で

$$\bigcup_{p=n+1}^{\infty} A_p \subseteq \bigcup_{p=n}^{\infty} A_p,$$

$$|\nu|\left(\bigcup_{p=n}^{\infty} A_p\right) \geqq |\nu|(A_n) \geqq \varepsilon_0 \quad (n=1, 2, \cdots).$$

よって, III, §10, 4) により

$$|\nu|(A)=\lim_{n}|\nu|\left(\bigcup_{p=n}^{\infty}A_p\right)\geqq\varepsilon_0>0.$$

すなわち，$|\mu|(A)=0$，$|\nu|(A)>0$ となり，これは，$\nu\ll\mu$ なる仮設に反するのである．

例 2. 例 1 の不定積分がこの定理の例になる（V，§7 参照）．

2) μ，ν がともに可測空間 $\{\boldsymbol{X},\mathfrak{M}\}$ の正値加法的集合函数で，$0<\mu(\boldsymbol{X})<+\infty$，$0<\nu(\boldsymbol{X})<+\infty$，$\nu\ll\mu$ のときは，次の条件（1）をみたすような α と A とがある：

（1） $\alpha>0$，$A\in\mathfrak{M}$，$\mu(A)>0$，A は $\nu-\alpha\mu$ に関し正集合．

［証明］ 加法的集合函数 $\nu-n^{-1}\mu$ に関する Hahn 分解を $\boldsymbol{X}=A_n\cup B_n$ $(n=1,2,\cdots)$ とし，$A_0=\bigcup_{n=1}^{\infty}A_n$，$B_0=\bigcap_{n=1}^{\infty}B_n$ とおくと，$\boldsymbol{X}=A_0\cup B_0$，$A_0\cap B_0=\emptyset$．また，どの n についても，$B_0\subseteqq B_n$ だから $\nu(B_0)-n^{-1}\mu(B_0)\leqq0$，すなわち $0\leqq\nu(B_0)\leqq n^{-1}\mu(B_0)$ $(n=1,2,\cdots)$ よって，$\nu(B_0)=0$．

しかるに，$\nu(\boldsymbol{X})=\nu(A_0)+\nu(B_0)>0$ だから $\nu(A_0)>0$．したがって，仮設 $\nu\ll\mu$ により，$\mu(A_0)>0$．これは，$\mu(A_n)$ $(n=1,2,\cdots)$ のなかに $\mu(A_n)>0$ であるもののあることを意味する．その A_n を A とし，$\alpha=n^{-1}$ とおくと，条件（1）がみたされる．（証明終）

こんどは特異な加法的集合函数の定義に移る．

$\boldsymbol{X}=A\cup B$，$A\cap B=\emptyset$，$A\in\mathfrak{M}$，$B\in\mathfrak{M}$ で $|\nu|(A)=0$，$|\mu|(B)=0$ のとき，ν と μ とはたがいに**特異**であるといい，このことを記号

$$\nu\perp\mu$$

で表わす．このとき，ν は μ に関し特異，あるいは μ は ν に関し特異というようなことば使いをすることがある．

例 3. Jordan 分解（§2, 5)）の ν^+, ν^- の定義によると，$\nu^+ \geqq 0$, $\nu^- \geqq 0$ で $\nu^-(A)=0, \nu^+(B)=0$ だから，まさに $\nu^- \perp \nu^+$ である．

3) $\nu \ll \mu$ で，しかも $\nu \perp \mu$ ならば $\nu=0$．すなわち，$X \in \mathfrak{M}$ なるどの X においても $\nu(X)=0$.

問 2. 3) を証明する．

4) ν_1, ν_2, μ が可測空間 $\{\boldsymbol{X}, \mathfrak{M}\}$ の加法的集合函数で

$$\nu_1 \perp \mu, \quad \nu_2 \perp \mu$$

ならば，

$$(\nu_1+\nu_2) \perp \mu, \quad (\nu_1-\nu_2) \perp \mu.$$

［証明］ $\boldsymbol{X}=A_1 \cup B_1$, $A_1 \cap B_1=\emptyset$, $\boldsymbol{X}=A_2 \cup B_2$, $A_2 \cap B_2=\emptyset$, $|\nu_1|(A_1)=|\mu|(B_1)=|\nu_2|(A_2)=|\mu|(B_2)=0$ とし，$A=A_1 \cap A_2$, $B=B_1 \cup B_2$ とおくと $A \cup B=\boldsymbol{X}$, $A \cap B=\emptyset$．また，$\nu_1+\nu_2=(\nu_1{}^+ + \nu_2{}^+)-(\nu_1{}^- + \nu_2{}^-)$ で，しかも $\nu_1{}^+ + \nu_2{}^+ \geqq 0$, $\nu_1{}^- + \nu_2{}^- \geqq 0$ なのだから，$(\nu_1+\nu_2)^+ \leqq \nu_1{}^+ + \nu_2{}^+$, $(\nu_1+\nu_2)^- \leqq \nu_1{}^- + \nu_2{}^-$（§2, 問 2）．したがって，

$$\begin{aligned}|\nu_1+\nu_2| &\leqq (\nu_1{}^+ + \nu_2{}^+) + (\nu_1{}^- + \nu_2{}^-)\\ &= (\nu_1{}^+ + \nu_1{}^-) + (\nu_1{}^- + \nu_2{}^-)\\ &= |\nu_1| + |\nu_2|.\end{aligned}$$

よって，

$$\begin{aligned}0 \leqq |\nu_1+\nu_2|(A) &\leqq |\nu_1|(A) + |\nu_2|(A)\\ &= |\nu_1|(A_1 \cap A_2) + |\nu_2|(A_1 \cap A_2) = 0,\\ 0 \leqq |\mu|(B) &\leqq |\mu|(B_1) + |\mu|(B_2) = 0.\end{aligned}$$

$(\nu_1-\nu_2) \perp \mu$ の証明も同様である．

§4. Radon-Nikodym の定理

VI, §8, 3) に相当する定理を測度空間 $\{\boldsymbol{X}, \mathfrak{M}, \mu\}$ についてのべると，次の **Radon-Nikodym**（ラドン・ニコディム）の定理になる．

1) $\{\boldsymbol{X}, \mathfrak{M}, \mu\}$ は準有界な測度空間，ν は $\{\boldsymbol{X}, \mathfrak{M}\}$ で準有界な加法的集合函数で，$\nu \ll \mu$ ならば，$X \in \mathfrak{M}$ なる各 X において，次の条件 (1) をみたすような有限な可測函数 f が存在する：

$$(1) \qquad \nu(X) = \int_X f(x)d\mu.$$

すなわち，加法的集合函数 ν は不定積分として表わしうるのである．

また，同じ ν について，$X \in \mathfrak{M}$ なるどの X においても

$$(2) \qquad \nu(X) = \int_X g(x)d\mu$$

ならば，$\mu(\boldsymbol{X}(f(x) \neq g(x)))=0$ である．

［証明］ §3, 問 1 により，$\nu^+ \ll \mu$, $\nu^- \ll \mu$, $\nu = \nu^+ - \nu^-$ だから，(1), (2) において ν の代わりに，それぞれ ν^+, ν^- と書いたものを証明すれば十分である．よって，最初から $\nu \geqq 0$ として，すなわち ν も測度であるとして，証明する．

i) $\{\boldsymbol{X}, \mathfrak{M}, \mu\}$, $\{\boldsymbol{X}, \mathfrak{M}, \nu\}$ が有界な測度空間のとき：以下 iv) までこの場合の証明である．

μ に関し $\boldsymbol{X}$ で積分可能な正値函数 f で，どの X ($X \in \mathfrak{M}$) においても

$$\int_X f(x)d\mu \leqq \nu(X)$$

であるような f 全部の集合を $\boldsymbol{F}$ とする．$f\equiv 0$ とすれば $f\in\boldsymbol{F}$ だから，$\boldsymbol{F}$ が空集合でないことは確かである．よって，

$$(3)\quad \gamma = \sup\left\{\int_X f(x)d\mu \,\middle|\, f\in\boldsymbol{F}\right\} \quad (\gamma\leqq\nu(\boldsymbol{X})<+\infty)$$

とおいて，

$$\int_X f(x)d\mu = \gamma$$

であるような f を求めてみる．

ii) それには，まず，

$$(4)\qquad f_n\in\boldsymbol{F},\ \ \lim_n\int_X f_n(x)d\mu = \gamma$$

なる函数列 $\{f_n\}_{n=1,2,\cdots}$ をとって，$g_n=\max\{f_1, f_2, \cdots, f_n\}$ とおく．各 X $(X\in\mathfrak{M})$ について

$X_p=X(g_n(x)=f_p(x))\quad(p=1, 2, \cdots, n)$,

$X_p'=X_p-(X_1\cup X_2\cup\cdots\cup X_{p-1})$，$X_0=\varnothing\ \ (p=1, 2, \cdots, n)$

とおくと

$$X_p'\in\mathfrak{M},\ \ X=\bigcup_{p=1}^{n}X_p'\quad(p\neq q \text{ ならば } X_p'\cap X_q'=\varnothing),$$

$$\int_X g_n(x)d\mu = \sum_{p=1}^{n}\int_{X_p'}f_p(x)d\mu \leqq \sum_{p=1}^{n}\nu(X_p') = \nu(X).$$

すなわち，

(5) $$g_n \in \boldsymbol{F},\quad \int_X g_n(x)\,d\mu \leqq \gamma.$$

ここで，

$$f(x) = \sup\{f_n(x) \mid n=1, 2, \cdots\}$$

とおくと，$f=\lim_n g_n$, $g_n \leqq g_{n+1}\,(n=1, 2, \cdots)$ だから，V, §6, 2）により

$$\int_X f(x)\,d\mu = \int_X \lim_n g_n(x)\,d\mu = \lim_n \int_X g_n(x)\,d\mu \leqq \nu(X).$$

したがって，$f \in \boldsymbol{F}$. また，(4)，(5) により

$$\gamma = \lim_n \int_X f_n(x)\,d\mu \leqq \lim_n \int_X g_n(x)\,d\mu \leqq \gamma$$

だから，

(6) $$\int_X f(x)\,d\mu = \lim_n \int_X g_n(x)\,d\mu = \gamma.$$

iii）このfについて，

$$\nu'(X) = \nu(X) - \int_X f(x)\,d\mu \quad (X \in \mathfrak{M})$$

とおき，どの X $(X \in \mathfrak{M})$ に対しても $\nu'(X)=0$ であることを示せば，μ, ν が有界の場合の (1) の証明は終りである.

かりに，そうでないとすると，$\nu'(X)>0$ だから，前節 2）により

$$\alpha > 0,\ A \in \mathfrak{M},\ \mu(A) > 0$$

で，$X \in \mathfrak{M}$ なら，いつでも

(7) $\nu'(X \cap A) - \alpha \cdot \mu(X \cap A) \geqq 0$. すなわち，

$$\alpha\cdot\mu(X\cap A)\leqq\nu(X\cap A)-\int_{X\cap A}f(x)d\mu$$

なる A, α があるはずである．よって，$\varphi=f+\alpha\chi_A$ とおくと，$X\in\mathfrak{M}$ ならばいつでも

$$\int_X\varphi(x)d\mu=\int_X f(x)d\mu+\alpha\cdot\mu(X\cap A)$$
$$=\int_{X-A\cap X}f(x)d\mu$$
$$+\int_{X\cap A}f(x)d\mu+\alpha\cdot\mu(X\cap A)$$

だから，(7) により

$$\int_X\varphi(x)d\mu\leqq\int_{X-A\cap X}f(x)d\mu+\nu(X\cap A)$$
$$\leqq\nu(X-A\cap X)+\nu(X\cap A)=\nu(X).$$

すなわち，$\varphi\in\boldsymbol{F}$.

しかるに，(6) により

$$\int_X\varphi(x)d\mu=\int_X f(x)d\mu+\alpha\mu(X\cap A)=\gamma+\alpha\mu(A)>\gamma.$$

これは γ の定義 (3) に背く結果である．よって，いつでも，$\nu'(X)=0$ でなければならない．

iv) f が有限な函数であるようにできることは V, §5, 問 2 から出てくる．

v) $\{\boldsymbol{X},\mathfrak{M},\mu\}$, $\{\boldsymbol{X},\mathfrak{M},\nu\}$ が準有界な測度空間のとき：VIII, §5, 問 1 により，

$$\boldsymbol{X} = \bigcup_{n=1}^{\infty} \boldsymbol{A}_n \text{（直和）},\ \ \boldsymbol{A}_n \in \mathfrak{M},\ \ \mu(\boldsymbol{A}_n) < +\infty,$$

$$\boldsymbol{X} = \bigcup_{n=1}^{\infty} \boldsymbol{B}_n \text{（直和）},\ \ \boldsymbol{B}_n \in \mathfrak{M},\ \ \nu(\boldsymbol{B}_n) < +\infty,$$

$$\mathfrak{M}_{pq} = \{X \cap (\boldsymbol{A}_p \cap \boldsymbol{B}_q) \mid X \in \mathfrak{M}\}$$

とすると，$\boldsymbol{A}_p \cap \boldsymbol{B}_q$ $(p, q=1, 2, \cdots)$ は交わることなく

$$\boldsymbol{X} = \bigcup_{p=1}^{\infty} \left(\bigcup_{q=1}^{\infty} (\boldsymbol{A}_p \cap \boldsymbol{B}_q) \right)$$

で，$\{\boldsymbol{A}_p \cap \boldsymbol{B}_q, \mathfrak{M}_{pq}, \mu\}$，$\{\boldsymbol{A}_p \cap \boldsymbol{B}_q, \mathfrak{M}_{pq}, \nu\}$ $(p, q=1, 2, \cdots)$ は，いずれも有界な測度空間である．よって，i)—iv) により

$$X \in \mathfrak{M}_{pq} \text{ ならば，いつでも } \nu(X) = \int_X f_{pq}(x)\,d\mu$$

なる $\boldsymbol{A}_p \cap \boldsymbol{B}_q$ で有限で可測な正値函数 f_{pq} があるはずである．$x \notin \boldsymbol{A}_p \cap \boldsymbol{B}_q$ ならば $f_{pq}(x)=0$ と定めて，

$$f = \sum_{p=1}^{\infty} \sum_{q=1}^{\infty} f_{pq}$$

とおけば，f は $\boldsymbol{X}$ で有限で可測な正値函数で，$X \in \mathfrak{M}$ ならば，V，§6，注意 2 により

$$\begin{aligned}\int_X f(x)\,d\mu &= \sum_{p=1}^{\infty} \sum_{q=1}^{\infty} \int_{X \cap A_p \cap B_q} f_{pq}(x)\,d\mu \\ &= \sum_{p=1}^{\infty} \sum_{q=1}^{\infty} \nu(X \cap \boldsymbol{A}_p \cap \boldsymbol{B}_q) \\ &= \nu\left(X \cap \left(\bigcup_{p=1}^{\infty} \bigcup_{q=1}^{\infty} \boldsymbol{A}_p \cap \boldsymbol{B}_q \right) \right) \\ &= \nu(X \cap \boldsymbol{X}) = \nu(X).\end{aligned}$$

vi) 最後に，(1)，(2) が同時に成りたてば，$X \in \mathfrak{M}$ なる

各 X で $\int_X [f(x)-g(x)]d\mu=0$ だから，$\mu(\boldsymbol{X}(f(x)\neq g(x)))=0$（V，§5，問6）．

2）（Lebesgue 分解） $\{\boldsymbol{X}, \mathfrak{M}, \mu\}$ が準有界な測度空間で，ν は $\{\boldsymbol{X}, \mathfrak{M}\}$ で準有界な加法的集合函数であるときは

$$\nu = \nu_1+\nu_2, \quad \nu_1 \perp \mu, \quad \nu_2 \ll \mu$$

なる加法的集合函数 ν_1, ν_2 がある．

また，この ν_1, ν_2 は ν, μ により一意的に定まる．

［証明］ ν^+, ν^- のおのおのについて証明すれば十分だから，最初から $\nu \geqq 0$ ときめて証明する．

i） μ, ν ともに準有界な測度だから，$\lambda=\mu+\nu$ も準有界で（§1，問1）明らかに，$\mu \ll \lambda$，$\nu \ll \lambda$．よって，1）により，$X \in \mathfrak{M}$ なる各 X において

$$\mu(X) = \int_X f(x)d\lambda \tag{8}$$

なる正値可測函数 f があるはずである．

ii） $A=\{x|f(x)>0\}$, $B=\{x|f(x)=0\}$ とおくと，$\boldsymbol{X}=A\cup B$ で，$A\cap B=\emptyset$ だから

$$\nu_1(X) = \nu(X\cap B) \quad (X \in \mathfrak{M})$$

によって，ν_1 を定義すれば，$\nu_1(A)=\nu(A\cap B)=\nu(\emptyset)=0$．一方，$x \in B$ ならば $f(x)=0$ だから，(8) により，$\mu(B)=0$．よって，$\nu_1 \perp \mu$．

iii） $\nu_2(X) = \nu(X\cap A)$

によって ν_2 を定義すると，$\nu(X)=\nu(X\cap A)+\nu(X\cap B)=\nu_1(X)+\nu_2(X)$．

すなわち，

$$\nu = \nu_1 + \nu_2.$$

iv) $\nu_2 \ll \mu$ の証明：$\mu(X) = \int_X f(x) d\lambda = 0$ とすると，$f \geqq 0$ なのだから，V，§2，5）により，$\lambda(X(f(x)>0))=0$. しかるに，$X \cap A = X(f(x)>0)$ だから $\lambda(X \cap A)=0$. したがって，$\nu \ll \lambda$ により，$\nu_2(X) = \nu(X \cap A) = 0$.

v) Lebesgue 分解が一意的であることの証明：$\nu = \nu_1 + \nu_2$ および $\nu = \bar{\nu}_1 + \bar{\nu}_2$ がともに Lebesgue 分解ならば，$\nu' = \nu_1 - \bar{\nu}_1 = \bar{\nu}_2 - \nu_2$ におくと，$\nu_1 \perp \mu$, $\bar{\nu}_1 \perp \mu$ だから，$(\nu_1 - \bar{\nu}_1) \perp \mu$. また，$X \in \mathfrak{M}$, $\mu(X)=0$ なら $\bar{\nu}_2(X)=0$, $\nu_2(X)=0$ だから，$(\bar{\nu}_2 - \nu_2)(X) = \bar{\nu}_2(X) - \nu_2(X) = 0$. すなわち，$(\bar{\nu}_2 - \nu_2) \ll \mu$. よって，$\nu' \perp \mu$, $\nu' \ll \mu$ だから，§3，3）により，$\nu' = 0$. すなわち，$\nu_1 = \bar{\nu}_1$, $\nu_2 = \bar{\nu}_2$.

注意 1. 前にのべたように，VI，§8，3）と上記の Radon-Nikodym の定理とはよく似ている定理である．実は，VI，§8，3）は Radon-Nikodym の定理の特別な場合と考えられるのである．以下，前者を後者から導き出してみよう：

g が $[a, b]$ で（VI，§8 の意味で）絶対連続な増加函数であるとき*，

$$x < a \text{ ならば } g(x) = g(a), \quad x > b \text{ ならば } g(x) = g(b)$$

とおいて g の定義域を $\boldsymbol{R}$ まで広げると，VIII，§3，例 1 により

$$m(N) = 0 \text{ ならば } m_g^*(N) = 0.$$

よって，$\mathfrak{B}$ を定義域とする集合函数 m_g は（本章§3 の意味で）m に関し絶対連続だから，

---

* g が $[a, b]$ で絶対連続ならば，絶対連続な二つの増加函数の差として表わされる（VI，§8，注意 2）．

$$X \in \mathfrak{B} \text{ ならば } m_g(X) = \int_X f(t)dt$$

なる $\boldsymbol{R}$ で有限な可測函数 f があるはずである．とくに，$a \leqq x \leqq b$，$X = [a, x)$ とすると

$$\begin{aligned} g(x) - g(a) &= m_g([a, x)) = m_g([a, x]) \\ &= \int_{[a, x]} f(t)dt = \int_a^x f(t)dt. \end{aligned}$$

VI, §6, 2) によれば，g は $[a, b]$ でほとんど至るところ微分可能で $g' = f$ だから

$$g(x) = g(a) + \int_a^x g'(t)dt.$$

X. 直積測度空間と Fubini の定理

《2 変数の函数の積分（2 重積分）は累次積分として表わしうる》という Fubini の定理は VII, §4 でこれを証明しておいた．この章では，これと類似の定理が抽象的な測度空間における積分についても成立することを示そうとする．とくに，以下 §2, §3, §4 で扱うのは，この本でいう完備直積測度空間における Fubini の定理であるが，前記 VII, §4 の Fubini の定理は正にこの定理の特別の場合に当ることに注意しておきたい．

§1. 直積測度空間

測度空間 $\{\boldsymbol{X}, \mathfrak{M}, \mu\}$ と $\{\boldsymbol{Y}, \mathfrak{N}, \nu\}$ とが与えられているとする．このとき，直積空間 $\boldsymbol{X}\times\boldsymbol{Y}$（II, §6 の直積集合）において，$\mathfrak{M}, \mathfrak{N}, \mu, \nu$ をもとにして，可測集合族と測度を定め，いわゆる**直積測度空間**を定義しようと試みる．そのうえで，VII, §4 の Fubini の定理に類似の定理をこの直積測度空間に関し証明しようというのがこれからの目標である．

II, §6 で定義したように $\boldsymbol{X}\times\boldsymbol{Y}$ は $x\in\boldsymbol{X}, y\in\boldsymbol{Y}$ なる組 $\langle x, y\rangle$ 全部の集合である．

したがって，$A\subseteq\boldsymbol{X}, B\subseteq\boldsymbol{Y}$ ならば，もとより，$A\times B\subseteq\boldsymbol{X}\times\boldsymbol{Y}$ である．こういう形の集合 $A\times B$ を $\boldsymbol{X}\times\boldsymbol{Y}$ における**区間**とよぶことにする．

(1)　$(A_1\times B_1)\cap(A_2\times B_2) = (A_1\cap A_2)\times(B_1\cap B_2)$,

(2)　$(A_1\times B_1)-(A_2\times B_2)$

$$= [(A_1-A_2)\times B_1]\cup[(A_1\cap A_2)\times(B_1-B_2)] \quad (直和)$$

は明らかであろう．

とくに，$(A\times B)^c=\boldsymbol{X}\times\boldsymbol{Y}-(A\times B)$，$A^c=\boldsymbol{X}-A$，$B^c=\boldsymbol{Y}-B$ とおくとき，(2) により，

(3) $$(A\times B)^c=(A^c\times\boldsymbol{Y})\cup(A\times B^c).$$

区間 $A\times B$ で，とくに，$A\in\mathfrak{M}$, $B\in\mathfrak{N}$ のとき，$A\times B$ を**可測区間**とよび，可測区間全部の集合を $\mathfrak{J}$ で表わすことにする．また，可測区間を表わすのには，多くの場合，文字 I を使う：$I\in\mathfrak{J}$.

さらに，また，$I=A\times B\in\mathfrak{J}$ のとき，

$$|I|=|A\times B|=\mu(A)\cdot\nu(B)$$

とおいて，$|I|$ を定義する．

$\mathfrak{J}$ が VIII，§7 の条件

I1) $I_i\in\mathfrak{J}$ $(i=1,2,\cdots,n)$ ならば $\bigcap_{i=1}^n I_i\in\mathfrak{J}$

I2) $I_1\in\mathfrak{J}$, $I_2\in\mathfrak{J}$ ならば I_1-I_2 は有限個の可測区間の直和である

をみたしていることは (1)，(2) から明らかである．また，$\boldsymbol{X}\times\boldsymbol{Y}\in\mathfrak{J}$ なのだから，$I_n=\boldsymbol{X}\times\boldsymbol{Y}$ $(n=1,2,\cdots)$ とおけば条件

I3) $\boldsymbol{X}\times\boldsymbol{Y}\subseteq\bigcup_{n=1}^\infty I_n$, $\quad I_n\in\mathfrak{J}$ $\quad(n=1,2,\cdots)$

のみたされていることもわかる．

$\mathfrak{J}$ をもとにして，これから，$\boldsymbol{X}\times\boldsymbol{Y}$ における可測集合族を定義する仕事にとりかかる．それには次の二つの行きかた a) と b) とがある．

a) $\{\boldsymbol{X},\mathfrak{M},\mu\}$, $\{\boldsymbol{Y},\mathfrak{N},\nu\}$ は完備測度空間であるとし，

VIII の§7および§8の線に沿い，$\mathfrak{J}$ を通じて，まず，外測度 λ^* なるものを設定する．つぎに，この外測度 λ^* によって，$\boldsymbol{X}\times\boldsymbol{Y}$ の可測集合族 $\mathfrak{L}$ を定め，$E\in\mathfrak{L}$ のとき $\lambda(E)=\lambda^*(E)$ とおくと，ここに，測度空間 $\{\boldsymbol{X}\times\boldsymbol{Y}, \mathfrak{L}, \lambda\}$ ができ上がる．後に示すように $\{\boldsymbol{X}\times\boldsymbol{Y}, \mathfrak{L}, \lambda\}$ は完備測度空間なので，この本では，これを**完備直積測度空間**と称することにする．

b) $\mathfrak{J}\subseteq\mathfrak{A}$ なる加法的集合族 $\mathfrak{A}$ 全部の交わりを $\mathfrak{A}_0$ で表わし，$\mathfrak{A}_0$ を $\boldsymbol{X}\times\boldsymbol{Y}$ における可測集合族と定める．$\mathfrak{J}\subseteq\mathfrak{A}$ なる加法的集合族 $\mathfrak{A}$ が存在することは，たとえば $\boldsymbol{X}\times\boldsymbol{Y}$ のあらゆる部分集合から成る集合族を考えてみればわかる．また，$\mathfrak{A}_0$ 自身が加法的集合族であることはボレル集合族 $\mathfrak{B}$ のときと同様に証明できる (III, §8, 問2)．こうして定まる $\{\boldsymbol{X}\times\boldsymbol{Y}, \mathfrak{A}_0\}$ を**最小直積可測空間**とよぶことにする．その上で，$\mathfrak{A}_0$ の各元に測度 λ_0 を与えると，最小直積測度空間 $\{\boldsymbol{X}\times\boldsymbol{Y}, \mathfrak{A}_0, \lambda_0\}$ ができ上がろうという段取りである．

a), b) いずれの道を行くにしても，次の定義は必要である．

$E\subseteq\boldsymbol{X}\times\boldsymbol{Y}$ のとき

$$E_x=\{y\,|\,\langle x, y\rangle\in E\},\quad E^y=\{x\,|\,\langle x, y\rangle\in E\}$$

をそれぞれ x による E の**切り口**，y による E の**切り口**と称する．もとより，

$$E_x\subseteq\boldsymbol{Y},\quad E^y\subseteq\boldsymbol{X}$$

である．$\langle x, y\rangle\in E$ なる $\langle x, y\rangle$ がなければ $E_x=\varnothing, E^y=\varnothing$

であることはいうまでもない.

f が $\boldsymbol{X}\times\boldsymbol{Y}$ を定義域とする函数（$\boldsymbol{X}\times\boldsymbol{Y}$ から $\overline{\boldsymbol{R}}$ の中への写像）で

（4）c がどんな実数でも

$(\boldsymbol{X}\times\boldsymbol{Y})(f(x,y)>c)=\{\langle x,y\rangle\,|\,f(x,y)>c\}$ が可測であるとき，f は（$\boldsymbol{X}\times\boldsymbol{Y}$ で）**可測函数**であるといわれる．

§2. 完備直積測度空間

まず，a）の道を行こう．

§1 でのべておいたように，$\mathfrak{J}$ は VIII，§7 の条件 I1)，I2)，I3) をみたしている．条件 J1)《$0\leqq|I|\leqq+\infty, |\emptyset|=0$》がみたされていることは言うまでもない．条件 J2)，J3) もみたされることは，以下，定理 1)，2) としてこれを証明することにする．

1) $I=\bigcup_{i=1}^{n}I_i$, $I\in\mathfrak{J}$, $I_i\in\mathfrak{J}(i=1,2,\cdots,n)$ で $I_1,I_2,\cdots,I_n$ が交わらなければ $|I|=\sum_{i=1}^{n}|I_n|$．

［証明］ $\langle x,y\rangle\in I$ ならば $\langle x,y\rangle$ は $I_1,I_2,\cdots,I_n$ の中のどれか一つ，しかも，ただ一つに属する．よって，$I=A\times B$, $I_i=A_i\times B_i\ (i=1,2,\cdots,n)$ とすれば，

$$\chi_A(x)\cdot\chi_B(y)=\chi_I(\langle x,y\rangle)=\sum_{i=1}^{n}\chi_{I_i}(\langle x,y\rangle)$$

$$=\sum_{i=1}^{n}\chi_{A_i}(x)\cdot\chi_{B_i}(y)$$

だから，x を固定すると

$$\nu(B)\chi_A(x) = \int_Y \chi_A(x)\chi_B(y)d\nu = \sum_{i=1}^{n}\int_Y \chi_{A_i}(x)\chi_{B_i}(y)d\nu$$
$$= \sum_{i=1}^{n}\chi_{A_i}(x)\int_Y \chi_{B_i}(y)d\nu = \sum_{i=1}^{n}\nu(B_i)\chi_{A_i}(x).$$

よって,

$$|I| = \mu(A)\nu(B) = \int_X \nu(B)\chi_A(x)d\mu$$
$$= \sum_{i=1}^{n}\int_X \nu(B_i)\chi_{A_i}(x)d\mu = \sum_{i=1}^{n}\nu(B_i)\int_X \chi_{A_i}(x)d\mu$$
$$= \sum_{i=1}^{n}\mu(A_i)\nu(B_i) = \sum_{i=1}^{n}|I_i|.$$

2) $I \subseteq \bigcup_{n=1}^{\infty} I_n$, $I = A \times B \in \mathfrak{I}$, $I_n = A_n \times B_n \in \mathfrak{I}$ $(n=1, 2, \cdots)$ ならば $|I| \leqq \sum_{n=1}^{\infty}|I_n|$.

[証明] $\langle x, y\rangle \in I$ ならば, $\langle x, y\rangle \in I_n = A_n \times B_n$ なる I_n があるはずだから

$$\chi_A(x)\chi_B(y) = \chi_I(\langle x, y\rangle) \leqq \sum_{n=1}^{\infty}\chi_{I_n}(\langle x, y\rangle)$$
$$= \sum_{n=1}^{\infty}\chi_{A_n}(x)\chi_{B_n}(y).$$

よって, V, §6, 1) により, 1) の証明と同様にして,

$$\nu(B)\chi_A(x) = \chi_A(x)\int_Y \chi_B(y)d\nu \leqq \sum_{n=1}^{\infty}\chi_{A_n}(x)\int_Y \chi_{B_n}(y)d\nu$$
$$= \sum_{n=1}^{\infty}\nu(B_n)\chi_{A_n}(x).$$

$$|I| = \mu(A)\nu(B) = \int_X \nu(B)\chi_A(x)d\mu$$

$$\leqq \sum_{n=1}^{\infty}\int_{\boldsymbol{X}}\nu(B_n)\chi_{A_n}(x)d\mu$$

$$= \sum_{n=1}^{\infty}\mu(A_n)\nu(B_n) = \sum_{n=1}^{\infty}|I_n|.$$

こうして，J1)，J2)，J3) が成りたつので，$\boldsymbol{X}$ の各部分集合 E に対し

$$\lambda^*(E) = \inf\left\{\sum_{n=1}^{\infty}|I_n|\,\middle|\,E\subseteq\bigcup_{n=1}^{\infty}I_n\right\},\quad I_n\in\mathfrak{J}\quad(n=1,2,\cdots)$$

とおいて，E の外測度 $\lambda^*(E)$ を定義すると，VIII, §7 により，次の 4 条件がみたされる．

C1)　$0\leqq\lambda^*(E)\leqq+\infty,\ \ \lambda^*(\varnothing)=0.$

C2)　$E_1\subseteq E_2$ ならば $\lambda^*(E_1)\leqq\lambda^*(E_2)$.

C3)　$E\subseteq\bigcup_{n=1}^{\infty}E_n$ ならば $\lambda^*(E)\leqq\sum_{n=1}^{\infty}\lambda^*(E_n)$.

C′4)　$I\in\mathfrak{J}$ ならば $\lambda^*(I)=|I|$.

外測度 λ^* がきまったので，VIII, §8 にならい，$Z\subseteq\boldsymbol{X}\times\boldsymbol{Y}$ なるどの Z に対しても

(1)　$$\lambda^*(Z) = \lambda^*(Z\cap E)+\lambda^*(Z\cap E^c)$$
$$(E^c=\boldsymbol{X}\times\boldsymbol{Y}-E)$$

であるとき，E は可測集合であるということにする．こうして定義された可測集合は加法的集合族を形づくる．$\varnothing$ や $\boldsymbol{X}\times\boldsymbol{Y}$ は可測集合である．

この可測集合族はこれを $\mathfrak{L}$ で表わすこととし*，

(2)　$$E\in\mathfrak{L}\ \text{ならば}\ \lambda(E) = \lambda^*(E)$$

---

*　VIII, §5 で約束したように，$\boldsymbol{R}$ における可測集合族は $\mathfrak{L}_1$ で表わす．

とおいて, $\lambda(E)$ を E の**測度**と名づける.

L1) $E \in \mathfrak{L}$ ならば $0 \leqq \lambda(E) \leqq +\infty$, $\lambda(\emptyset)=0$.

L2) $E_n \in \mathfrak{L}(n=1, 2, \cdots)$ で, $A_1, A_2, \cdots, A_n, \cdots$ が交わらなければ

$$\lambda\left(\bigcup_{n=1}^{\infty} E_n\right) = \sum_{n=1}^{\infty} \lambda(E_n)$$

であることはいつものとおりである.

こうしてできた測度空間 $\{\boldsymbol{X} \times \boldsymbol{Y}, \mathfrak{L}, \lambda\}$ が完備であること, また, $\mathfrak{J} \subseteq \mathfrak{L}$ であることは VIII, §8 で証明しておいたとおりである. C′4) は, じつは,

L′3) $I \in \mathfrak{J}$ ならば $\lambda(I)=|I|$

と書きうることに注意する.

なお, VIII, §8, 2), 3) と同様に次の定理が成立する.

3) $\lambda^*(E)=\inf\{\lambda(Z) \mid Z \in \mathfrak{L}, E \subseteq Z\}$

4) $\boldsymbol{X} \times \boldsymbol{Y}$ の各部分集合 E は等測包 E^* を有する:

$$E \subseteq E^*, \quad E^* \in \mathfrak{L}, \quad \lambda(E^*) = \lambda^*(E).$$

なお, VIII, §8, 3) のあとの注意 1, 2 でのべたように, $\lambda^*(E) < +\infty$ のとき

$$E^* = \bigcap_{p=1}^{\infty}\left(\bigcup_{q=1}^{\infty} I_{pq}\right), \quad I_{pq} \in \mathfrak{J} \quad (p, q=1, 2, \cdots),$$

$$\lambda(E^*) < +\infty$$

なる等測包 E^* がえられることに, とくに, 注目しておく. あとで, このことが定理の証明に利用されるからである.

§3. 測度λの積分表示

この節と次節では

$\{\boldsymbol{X}, \mathfrak{M}, \mu\}$ および $\{\boldsymbol{Y}, \mathfrak{N}, \nu\}$ は完備測度空間

であると定めておく．

f が $\{\boldsymbol{X}\times\boldsymbol{Y}, \mathfrak{L}, \lambda\}$ で積分可能な函数であるとき，Fubini の定理

$$(1)\qquad \int_{X\times Y} f(x,y)d\lambda = \int_Y\left[\int_X f(x,y)d\mu\right]d\nu = \int_X\left[\int_Y f(x,y)d\nu\right]d\mu$$

を証明するのがこの節から次節へかけての仕事である．証明法は，VII, §4 に似た線をたどる．

1) $E\in\mathfrak{L}, \lambda(E)<+\infty$ ならば，$\boldsymbol{X}$ におけるある零集合 N の点 x を除き，他の x については，$E_x=\{y\,|\,\langle x,y\rangle\in E\}\in\mathfrak{N}$．また，$x\in\boldsymbol{X}-N$ なる x に対し $g(x)=\nu(E_x)$ とおくと，g は $\boldsymbol{X}$ で可測な正値函数で*

$$\int_X g(x)d\mu = \int_X \nu(E_x)d\mu = \lambda(E).$$

［証明］ i) $E\in\mathfrak{J}$ のとき：$E=A\times B, A\in\mathfrak{M}, B\in\mathfrak{N}$ とすると，$x\in A$ ならば $E_x=B\in\mathfrak{N}$，$x\notin A$ ならば $E_x=\emptyset\in\mathfrak{N}$．よって，$g=\nu(B)\chi_A$ だから，g は $\boldsymbol{X}$ で可測で

$$\int_X \nu(E_x)d\mu = \int_X \nu(B)\chi_A(x)d\mu = \int_A \nu(B)d\mu$$

---

* 《$\{\boldsymbol{X}, \mathfrak{M}, \mu\}$ で》可測とか零集合とかいう代わりに，かんたんに，《$\boldsymbol{X}$ で》可測とか零集合とかいうことにする．

$$= \mu(A)\nu(B) = |A \times B| = \lambda(E).$$

ii)　$E=\bigcup_{n=1}^{\infty} I_n$（直和），$I_n \in \mathfrak{J}$ $(i=1,2,\cdots)$ のとき：i）により，$(I_n)_x \in \mathfrak{N}$ だから，$E_x=\bigcup_{n=1}^{\infty}(I_n)_x \in \mathfrak{N}$．また，$g_n(x)=\nu((I_n)_x)$ とおくと，

$$g(x) = \nu(E_x) = \sum_{n=1}^{\infty} \nu((I_n)_x) = \sum_{n=1}^{\infty} g_n(x).$$

すなわち，$g=\sum_{n=1}^{\infty} g_n$ だから，ふたたび i）により，g は $\boldsymbol{X}$ で可測な函数である．よって，V，§6，1）により，

$$\int_X \nu(E_x)d\mu = \sum_{n=1}^{\infty}\int_X \nu((I_n)_x)d\mu = \sum_{n=1}^{\infty}\lambda(I_n) = \lambda(E).$$

iii)　$E=\bigcap_{p=1}^{\infty} K_p$,　$K_p=\bigcup_{q=1}^{\infty} I_{pq}$,　$I_{pq} \in \mathfrak{J}$ $(p,q=1,2,\cdots)$，$\lambda(K_1)<+\infty$ のとき：$E_n=\bigcap_{p=1}^{n} K_p$ $(n=1,2,\cdots)$ とおいてみると，$E_{n+1} \subseteq E_n$ $(n=1,2,\cdots)$, $E=\bigcap_{n=1}^{\infty} E_n$．また，VIII，§7 の条件 I1）がみたされているのだから，E_n は，K_p と同じく，可測区間の列の結びである：$E_n=\bigcup_{i=1}^{\infty} I_{ni}$.

このとき，VIII，§7，問 1 により，$i \neq j$ なら $I_{ni} \cap I_{nj}=\emptyset$ であるように $I_{ni}(i=1,2,\cdots)$ をえらべるから，ii）により，$(E_n)_x=\bigcup_{i=1}^{\infty}(I_{ni})_x \in \mathfrak{N}$．したがって，$E_x=\bigcap_{n=1}^{\infty}(E_n)_x \in \mathfrak{N}$．ここで，$g_n(x)=\nu((E_n)_x)$ とおくと，また ii）により，g_n は $\boldsymbol{X}$ で可測で

$$(2)\qquad \int_X g_n(x)d\mu = \int_X \nu((E_n)_x)d\mu$$
$$= \lambda(E_n) \quad (n=1,2,\cdots).$$

とくに，$n=1$ のときには，仮設により，

$$(3) \qquad \int_{\boldsymbol{X}} g_1(x)d\mu = \int_{\boldsymbol{X}} \nu((E_1)_x)d\mu = \lambda(E_1)$$
$$= \lambda(K_1) < +\infty$$

だから，$N=\{x|g_1(x)=+\infty\}$ とおくと，$\mu(N)=0$.

元来 $(E_{n+1})_x \subseteqq (E_n)_x$ $(n=1,2,\cdots)$ で，$x \in \boldsymbol{X}-N$ ならば，$\nu((E_1)_x)=g_1(x)<+\infty$ なのだから，

$$0 \leqq \nu((E_{n+1})_x) \leqq \nu((E_n)_x) \leqq \nu((E_1)_x) < +\infty,$$

すなわち，

$$0 \leqq g_{n+1}(x) \leqq g_n(x) \leqq g_1(x) < +\infty.$$

よって，III, §10, 4）により，$x \in \boldsymbol{X}-N$ ならば

$$(4) \qquad \lim_n g_n(x) = \lim_n \nu((E_n)_x) = \nu\left(\bigcap_{n=1}^{\infty} (E_n)_x\right)$$
$$= \nu(E_x) = g(x).$$

しかるに，g_n は $\boldsymbol{X}$，したがって，$\boldsymbol{X}-N$ で可測なのだから，(4) により，g は $\boldsymbol{X}-N$，したがって，$\boldsymbol{X}$ で可測な函数である．よって，(2)，(3)，(4) と Lebesgue の項別積分定理（V, §6, 4)）により，

$$\int_{\boldsymbol{X}} g(x)d\mu = \int_{\boldsymbol{X}-N} g(x)d\mu = \lim_n \int_{\boldsymbol{X}-N} g_n(x)d\mu$$
$$= \lim_n \int_{\boldsymbol{X}} g_n(x)d\mu = \lim_n \lambda(E_n).$$

一方において，$E_{n+1} \subseteqq E_n$ $(n=1,2,\cdots)$，$E=\bigcap_{n=1}^{\infty} E_n$，$\lambda(E_1)<+\infty$ なのだから，また III, §10, 4）により

$$\lim_n \lambda(E_n) = \lambda(E),$$

すなわち

$$\int_X \nu(E_x)d\mu = \int_X g(x)d\mu = \lambda(E).$$

iv）$\lambda(E)=0$ のとき：§2 の終りでのべたところにより，E の等測包

$$(5)\quad E^* = \bigcap_{p=1}^{\infty} K_p \quad \left(K_p=\bigcup_{q=1}^{\infty} I_{pq},\ \ I_{pq} \in \mathfrak{J},\ \ \lambda(K_1)<+\infty\right)$$

をとって，$g^*(x)=\nu((E^*)_x)$ とおく．N を iii）と同じ意味に使えば，g^* は $\boldsymbol{X}-N$ で可測な正値函数で

$$\int_X g^*(x)d\mu = \int_{X-N} g^*(x)d\mu = \int_{X-N} \nu((E^*)_x)d\mu$$
$$= \lambda(E^*) = \lambda(E) = 0.$$

よって，$N'=\{x|x \in \boldsymbol{X}-N, \nu((E^*)_x)>0\}$ とおくと，$\mu(N')=0$（V, §2, 5)）．すなわち，$x \in \boldsymbol{X}-(N \cup N')$ ならば $\nu((E^*)_x)=0$.

しかるに，$E \subseteq E^*$，したがって，$E_x \subseteq (E^*)_x$ だから，ν が完備な測度である以上，$x \in \boldsymbol{X}-(N \cup N')$ ならば，$E_x \in \mathfrak{N}$ で $g(x)=\nu(E_x)=0$. すなわち，g は零集合 $N \cup N'$ 以外の $\boldsymbol{X}$ の点 x では 0 にひとしいから，$\boldsymbol{X}$ で可測な正値函数で

$$\int_X g(x)d\mu = \int_{X-(N \cup N')} \nu(E_x)d\mu = 0 = \lambda(E).$$

v）一般に $\lambda(E)<+\infty$ のとき：条件 (5) をみたすような E の等測包 E^* をとって，$E'=E^*-E$ とおくと，$\lambda(E')=0$. よって，iv）により，ある零集合 $\overline{N}$ に属しない x に

対しては $(E')_x\in\mathfrak{N}$, $\nu((E')_x)=0$. また, iii) により, ある零集合 N に属しない x に対しては $(E^*)_x\in\mathfrak{N}$ で

$$(6)\qquad \int_{\boldsymbol{X}}\nu((E^*)_x)d\mu=\lambda(E^*)=\lambda(E).$$

よって, $x\in\boldsymbol{X}-(N\cup\overline{N})$ ならば, $E_x=(E^*)_x-(E')_x\in\mathfrak{N}$ で $g(x)=\nu(E_x)=\nu((E^*)_x)$. ここに, $\mu(N\cup\overline{N})=0$ だから, iii) により, g は $\boldsymbol{X}$ で可測函数で, (6) により

$$\int_{\boldsymbol{X}}g(x)d\mu=\int_{\boldsymbol{X}}\nu(E_x)d\mu=\lambda(E).$$

問 1. $\{\boldsymbol{X},\mathfrak{M},\mu\}$ および $\{\boldsymbol{Y},\mathfrak{N},\nu\}$ が準有界ならば $\{\boldsymbol{X}\times\boldsymbol{Y},\mathfrak{L},\lambda\}$ は準有界であることを証明する.

§4. $\{\boldsymbol{X}\times\boldsymbol{Y},\mathfrak{L},\lambda\}$ における Fubini の定理

準備ができたので, いよいよ, §3, (1) を証明する.

1) (**Fubini の定理**) $\{\boldsymbol{X}\times\boldsymbol{Y},\mathfrak{L},\lambda\}$ で f が積分可能な函数であるとき,

$$f_x(y)=f(x,y),\quad f^y(x)=f(x,y)$$

とおくと,

(I) $\{\boldsymbol{X},\mathfrak{M},\mu\}$ におけるある零集合 N に属する x を除き, 他の x に対しては f_x は $\{\boldsymbol{Y},\mathfrak{N},\nu\}$ で積分可能である. この N を, ここでは, **《例外零集合》** とよぶことにする.

(II) $x\in\boldsymbol{X}-N$ なる x に対し,

$$g(x)=\int_{\boldsymbol{Y}}f_x(y)d\nu=\int_{\boldsymbol{Y}}f(x,y)d\nu$$

とおくと, g は $\{\boldsymbol{X},\mathfrak{M},\mu\}$ で積分可能である.

(III) $\int_{X\times Y} f(x,y)d\lambda = \int_X g(x)d\mu$

$$= \int_X \left[\int_Y f(x,y)d\nu\right]d\mu.$$

(I′) $\{\boldsymbol{Y}, \mathfrak{N}, \nu\}$ におけるある零集合 N' に属する y を除き，他の y に対しては f^y は $\{\boldsymbol{X}, \mathfrak{M}, \mu\}$ で積分可能である.

(II′) $y \in \boldsymbol{Y} - N'$ な y に対し $h(x) = \int_Y f^y(x)d\nu$ とおくと，h は $\{\boldsymbol{Y}, \mathfrak{N}, \nu\}$ で積分可能である.

(III′) $\int_{X\times Y} f(x,y)d\lambda = \int_Y h(y)d\nu$

$$= \int_Y \left[\int_X f(x,y)d\mu\right]d\nu.$$

［証明］ (I)，(II)，(III) だけを証明する．また，f^+, f^- について証明すれば $f = f^+ - f^-$ についても証明されたことになるから，最初から，$f \geqq 0$ として話を進める.

i) $E \in \mathfrak{L}$, $\lambda(E) < +\infty$, $f = \chi_E$ のとき：$N_1 = \{x \mid E_x \notin \mathfrak{N}\}$ とおくと，§3，1）により，$\mu^*(N_1) = 0$．ここで，$x \in \boldsymbol{X} - N_1$ ならば $E_x \in \mathfrak{N}$ だから，$f_x = \chi_{E_x}$ は $\boldsymbol{Y}$ で可測な正値函数である．そういう x に対しては

(1) $g(x) = \int_Y f_x(y)d\nu = \int_Y \chi_{E_x}(y)d\nu = \nu(E_x)$

だから，ふたたび§3，1）により，g は $\boldsymbol{X}$ で可測な正値函数で

(2) $\int_X g(x)d\mu = \int_X \nu(E_x)d\mu = \lambda(E) < +\infty.$

すなわち，g は $\boldsymbol{X}$ で積分可能な函数である．

よって，$N_2=\{x|\nu(E_x)=+\infty\}$ とおくと，N_2 は零集合でなければならない．これは $x\in\boldsymbol{X}-(N_1\cup N_2)$ ならば

$$g(x)=\int_Y f_x(y)d\nu<+\infty,$$

すなわち，f_x は $\boldsymbol{Y}$ で積分可能であることを意味する．また，

$$\int_{X\times Y} f(x,y)d\lambda=\int_{X\times Y}\chi_E(x,y)d\lambda=\lambda(E)$$

と (1)，(2) とを見くらべると，(III) の成立することがわかる．

この場合，$N=N_1\cup N_2$ がいわゆる例外零集合である．

ii) $E_p\in\mathfrak{L}(p=1,2,\cdots,n)$，　$\lambda(\bigcup_{p=1}^n E_p)<+\infty$，　$f=\sum_{p=1}^n c_p\chi_{E_p}$ のとき：$f_p=\chi_{E_p}(p=1,2,\cdots,n)$ とおくと，i) により，各 f_p については (I)，(II)，(III) が成立する．よって，各 f_p の例外零集合を N_p で表わし，$g_p(x)=\int_Y (f_p)_x(y)d\nu$ $(p=1,2,\cdots,n)$, $N=\bigcup_{p=1}^n N_p$ とおくと，$\mu(N)=0$ で，

(I) $x\in\boldsymbol{X}-N$ ならば $f_x=\sum_{p=1}^n c_p(f_p)_x$ は $\boldsymbol{Y}$ で積分可能である．

(II) $x\in\boldsymbol{X}-N$ ならば

$$g(x)=\int_Y f_x(y)d\nu=\sum_{p=1}^n c_p\int_Y (f_p)_x(y)d\nu=\sum_{p=1}^n c_p g_p(x)$$

だから，g は $\boldsymbol{X}$ で積分可能である．

(III) $$\int_{X\times Y} f(x,y)d\lambda=\sum_{p=1}^n c_p\int_{X\times Y} f_p(x,y)d\lambda$$

$$= \sum_{p=1}^{n} c_p \int_X \left[\int_Y (f_p)_x(y)\,d\nu\right] d\mu$$

$$= \int_X \left[\int_Y \sum_{p=1}^{n} c_p (f_p)_x(y)\,d\nu\right] d\mu$$

$$= \int_X \left[\int_Y f_x(y)\,d\nu\right] d\mu.$$

iii) 一般の場合：$0 \leqq f_n \leqq f_{n+1} (n=1,2,\cdots)$, $\lim_n f_n = f$ で，各 f_n は可測な単函数であるとする（IV, §5, 2)）．また，VIII, §5, 1）により，$E' = \{\langle x, y\rangle | f(x,y) > 0\}$ で λ が準有界だから，$E_n' \in \mathfrak{L}$, $E_n' \subseteq E_{n+1}'$, $\lambda(E_n') < +\infty (n=1,2,\cdots)$, $E' = \bigcup_{n=1}^{\infty} E_n'$ であるとする．なお，また $\boldsymbol{X} \times \boldsymbol{Y} = E' \cup \{\langle x, y\rangle | f(x,y) = 0\}$ に注意しておく．

いま，各 f_n について，$\varphi_n = f_n \cdot \chi_{E_n'}$ とおくと，φ_n も可測な単函数で

$$\varphi_n \leqq \varphi_{n+1} \ (n=1,2,\cdots), \quad \lim_n \varphi_n = f.$$

しかも，$x \notin E_n'$ ならば $\varphi_n(x) = 0$, また $\lambda(E_n') < +\infty$ だから，ii）により，各 φ_n について，(I), (II), (III) が成立する．各 φ_n の例外零集合を N_n とし，$N = \bigcup_{n=1}^{\infty} N_n$ とおけば，N も零集合である．$x \in \boldsymbol{X} - N$ ならば $(\varphi_n)_x$ が $\boldsymbol{Y}$ で積分可能であることはいうまでもない．

よって，$x \in \boldsymbol{X} - N$ なる x に対し，$f_x = \lim_n (\varphi_n)_x$ は $\boldsymbol{Y}$ で可測な正値函数で，V, §6, 2）により，

$$(3) \quad g(x) = \int_Y f_x(y)\,d\nu = \lim_n \int_Y (\varphi_n)_x(y)\,d\nu.$$

しかも，$g_n(x)=\int_Y(\varphi_n)_x(y)d\nu$ とおくと，ii）により，g_n は $\boldsymbol{X}$ で積分可能なのだから，g は $\boldsymbol{X}$ で可測な正値函数である．

しかるに，$g_n\leqq g_{n+1}(n=1,2,\cdots)$ で $g=\lim_n g_n$ なのだから，ふたたび V，§6，2）により，

$$\int_X\left[\int_Y f(x,y)d\nu\right]d\mu=\int_X g(x)d\mu=\lim_n\int_X g_n(x)d\mu$$

$$=\lim_n\int_{X\times Y}\varphi_n(x,y)d\lambda=\int_{X\times Y}f(x,y)d\lambda<+\infty.$$

よって，g は $\boldsymbol{X}$ で積分可能だから，$N'=\{x\,|\,g(x)=+\infty\}$ とおくと，$\mu^*(N')=0$．したがって，$x\in\boldsymbol{X}-(N\cup N')$ ならば，(3) により $\int_Y f_x(y)d\nu<+\infty$ だから，f_x は $\boldsymbol{Y}$ で積分可能な函数である．

2）（Fubini の定理） $\{\boldsymbol{X},\mathfrak{M},\mu\},\{\boldsymbol{Y},\mathfrak{N},\nu\}$ が準有界で，f が $\{\boldsymbol{X}\times\boldsymbol{Y},\mathfrak{L},\lambda\}$ で可測な正値函数であるときは

(I)　$\boldsymbol{X}$ のある零集合 N 以外の x に対しては f_x は $\boldsymbol{Y}$ で可測な函数である．

(II)　$x\in\boldsymbol{X}-N$ なる x に対し $g(x)=\int_Y f_x(y)d\nu$ とおくと g は $\boldsymbol{X}$ で可測な函数である．

(III)　$$\int_{X\times Y}f(x,y)d\lambda=\int_X\left[\int_Y f(x,y)d\nu\right]d\mu.$$

(I′)　$\boldsymbol{Y}$ のある零集合 N' 以外の y に対しては f^y は $\boldsymbol{X}$ で可測な函数である．

(II′)　$y\in\boldsymbol{Y}-N'$ なる y に対し $h(x)=\int_X f^y(x)d\mu$ とおくと，h は $\boldsymbol{Y}$ で可測な函数である．

(III′)　$\displaystyle\int_{X\times Y} f(x,y)\,d\lambda = \int_Y \left[\int_X f(x,y)\,d\mu\right] d\nu.$

［証明］　次の場合のこの定理の証明は 1）の証明の i），ii）の中にふくまれている：

$$E_i \in \mathfrak{L}\ (i=1,2,\cdots,n),\quad \lambda\left(\bigcup_{i=1}^{n} E_i\right) < +\infty,\quad f = \sum_{i=1}^{n} c_i \chi_{E_i}.$$

また，$\{\boldsymbol{X}\times\boldsymbol{Y}, \mathfrak{L}, \lambda\}$ は準有界だから（§3，問 1），$\boldsymbol{Z}_n \subseteq \boldsymbol{Z}_{n+1}, \lambda(\boldsymbol{Z}_n) < +\infty\ (n=1,2,\cdots)$，$\boldsymbol{X}\times\boldsymbol{Y} = \bigcup_{n=1}^{\infty} \boldsymbol{Z}_n$ とし，1）の証明の iii）と同様にして $\varphi_n = f_n \cdot \chi_{Z_n}$ を使うと，一般の可測な正値函数 f についての証明ができる．

§5.　最小直積測度空間

こんどは b）の道の番である．

すでに可測空間 $\{\boldsymbol{X}\times\boldsymbol{Y}, \mathfrak{A}_0\}$ が与えられているので（§1），各可測集合 $E\ (E \in \mathfrak{A}_0)$ に $\lambda_0(E)$ なる測度を与えて，《最小直積測度空間》$\{\boldsymbol{X}\times\boldsymbol{Y}, \mathfrak{A}_0, \lambda_0\}$ をつくろうというのがこの節のねらいである．

結論をさきにいうと，$E \in \mathfrak{A}_0$ のとき

(1)　$\displaystyle\lambda_0(E) = \int_X \nu(E_x)\,d\mu = \int_Y \mu(E^y)\,d\nu$

とおいて，E の測度 $\lambda_0(E)$ を定めるのである．ただ，このような定義を採用するためには，あらかじめ，いろいろ準備をととのえておく必要がある．

まず，《成分測度空間》$\{\boldsymbol{X}, \mathfrak{M}, \mu\}, \{\boldsymbol{Y}, \mathfrak{N}, \nu\}$ は準有界であると約束しておく：

(2)　$\displaystyle\boldsymbol{X} = \bigcup_{n=1}^{\infty} \boldsymbol{X}_n,\quad \boldsymbol{X}_n \in \mathfrak{M},\quad \mu(\boldsymbol{X}_n) < +\infty,$

$$\boldsymbol{X}_n \subseteq \boldsymbol{X}_{n+1} \quad (n=1,2,\cdots),$$

$$\boldsymbol{Y} = \bigcup_{n=1}^{\infty} \boldsymbol{Y}_n, \quad \boldsymbol{Y}_n \in \mathfrak{N}, \quad \nu(\boldsymbol{Y}_n) < +\infty,$$

$$\boldsymbol{Y}_n \subseteq \boldsymbol{Y}_{n+1} \quad (n=1,2,\cdots).$$

つぎに，(1) の前提として，$E \in \mathfrak{A}_0$ なら E_x, E^y はそれぞれ $\boldsymbol{Y}$, $\boldsymbol{X}$ で可測でなければならない．のみならず，$E \in \mathfrak{A}_0$ なら $g(x)=\nu(E_x)$, $h(y)=\mu(E^y)$ とおくとき，g, h がそれぞれ $\boldsymbol{X}, \boldsymbol{Y}$ で可測な函数であることが要求される．その上で

$$\int_X \nu(E_x)d\mu = \int_Y \mu(E^y)d\nu$$

が示されたとき，はじめて，測度 λ_0 の定義が意味をもつわけである．

以上の要求を個条書きにすると

$\overline{\mathrm{A}}$**1**）　$E_x \in \mathfrak{N}$, $E^y \in \mathfrak{M}$.

$\overline{\mathrm{A}}$**2**）　$g(x)=\nu(E_x), h(y)=\mu(E^y)$ とおくと，g は $\boldsymbol{X}$ で可測な函数，h は $\boldsymbol{Y}$ で可測な函数．

$\overline{\mathrm{A}}$**3**）　$\int_X g(x)d\mu = \int_Y h(y)d\nu.$

いま，$E \subseteq \boldsymbol{X} \times \boldsymbol{Y}$ でこの3条件 $\overline{\mathrm{A}}1$)，$\overline{\mathrm{A}}2$)，$\overline{\mathrm{A}}3$) をみたすような集合 E 全部から成る集合族を $\overline{\mathfrak{A}}$ で表わすことにする．$\mathfrak{A}_0 \subseteq \overline{\mathfrak{A}}$ が示されれば，われわれの目的が果たされるわけである．

$\emptyset \in \overline{\mathfrak{A}}$ に注意する．

問 1. $E_n \in \overline{\mathfrak{A}}$ $(n=1,2,\cdots)$ で $E_1, E_2, \cdots, E_n, \cdots$ が交わらないときには，$E=\bigcup_{n=1}^{\infty} E_n \in \overline{\mathfrak{A}}$ なることを証明する．

例 1. $E=A \times B \in \mathfrak{J}$ とすると，$A \in \mathfrak{M}$, $B \in \mathfrak{N}$. しかるに，$(A \times B)_x$ は $x \in A$ ならば B, $x \notin A$ ならば $\emptyset$. よって，いずれにしても，$E_x=(A \times B)_x \in \mathfrak{N}$ で，$g(x)=\nu(E_x)=\nu(B)\chi_A(x)$. したがって，$g$ は $\boldsymbol{X}$ で可測で

$$\int_X g(x)d\mu = \int_X \nu(B)\chi_A(x)d\mu = \nu(B)\cdot\mu(A).$$

同様に，$h(y)=\mu(E^y)$ とおくと，$h=\mu(A)\chi_B$ は $\boldsymbol{Y}$ で可測で

$$\int_Y h(y)d\nu = \int_Y \mu(A)\chi_B(y)d\nu = \mu(A)\cdot\nu(B).$$

よって，$A\times B\in\overline{\mathfrak{A}}$. すなわち，$\mathfrak{J}\subseteq\overline{\mathfrak{A}}$.

例 2. $E=\bigcup_{p=1}^n I_p,\ I_p\in\mathfrak{J}(p=1,2,\cdots,n)$ とする．VIII, §7, 問1により，$\bigcup_{p=1}^n I_p$ が直和の場合だけを考えれば十分だから，例1と問1により，$\bigcup_{p=1}^n I_p\in\overline{\mathfrak{A}}$.

よって，一般に，有限個の区間の結びとして表わされる集合を区間結合とよぶこととし，あらゆる区間結合から成る集合族を $\mathfrak{K}$ で表わせば

$$\mathfrak{K}\subseteq\overline{\mathfrak{A}}.$$

1)　$E_n\in\overline{\mathfrak{A}}, E_n\subseteq E_{n+1}(n=1,2,\cdots)$ ならば，$E=\bigcup_{n=1}^\infty E_n\in\overline{\mathfrak{A}}$.

［証明］　$E_x=\bigcup_{n=1}^\infty (E_n)_x\in\mathfrak{N},\ E^y=\bigcup_{n=1}^\infty (E_n)^y\in\mathfrak{M}$ だから

(3)　$g(x)=\nu(E_x),\quad h(y)=\mu(E^y),\quad g_n(x)=\nu((E_n)_x),$
$\quad h_n(y)=\mu((E_n)^y)\quad(n=1,2,\cdots)$

とおくと，$0\leqq g_n\leqq g_{n+1},\ \lim_n g_n=g,\ 0\leqq h_n\leqq h_{n+1},\ \lim_n h_n=h$ (III, §10, 3))．よって，g,h は可測な函数で，V, §6, 2) により，

$$\int_X g(x)d\mu = \lim_n\int_X g_n(x)d\mu = \lim_n\int_Y h_n(y)d\nu = \int_Y h(y)d\nu.$$

2)　$E_n\in\overline{\mathfrak{A}}, E_{n+1}\subseteq E_n(n=1,2,\cdots)$ で，$E_1\subseteq \boldsymbol{X}_k\times\boldsymbol{Y}_k$ なる $\boldsymbol{X}_k\times\boldsymbol{Y}_k$ があれば*，$E=\bigcap_{n=1}^\infty E_n\in\overline{\mathfrak{A}}$.

［証明］　$E_x=\bigcap_{n=1}^\infty (E_n)_x\in\mathfrak{N},\ E^y=\bigcap_{n=1}^\infty (E_n)^y\in\mathfrak{M}$ だから，(3) によって，g,h,g_n,h_n を定義すると，例1により，

$$\int_X g_1(x)d\mu = \int_X \nu((E_1)_x)d\mu$$

---

*　$\boldsymbol{X}_k, \boldsymbol{Y}_k$ は (2) の $\boldsymbol{X}_k, \boldsymbol{Y}_k$ である.

$$\leqq \int_{X} \nu((\boldsymbol{X}_k \times \boldsymbol{Y}_k)_x) d\mu = \mu(\boldsymbol{X}_k) \cdot \nu(\boldsymbol{Y}_k) < +\infty.$$

よって，$N = \{x | g_1(x) = +\infty\}$ とおくと，$\mu(N) = 0$ で，$x \in \boldsymbol{X} - N$ ならば $\nu((E_1)_x) = g_1(x) < +\infty$．しかるに，$(E_{n+1})_x \subseteq (E_n)_x$ $(n=1, 2, \cdots)$, $E_x = \bigcap_{n=1}^{\infty} (E_n)_x$ だから，$x \in \boldsymbol{X} - N$ なるかぎり，III, §10, 4) により，$\lim_n \nu((E_n)_x) = \nu(E_x)$．したがって，$\boldsymbol{X} - N$ では $0 \leqq g_{n+1} \leqq g_n \leqq g_1$, $\lim_n g_n = g$ で g_1 は積分可能である．

同様にして，$N' = \{y | h_1(y) = +\infty\}$ とおくと $\nu(N') = 0$ で，$\boldsymbol{Y} - N'$ では $0 \leqq h_{n+1} \leqq h_n \leqq h_1$, $\lim_n h_n = h$ で，h_1 は積分可能である．

よって，V, §6, 4)（Lebesgue の項別積分定理）により

$$\int_{X} g(x) d\mu = \int_{X-N} g(x) d\mu = \lim_n \int_{X-N} g_n(x) d\mu = \lim_n \int_{X} g_n(x) d\mu$$

$$= \lim_n \int_{Y} h_n(y) d\nu = \lim_n \int_{Y-N'} h_n(y) d\nu$$

$$= \int_{Y-N'} h(y) d\nu = \int_{Y} h(y) d\nu.$$

（証明終）

$\mathfrak{A}_0 \subseteq \overline{\mathfrak{A}}$ の証明はそう簡単ではない．証明の記述をいくらかでも簡明にするためにこの際，今後たびたび登場する概念に名前や記号を与えておこう．

まず，$\boldsymbol{I}_n = \boldsymbol{X}_n \times \boldsymbol{Y}_n$ $(n=1, 2, \cdots)$ とおくことにして，$E \subseteq \boldsymbol{X} \times \boldsymbol{Y}$ で $E \subseteq \boldsymbol{I}_k$ なる $\boldsymbol{I}_k$ があるとき，E は**有界**であるということにする．

つぎに集合族 $\mathfrak{A}$ が次の条件 (4) をみたしているとき，この節では，$\mathfrak{A}$ を**単調族**とよぶことにする．（単調族ということばは，ふつう，もっと広い意味に使われている．）

(4)　$n = 1, 2, \cdots$ に対し，$E_n \in \mathfrak{A}$, $E_n \subseteq E_{n+1}$ ならば，$\bigcup_{n=1}^{\infty} E_n \in \mathfrak{A}$．また，$E_n \in \mathfrak{A}$, $E_{n+1} \subseteq E_n$ で E_1 が有界ならば，$\bigcap_{n=1}^{\infty} E_n \in \mathfrak{A}$．

1)，2) によれば $\overline{\mathfrak{A}}$ は単調族である．また，$\mathfrak{A}_0$ も，単調族である．一般に，$\boldsymbol{X} \times \boldsymbol{Y}$ における加法的集合族は単調族である．

いま，$\mathfrak{K}\subseteq\mathfrak{A}$ なるすべての単調族 $\mathfrak{A}$ の交わりを $\mathfrak{A}^*$ で表わすことにすると，もとより，$\mathfrak{A}^*$ は単調族である．例2により，$\mathfrak{K}\subseteq\overline{\mathfrak{A}}$ だから，$\mathfrak{A}^*\subseteq\overline{\mathfrak{A}}$．よって，$\mathfrak{A}_0\subseteq\overline{\mathfrak{A}}$ を証明するのには，次の定理3) を証明すればよいわけである：

3) $\mathfrak{A}^*=\mathfrak{A}_0$.

［証明］ $\mathfrak{A}_0$ も単調族で $\mathfrak{K}\subseteq\mathfrak{A}_0$ だから，$\mathfrak{A}^*\subseteq\mathfrak{A}_0$．よって，$\mathfrak{A}_0\subseteq\mathfrak{A}^*$ を示せば十分である．

$\mathfrak{A}_0\subseteq\mathfrak{A}^*$ を示すために，$\mathfrak{A}^*$ が加法的集合族であることを証明する．その手段として，まず

i) 次のような集合族 $\mathfrak{A}(E)$ を考える：

E は有界な集合であるとし，条件

(5) $E\cup E'\in\mathfrak{A}^*,\quad E\cap E'\in\mathfrak{A}^*,\quad E-E'\in\mathfrak{A}^*,\quad E'-E\in\mathfrak{A}^*$

をみたすような E' すべてから成る集合を $\mathfrak{A}(E)$ で表わす：

$$\mathfrak{A}(E)=\{E' \mid E\cup E'\in\mathfrak{A}^*, E\cap E'\in\mathfrak{A}^*, E-E'\in\mathfrak{A}^*, E'-E\in\mathfrak{A}^*\}.$$

条件 (5) は E と E' に対して対称的だから，次の (6) に注意する：

(6) E, E' がともに有界な集合のとき，$E'\in\mathfrak{A}(E)$ ならば $E\in\mathfrak{A}(E')$.

ii) E が有界であるとき，$E_n\in\mathfrak{A}(E), E_n\subseteq E_{n+1}\,(n=1,2,\cdots)$ ならば

$$E\cup E_n\in\mathfrak{A}^*,\quad E\cup E_n\subseteq E\cup E_{n+1}\,;$$
$$E\cap E_n\in\mathfrak{A}^*,\quad E\cap E_n\subseteq E\cap E_{n+1}\,;$$
$$E_n-E\in\mathfrak{A}^*,\quad E_n-E\subseteq E_{n+1}-E\ (n=1,2,\cdots)$$

で，$\mathfrak{A}^*$ は単調族だから

$$E\cup\left(\bigcup_{n=1}^{\infty}E_n\right)=\bigcup_{n=1}^{\infty}(E\cup E_n)\in\mathfrak{A}^*\,;$$

$$E\cap\left(\bigcup_{n=1}^{\infty}E_n\right)=\bigcup_{n=1}^{\infty}(E\cap E_n)\in\mathfrak{A}^*\,;$$

$$\bigcup_{n=1}^{\infty} E_n - E = \bigcup_{n=1}^{\infty} (E_n - E) \in \mathfrak{A}^*.$$

また，$E-E_n \in \mathfrak{A}^*$, $E-E_{n+1} \subseteq E-E_n (n=1, 2, \cdots)$ で $E-E_1$ は有界だから

$$E - \bigcup_{n=1}^{\infty} E_n = \bigcap_{n=1}^{\infty} (E-E_n) \in \mathfrak{A}^*.$$

よって，

$$\bigcup_{n=1}^{\infty} E_n \in \mathfrak{A}(E).$$

iii） E が有界な集合のとき，$E_n \in \mathfrak{A}(E), E_{n+1} \subseteq E_n (n=1, 2, \cdots)$ で E_1 が有界ならばii）と同様にして，

$$\bigcap_{n=1}^{\infty} E_n \in \mathfrak{A}(E).$$

問 2. iii）を証明する．

iv） 上記ii)，iii）により，$\mathfrak{A}(E)$ が単調族であることがわかった．

いま，$K \in \mathfrak{K}$, $K' \in \mathfrak{K}$, $K_n' = K' \cap \boldsymbol{I}_n$ とすると，I1）（303 ページ）により，$K_n' \in \mathfrak{K}$, $K \cap K_n' \in \mathfrak{K} \subseteq \mathfrak{A}^*$．また，I2）により $K_n' - K \in \mathfrak{K} \subseteq \mathfrak{A}^*, K - K_n' \in \mathfrak{K} \subseteq \mathfrak{A}^*$．さらに，$\mathfrak{K}$ の定義により，$K \cup K_n' \in \mathfrak{K} \subseteq \mathfrak{A}^*$．しかも，$K_n'$ は有界だから，$K \in \mathfrak{A}(K_n')$．すなわち，$\mathfrak{K} \subseteq \mathfrak{A}(K_n')$．ここに，$\mathfrak{A}(K_n')$ は単調族なのだから，$\mathfrak{A}^*$ の定義により，$\mathfrak{A}^* \subseteq \mathfrak{A}(K_n')$ でなければならない．

したがって，$E \in \mathfrak{A}^*$ ならば $E \in \mathfrak{A}(K_n')$．このとき，とくに，E が有界ならば，(6) により，$K_n' \in \mathfrak{A}(E)$．しかも，$\mathfrak{A}(E)$ は単調族で，$K_n' \subseteq K_{n+1}' (n=1, 2, \cdots)$ だから，

$$K' = \bigcup_{n=1}^{\infty} (K' \cap \boldsymbol{I}_n) = \bigcup_{n=1}^{\infty} K_n' \in \mathfrak{A}(E).$$

すなわち，$K' \in \mathfrak{K}$ ならば，いつでも，$K' \in \mathfrak{A}(E)$ だから，$\mathfrak{K} \subseteq \mathfrak{A}(E)$．$\mathfrak{A}^*$ の定義によると，これは

(7)　　$E \in \mathfrak{A}^*$ で E が有界ならば $\mathfrak{A}^* \subseteq \mathfrak{A}(E)$

を意味する．

v）$\boldsymbol{I}_n \in \mathfrak{A}^*$ で $\boldsymbol{I}_n$ は有界だから，(7) で $E=\boldsymbol{I}_n$ とすると，$\mathfrak{A}^* \subseteq \mathfrak{A}(\boldsymbol{I}_n)$．よって，$\mathfrak{A}(\boldsymbol{I}_n)$ の定義により

(8)　　$E \in \mathfrak{A}^*$ ならば，いつでも，$E \cap \boldsymbol{I}_n \in \mathfrak{A}^*$.

しかも，$E \cap \boldsymbol{I}_n$ は有界だから，(7)，(6) により

(9)　$E \in \mathfrak{A}^*$ ならば $\mathfrak{A}^* \subseteq \mathfrak{A}(E \cap \boldsymbol{I}_n)$　$(n=1, 2, \cdots)$.

よって，$E \in \mathfrak{A}^*, E' \in \mathfrak{A}^*$ ならば，(8) により，$E' \cap \boldsymbol{I}_n \in \mathfrak{A}^*$ なのだから，(9) により $E' \cap \boldsymbol{I}_n \in \mathfrak{A}(E \cap \boldsymbol{I}_n)$．よって，$\mathfrak{A}(E \cap \boldsymbol{I}_n)$ の定義により

$$\boldsymbol{I}_n \cap (E-E') = (\boldsymbol{I}_n \cap E)-(\boldsymbol{I}_n \cap E') \in \mathfrak{A}^*.$$

したがって，$E-E'=\bigcup_{n=1}^{\infty} (\boldsymbol{I}_n \cap (E-E')) \in \mathfrak{A}^*$．同様に，$E \cup E' \in \mathfrak{A}^*$．すなわち，

$E \in \mathfrak{A}^*, E' \in \mathfrak{A}^*$ ならば，いつでも，$E-E' \in \mathfrak{A}^*, E \cup E' \in \mathfrak{A}^*$.

なお，数学的帰納法により，$E_p \in \mathfrak{A}^* (p=1, 2, \cdots, n)$ ならば $\bigcup_{p=1}^{n} E_p \in \mathfrak{A}^*$ である．

vi）ここまでくると，$\mathfrak{A}^*$ は加法的集合族であることがわかる：すなわち，

M1）　$\emptyset \in \mathfrak{A}^*$；

M2）　$E \in \mathfrak{A}^*$ ならば $E^c=(\boldsymbol{X} \times \boldsymbol{Y})-E \in \mathfrak{A}^*$；

M3）　$E_n \in \mathfrak{A}^* (n=1, 2, \cdots)$ ならば $\bigcup_{n=1}^{\infty} E_n \in \mathfrak{A}^*$.

問 3. 上記 M1)，M2)，M3) を証明する．

vii）$\mathfrak{A}_0$ は，定義により，$\mathfrak{J} \subseteq \mathfrak{A}$ なるすべての加法的集合族 $\mathfrak{A}$ の交わりであった．しかるに $\mathfrak{A}$ が加法族で $\mathfrak{J} \subseteq \mathfrak{A}$ ならば必然的に $\mathfrak{R} \subseteq \mathfrak{A}$ である．よって，$\mathfrak{A}_0$ は，また，$\mathfrak{R} \subseteq \mathfrak{A}$ なるすべての加法的集合族 $\mathfrak{A}$ の交わりといっても同じことである．いま，$\mathfrak{R} \subseteq \mathfrak{A}^*$ で $\mathfrak{A}^*$ が加法的集合族であることがわかってみると，当然，$\mathfrak{A}_0 \subseteq \mathfrak{A}^*$ でなければならないことになる．これと証明の最初にのべた $\mathfrak{A}^* \subseteq \mathfrak{A}_0$ とを考え合わせると $\mathfrak{A}^*=\mathfrak{A}_0$ がえられる．

4)　$E\in\mathfrak{A}_0$ ならば $\int_{\boldsymbol{X}}\nu(E_x)d\mu=\int_{\boldsymbol{Y}}\mu(E^y)d\nu.$

［証明］　例 2 により，$\mathfrak{R}\subseteq\overline{\mathfrak{A}}$ で $\overline{\mathfrak{A}}$ は単調族だから，$\mathfrak{A}_0=\mathfrak{A}^*\subseteq\overline{\mathfrak{A}}$. よって，$\overline{\text{A}}$3）により上の等式が成立する．

5)　$\{\boldsymbol{X}, \mathfrak{M}, \mu\}, \{\boldsymbol{Y}, \mathfrak{N}, \nu\}$ が準有界であるとき，可測空間 $\{\boldsymbol{X}\times\boldsymbol{Y}, \mathfrak{A}_0\}$ において $\mathfrak{A}_0$ の各元 E に（1）の $\lambda_0(E)$ を対応させれば，$\{\boldsymbol{X}\times\boldsymbol{Y}, \mathfrak{A}_0, \lambda_0\}$ は準有界な測度空間である．

［証明］　λ_0 が測度の条件 L1）をみたすことは明らかだし，L2）をみたすことは，V，§6，注意 2（172 ページ）からわかる．また，

$$\boldsymbol{X}\times\boldsymbol{Y}=\bigcup_{n=1}^{\infty}\boldsymbol{I}_n,\quad \boldsymbol{I}_n\subseteq\boldsymbol{I}_{n+1}\quad (n=1,2,\cdots),$$

$$\lambda_0(\boldsymbol{I}_n)=\mu(\boldsymbol{X}_n)\nu(\boldsymbol{Y}_n)<+\infty$$

だから，$\{\boldsymbol{X}\times\boldsymbol{Y}, \mathfrak{A}_0, \lambda_0\}$ は準有界である．

問 4.　f が $\{\boldsymbol{X}\times\boldsymbol{Y}, \mathfrak{A}_0, \lambda_0\}$ で可測な函数であるとき，$f_x(y)=f(x,y), f^y(x)=f(x,y)$ とおくと，函数 f_x, f^y はそれぞれ $\{\boldsymbol{Y}, \mathfrak{N}, \nu\}, \{\boldsymbol{X}, \mathfrak{M}, \mu\}$ で可測な函数であることを証明する．

§6. $\{\boldsymbol{X}\times\boldsymbol{Y}, \mathfrak{A}_0, \lambda_0\}$ における Fubini の定理

§5，問 4 の f_x, f^y を使って

$$g(x)=\int_{\boldsymbol{Y}}f_x(y)d\nu=\int_{\boldsymbol{Y}}f(x,y)d\nu,$$
(1)
$$h(y)=\int_{\boldsymbol{X}}f^y(x)d\mu=\int_{\boldsymbol{X}}f(x,y)d\mu$$

とおくと，次の定理 1），2）がえられる．

1)（Fubini の定理）　f が $\{\boldsymbol{X}\times\boldsymbol{Y}, \mathfrak{A}_0, \lambda_0\}$ で可測な正値函数ならば，（1）の g, h はそれぞれ $\boldsymbol{X}, \boldsymbol{Y}$ で可測な正値函数で

(2)　$$\int_{\boldsymbol{X}\times\boldsymbol{Y}}f(x,y)d\lambda_0=\int_{\boldsymbol{Y}}\left[\int_{\boldsymbol{X}}f(x,y)d\mu\right]d\nu$$

$$= \int_X \left[\int_Y f(x, y) d\nu \right] d\mu.$$

［証明］ i)　$E \in \mathfrak{A}_0, f = \chi_E$ のとき：$f^y = \chi_{E^y}, f_x = \chi_{E_x}$ だから

$$\int_X f^y(x) d\mu = \int_X \chi_{E^y}(x) d\mu = \mu(E^y),$$

$$\int_Y f_x(y) d\nu = \int_Y \chi_{E_x}(y) d\nu = \nu(E_x),$$

$$\int_{X \times Y} f(x, y) d\lambda_0 = \int_{X \times Y} \chi_E(x, y) d\lambda_0 = \lambda_0(E).$$

しかるに，$\mathfrak{A}_0 = \mathfrak{A}^* \subseteq \overline{\mathfrak{A}}$ だから，$\overline{\mathrm{A}}2$) により，g, h はそれぞれ $\boldsymbol{X}, \boldsymbol{Y}$ で可測で，(2) は§5の (1) にほかならない．

ii)　f が単函数のとき：

$$f = \sum_{i=1}^{n} c_i f_i, \quad f_i = \chi_{E_i}, \quad E_i \in \mathfrak{A}_0,$$

$$g_i(x) = \int_Y (f_i)_x(y) d\nu, \quad h_i(y) = \int_X (f_i)^y(x) d\mu \quad (i = 1, 2, \cdots, n)$$

とすれば，$g = \sum_{i=1}^n c_i g_i, h = \sum_{i=1}^n c_i h_i$ だから，g, h はそれぞれ $\boldsymbol{X}$, $\boldsymbol{Y}$ で可測な函数である．また i) により，

$$\begin{aligned}
\int_{X \times Y} f(x, y) d\lambda_0 &= \sum_{i=1}^{n} c_i \int_{X \times Y} f_i(x, y) d\lambda_0 \\
&= \sum_{i=1}^{n} c_i \int_Y \left[\int_X (f_i)^y d\mu \right] d\nu \\
&= \int_Y \left[\int_X \sum_{i=1}^{n} c_i f_i(x, y) d\mu \right] d\nu \\
&= \int_Y \left[\int_X f(x, y) d\mu \right] d\nu.
\end{aligned}$$

同様に，

$$\int_{X \times Y} f(x, y) d\lambda_0 = \int_X \left[\int_Y f(x, y) d\nu \right] d\mu.$$

iii) 一般の場合：$0\leqq f_n\leqq f_{n+1}(n=1,2,\cdots)$, $\lim_n f_n=f$ なる可測な単函数の列 $\{f_n\}_{i=1,2,\cdots}$ があるから（IV, §5, 2)），

$$\lim_n \int_{X\times Y} f_n(x,y)d\lambda_0 = \int_{X\times Y} f(x,y)d\lambda_0. \quad (\text{V, §3, 1)})$$

また，ii) により，$h_n(y)=\int_X f_n(x,y)d\mu$, $g_n(x)=\int_Y f_n(x,y)d\nu$ とおくと，g_n, h_n はそれぞれ $\boldsymbol{X}, \boldsymbol{Y}$ で可測な函数で，

$$\lim_n g_n(x) = g(x) = \int_Y f(x,y)d\nu,$$

$$\lim_n h_n(y) = h(y) = \int_X f(x,y)d\mu. \quad (\text{V, §3, 1)}).$$

よって，g, h はそれぞれ $\boldsymbol{X}, \boldsymbol{Y}$ で可測な正値函数で，ii) と V, §3, 1) により

$$\begin{aligned}\int_{X\times Y} f(x,y)d\lambda_0 &= \lim_n \int_{X\times Y} f_n(x,y)d\lambda_0 \\ &= \lim_n \int_Y \left[\int_X f_n(x,y)d\mu\right]d\nu \\ &= \int_Y \lim_n \left[\int_X f_n(x,y)d\mu\right]d\nu \\ &= \int_Y \left[\int_X \lim_n f_n(x,y)d\mu\right]d\nu \\ &= \int_Y \left[\int_X f(x,y)d\mu\right]d\nu.\end{aligned}$$

同様に，

$$\int_{X\times Y} f(x,y)d\lambda_0 = \int_X \left[\int_Y f(x,y)d\nu\right]d\mu.$$

2)（Fubini の定理） f が $\{\boldsymbol{X}\times\boldsymbol{Y}, \mathfrak{A}_0, \lambda_0\}$ で積分可能ならば，f_x が $\boldsymbol{Y}$ で積分可能でないような x の集合は $\{\boldsymbol{X}, \mathfrak{M}, \mu\}$ で零集合である．また，f^y が $\boldsymbol{X}$ で積分可能でないような y の集合は $\{\boldsymbol{Y}, \mathfrak{N}, \nu\}$ で零集合である．さらに，(1) の g, h はそれぞれ $\boldsymbol{X}, \boldsymbol{Y}$ で積

分可能で

$$(3) \qquad \int_{X\times Y} f(x,y)\,d\lambda_0 = \int_X g(x)\,d\mu = \int_Y h(y)\,d\nu.$$

［証明］ f^+, f^- のおのおのについて証明すればいいのだから，最初から，$f\geqq 0$ と仮定する．(3) は (2) にほかならない．また，$g\geqq 0$ で $\int_X g(x)\,d\mu<+\infty$ なのだから，$\mu(\{x \mid g(x)=+\infty\})=0$．同様に，$\nu(\{y \mid h(y)=+\infty\})=0$．

付録　反例そのほか

反例というのは《これこれの命題は真でない》と主張するために証拠として提出する実例を意味することばである．たとえば，$x^2+1=0$ は《2 次方程式はいつも実根をもつとは限らない》ことを主張するための反例の一つである．X 章までにその場で反例をあげたこともあるが，その他の場合には反例をこの付録にゆずっておいた．その理由の一つはその場で反例をあげることにこだわり過ぎると話の筋が乱れることを恐れたことにある．さらに，反例が実際反例であるゆえんを証明するには，その場までに学んだ知識だけでは間に合わず，あとの節，あとの章の知識の要求される場合のあることも，このような方針をとったもう一つの大きな理由である．この付録で反例以外のことを扱った節についても以上と同様のことがいわれる．

§1．$[a, b]$ で f が R 積分可能ならば，f は $[a, b]$ で有界でなければならない（I，§4，注意 1，24 ページ）．

［証明］ $\rho_\Delta\to 0$ のとき $S_\Delta\to I$（I は定数）だから，まず

$$\rho_\Delta<\delta \text{ ならば } |S_\Delta-I|<1$$

であるように δ を定める．つぎに，

$$\Delta: [x_0, x_1], [x_1, x_2], \cdots, [x_{n-1}, x_n] \quad (x_0=a, x_n=b)$$

は $\rho_\Delta<\delta$ なる分割であるとし，この分割を固定しておく．

$$S_\Delta=\sum_{i=1}^{n} f(\xi_i)(x_i-x_{i-1})$$

において，各 ξ_i は $[x_{i-1}, x_i]$ のどの点でもいいのだから，$\xi_i=$

$x_i (i=2,3,\cdots,n)$ とすると，

$$\left| f(\xi_1)(x_1-x_0)+\sum_{i=2}^{n} f(x_i)(x_i-x_{i-1})-I \right| < 1.$$

すなわち，

$$I-1-\sum_{i=2}^{n} f(x_i)(x_i-x_{i-1}) < f(\xi_1)(x_1-x_0)$$

$$< I+1-\sum_{i=2}^{n} f(x_i)(x_i-x_{i-1}).$$

分割 Δ を固定したので，この不等式の最左辺と最右辺は定数である．よって，これをそれぞれ m_1，M_1 で表わすと

$$m_1(x_1-x_0)^{-1} < f(\xi_1) < M_1(x_1-x_0)^{-1}.$$

この不等式は ξ_1 が $[x_0, x_1]$ のどの点でも成立するのだから，f は $[x_0, x_1]$ で有界である．

同様にして，$[x_{i-1}, x_i] (i=2,3,\cdots,n)$ のおのおので f が有界なことが示される．これは $[a,b]$ で f が有界であるということにほかならない．

§2. **f が $[a,b]$ で R 積分可能なとき，$\Psi(x)=\int_a^x f(t)dt$ は f の不連続点では微分できないことがある** (I，§4，25ページ)．

例 1． $a_n=2^{-n}, b_n=2^{-(n-1)}, c_n=2^{-1}(a_n+b_n) (n=1,2,\cdots)$ とおいて，

$x \in (a_{2n}, c_{2n})$ 　ならば $f(x)=(x-a_{2n})(c_{2n}-a_{2n})^{-1}$,

$x \in (c_{2n}, b_{2n})$ 　ならば $f(x)=(b_{2n}-x)(b_{2n}-c_{2n})^{-1}$,

$x \in (a_{2n+1}, b_{2n+1})$ ならば $f(x)=0$,

$f(0)=0$,

$x \in [-1,0)$ 　ならば $f(x)=f(-x)$

により $[-1,1]$ を定義域とする函数 f を定める．$x=0$ 以外の $[-1,1]$ の点では f は連続だから $[-1,1]$ で R 積分可能である (I，§4，注意 1)．

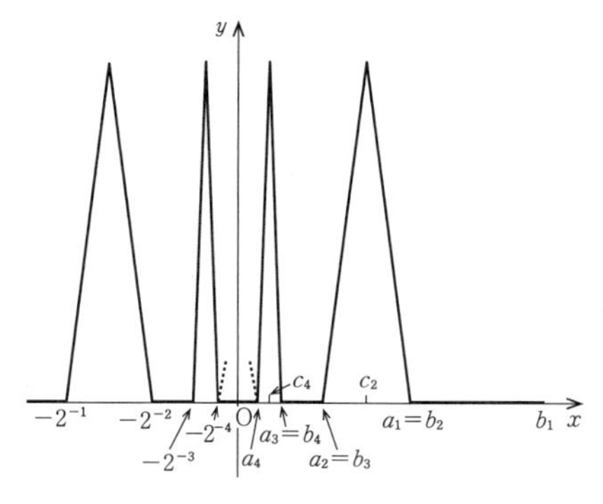

付録-1 図

いま，$\Psi(x)=\int_{-1}^{x} f(t)dt$ とおき，$h=b_{2n}$ とすると

$$\Psi(h)-\Psi(0)=\int_0^{b_{2n}} f(t)dt=\sum_{p=n}^{\infty}\int_{a_{2p}}^{b_{2p}} f(t)dt=\sum_{p=n}^{\infty} 2^{-2p-1}$$

$$=3^{-1}\cdot 2^{-(2n-1)}.$$

よって，

$$\frac{\Psi(h)-\Psi(0)}{h}=\frac{3^{-1}\cdot 2^{-(2n-1)}}{2^{-(2n-1)}}=3^{-1}.$$

また，$h=b_{2n+1}$ とすると，(a_{2n+1}, b_{2n+1}) では $f(x)=0$ だから

$$\Psi(h)-\Psi(0)=\int_0^{b_{2n+1}} f(t)dt=\int_0^{a_{2n+1}} f(t)dt$$

$$=\int_0^{b_{2n+2}} f(t)dt=3^{-1}\cdot 2^{-(2n+1)}.$$

よって

$$\frac{\Psi(h)-\Psi(0)}{h}=\frac{3^{-1}\cdot 2^{-(2n+1)}}{2^{-2n}}=3^{-1}\cdot 2^{-1}.$$

したがって，$\lim_{h\to 0}\dfrac{\Psi(h)-\Psi(0)}{h}$ は存在しえない．すなわち，

$x=0$ で $\Psi(x)$ は微分できないのである.

§3. f が $[a,b]$ で有界で，しかも原始函数をもっていても，R 積分可能とは限らない（I, §4, 3)).

この反例（**Volterra** ヴォルテラの反例）をつくるのには準備が相当めんどうである．それにこの節を読むためには，III 章，V 章の知識が必要である．

まず，リーマン積分についての一つの定理から話をはじめる．

1) f が $[a,b]$ で R 積分可能ならば f の不連続点の集合 D は零集合である*.

［証明］ i) $x\in[a,b]$ とし，

$$w(x\,;\,\delta)=\sup\{f(t)\,|\,t\in U(x\,;\,\delta)\cap[a,b]\}\\ -\inf\{f(t)\,|\,t\in U(x\,;\,\delta)\cap[a,b]\}$$

とおくと，$w(x\,;\,\delta)$ は δ の函数として増加函数だから，$\delta\to+0$ のとき極限値が存在する．よって

$$w(x)=\lim_{\delta\to+0}w(x\,;\,\delta)$$

とおくと，f が x で連続ならば $w(x)=0$. 逆に，$w(x)=0$ ならば f が x で連続なことも明らかである．

よって，f が x で不連続なための必要十分条件は $w(x)>0$. すなわち，

$$(1)\qquad D=\{x\,|\,x\in[a,b],w(x)>0\}\\ =\bigcup_{n=1}^{\infty}\{x\,|\,x\in[a,b],w(x)>n^{-1}\}.$$

ii) $A_n=\{x\,|\,x\in[a,b],w(x)>n^{-1}\}$ とおいて，$m^*(A_n)=0$ を示せば，(1) により，$m^*(D)=0$ が出てくる．

ところで，f が $[a,b]$ で R 積分可能ならば V, §8, (3) により，

---

* 実は，この逆も真であるが，ここではそこまで立ち入らない．

$\rho_\Delta \to 0$ ならば $\underline{S}_\Delta \to I, \overline{S}_\Delta \to I$, すなわち $\overline{S}_\Delta - \underline{S}_\Delta \to 0$
だから，ε がどんな正数でも，また，n がどんな自然数でも，

$$0 \leqq \overline{S}_\Delta - \underline{S}_\Delta = \sum_{i=1}^{k} (\Lambda_i - \lambda_i)(x_i - x_{i-1}) < 2^{-1}n^{-1}\varepsilon,$$

$$\Lambda_i = \sup\{f(x) \mid x \in [x_{i-1}, x_i]\}, \quad \lambda_i = \inf\{f(x) \mid x \in [x_{i-1}, x_i]\}$$

であるような $[a, b]$ の分割

(2)　$\Delta : [x_0, x_1], [x_1, x_2], \cdots, [x_{k-1}, x_k]$

があるはずである．

したがって，(2) の閉区間のうちで，$\Lambda_i - \lambda_i > 2^{-1}n^{-1}$ なる $[x_{i-1}, x_i]$ だけに関する和を $\sum'$ で表わすと，

$$2^{-1}n^{-1}\varepsilon > \overline{S}_\Delta - \underline{S}_\Delta > 2^{-1}n^{-1}\sum{}'(x_i - x_{i-1}).$$

すなわち，

$$\sum{}'(x_i - x_{i-1}) < \varepsilon.$$

しかるに，$\Lambda_i - \lambda_i \leqq 2^{-1}n^{-1}$ なる $[x_{i-1}, x_i]$ の内点では，$w(x) \leqq 2^{-1}n^{-1} < n^{-1}$．また，$\Lambda_i - \lambda_i \leqq 2^{-1}n^{-1}, \Lambda_{i+1} - \lambda_{i+1} \leqq 2^{-1}n^{-1}$ なる二つの隣接閉区間 $[x_{i-1}, x_i], [x_i, x_{i+1}]$ の共通点 x_i では，

$$\max\{\Lambda_i, \Lambda_{i+1}\} - f(x_i) \leqq 2^{-1}n^{-1}, \quad f(x_i) - \min\{\lambda_i, \lambda_{i+1}\} \leqq 2^{-1}n^{-1}$$

だから，正数 δ を十分小さくとると

$$\begin{aligned} w(x_i) &\leqq w(x_i ; \delta) < \max\{\Lambda_i, \Lambda_{i+1}\} - \min\{\lambda_i, \lambda_{i+1}\} \\ &= (\max\{\Lambda_i, \Lambda_{i+1}\} - f(x_i)) + (f(x_i) - \min\{\lambda_i, \lambda_{i+1}\}) \\ &\leqq n^{-1}. \end{aligned}$$

よって，$w(x) > n^{-1}$ なる点 x は $\Lambda_i - \lambda_i > 2^{-1}n^{-1}$ なる $[x_{i-1}, x_i]$ のどれかに属していることがわかる．そういう閉区間だけの結びを $\bigcup'$ で表わすことにすると，

$A_n \subseteq \bigcup'[x_{i-1}, x_i]$，したがって，$m^*(A_n) \leqq \sum'(x_i - x_{i-1}) < \varepsilon$.
ここに ε は任意の正数だから，$m^*(A_n) = 0$.　(証明終)

III, §12, 例 5 で紹介した Cantor の零集合 N は，次のような著しい特徴をもっている：すなわち，x を N の点，δ を任意の正数とすると，$U(x ; \delta)$ には，かならず，$[0, 1] - N$ の点がふくまれ

ている．（もし，$U(x\,;\delta)\subseteq N$ なら N は零集合でないことになるからである）．しかるに，$[0,1]-N$ は開集合だから，その1点が $U(x\,;\delta)$ にふくまれる以上 $(\alpha,\beta)\subseteq U(x\,;\delta)$, $(\alpha,\beta)\cap N=\emptyset$ なる開区間 (α,β) がなければならない．N のこのような性質を《N は $[0,1]$ で**まばら**である》ということばで表わす習慣である．

以上のべたことをもう少しこまかく考えてみよう．δ が任意の正数であるとき，上と同様の理由で $(\alpha,\beta)\subseteq(x,x+\delta)$, $(\alpha,\beta)\cap N=\emptyset$ なる開区間 (α,β) がなければならない．この (α,β) は N の一つの余区間の部分集合であるはずだから，その余区間の左端を ξ とすると，$\xi\in N$, $x\leqq\xi$ である．同様にして，$(\alpha',\beta')\subseteq(x-\delta,x)$, $(\alpha',\beta')\cap N=\emptyset$ なる開区間 (α',β') があって，(α',β') を含む余区間の右端を η とすると $\eta\in N$, $\eta\leqq x$ である．

ところが，N の二つの余区間は，そのつくり方から見て，共通の端点をもちえないのだから，$\eta=x=\xi$ ということはありえない．すなわち，$\eta<x$ か $x<\xi$ か少なくとも一方の不等式が成りたたなければならない．これは $U(x\,;\delta)$ には x と異なる N の点がふくまれていることを意味する．しかも，δ がどんな小さい正数であってもそうなのだから，結局，N の点 x は N の集積点（II, §10）であるということになったわけである．

このように N の点がすべて N 自身の集積点であることを《N は**自己稠密**な集合である》ということばで表わすことになっている．N のように閉集合でしかも自己稠密な集合を**完全集合**と称する．

こんどは，N のようにまばらな完全集合で，しかも測度が0でないものをつくってみよう．

2)　$[0,1]$ でまばらな完全集合で測度が0でないものがある．

［証明］　$(0,1)$ に属する有理数の全体は $\boldsymbol{Q}$ の部分集合だから可付番集合である．これを

$$Q_0=\{c_1,c_2,\cdots,c_n,\cdots\}$$

とする．したがって，$(0,1)-Q_0$ は 1 より小さい正の無理数ばかりから成る集合である．

まず，

$$c_1 \in (a_1, b_1) \subseteq (0,1), \quad b_1 - a_1 \leqq 3^{-1},$$
$$a_1 \in (0,1) - Q_0, \quad b_1 \in (0,1) - Q_0$$

なる開区間 (a_1, b_1) を $[0,1]$ から除き去る．(a_1, b_1) の端点 a_1, b_1 は無理数であるわけである．

つぎに，$Q_0 - (a_1, b_1)$ の元のなかで，番号の最小のものを $c_{n(2)}$ とし，

$$c_{n(2)} \in (a_2, b_2) \subseteq (0,1), \quad [a_1 + b_1] \cap [a_2 + b_2] = \emptyset,$$
$$b_2 - a_2 \leqq 3^{-2}, \quad a_2 \in (0,1) - Q_0, \quad b_2 \in (0,1) - Q_0$$

なる (a_2, b_2) を $[0,1]$ から除き去る．

こうした手続きをくり返して $(0,1)$ から

$$(a_1, b_1), (a_2, b_2), \cdots, (a_{p-1}, b_{p-1})$$

を除き去ったとして，$Q_0 - \bigcup_{i=1}^{p-1} (a_i, b_i)$ の元のなかで最小の番号をもつものを $c_{n(p)}$ とし，

$$c_{n(p)} \in (a_p, b_p) \subseteq (0,1), \quad [a_p, b_p] \cap \left(\bigcup_{i=1}^{p-1} [a_i, b_i] \right) = \emptyset,$$

$$b_p - a_p \leqq 3^{-p}, \quad a_p \in (0,1) - Q_0, \quad b_p \in (0,1) - Q_0$$

なる開区間 (a_p, b_p) を $[0,1]$ から除き去る．

この手続きを限りなく続けて，$(a_n, b_n)\,(n=1, 2, \cdots)$ を $[0,1]$ から除き去り，

$$A = [0,1] - \bigcup_{n=1}^{\infty} (a_n, b_n)$$

とおくと，A が求めていた集合なのである．各 (a_n, b_n) は A の余区間とよばれる．

$[0,1]$ は閉集合，$\bigcup_{n=1}^{\infty} (a_n, b_n)$ は開集合だから A が閉集合であることは明らかである（II，§10，3））．

つぎに，$x \in A, (x, x+\delta) \subseteq [0,1]$ のとき，δ がどの正数でも，

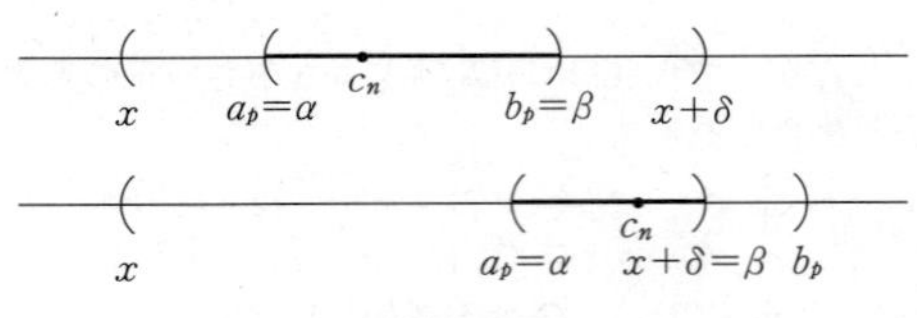

付録-2 図

$(x, x+\delta)\cap Q_0\neq\emptyset$ だから（有理数の稠密性，II，§2，2)），$c_n\in(x, x+\delta)$ なる c_n をとって c_n の属する余区間を (a_p, b_p) とする．$x\notin(a_p, b_p)$ だから，$x\leqq a_p<x+\delta$．よって，$\alpha=a_p, \beta=\min\{b_p, x+\delta\}$ とおくと $(\alpha,\beta)\subseteq(x, x+\delta)$ で $A\cap(\alpha,\beta)=\emptyset$．なお，$\alpha=a_p\in A$ に注意する．同様に，$(x-\delta, x)\subseteq[0,1]$ ならば，δ がどんなに小さい正数でも，$(\alpha',\beta')\subseteq(x-\delta, x)$，$A\cap(\alpha',\beta')=\emptyset$，$\beta'\in A$ なる (α',β') があることがわかる．すなわち，A はまばらな集合なのである．前の場合には $\alpha\in A$，後の場合には $\beta'\in A$ で $\alpha\neq\beta'$ だから，α,β' のうち少なくとも一つは x とはちがう点である．よって，A の点 x が A の集積点であることも明らかになった．A はまばらな完全集合なのである．

なお，

$$m\left(\bigcup_{n=1}^{\infty}(a_n, b_n)\right)=\sum_{n=1}^{\infty}m((a_n, b_n))\leqq\sum_{n=1}^{\infty}3^{-n}=2^{-1}$$

だから，

$$m(A)=m([0,1])-m\left(\bigcup_{n=1}^{\infty}(a_n, b_n)\right)\geqq 1-2^{-1}=2^{-1}>0.$$

3) 次の条件 (3) で定義される函数 ψ は $\boldsymbol{R}$ の各点 x で微分可能である．また，$x\neq0$ ならば ψ' は x で連続であるが，$x=0$ では ψ' は不連続である．

(3)　　$\psi(0)=0,\ \ x\neq0$ ならば $\psi(x)=x^2\sin x^{-1}$.

［証明］ $x\neq0$ ならば

(4) $$\psi'(x) = 2x\sin x^{-1} - \cos x^{-1}$$
また，

$$\psi'(0) = \lim_{h\to 0}[\psi(h)-\psi(0)]\cdot h^{-1} = \lim_{h\to 0} h^2 \sin h^{-1}\cdot h^{-1}$$

$$= \lim_{h\to 0} h\sin h^{-1} = 0.$$

よって，n が自然数ならば

(5) $\psi'((2n\pi)^{-1}) = -1 < 0,\quad \psi'((2n\pi+\pi)^{-1}) = 1 > 0$

で，$\lim_n (2n\pi)^{-1} = \lim_n (2n\pi+\pi)^{-1} = 0$ だから，$\lim_{x\to 0}\psi'(x)$ は存在しえない．よって，ψ' は $x=0$ で不連続である．

また，(5) により，

(6) $$(2n\pi+\pi)^{-1} < x_n < (2n\pi)^{-1},\quad \psi'(x_n) = 0$$

なる $x_n (n=1,2,\cdots)$ があることに注意する．もとより，$x_n \to 0$ である．

4) $[0,1]$ で有界な函数 f が原始函数 F をもっていても，f が $[0,1]$ で R 積分可能でないことがある．

［証明］ i) まず，3) の函数 ψ をとって

(7) $$\varphi(u,v) = \psi(u-v)$$

とおく．

つぎに，2) のまばらな完全集合 A をとって

$$x\in A \text{ ならば } F(x) = 0$$

とし，A の各余区間 (α,β) の点 x では $F(x)$ を次のように定める．

(6) の x_n をとって，$(\alpha, 2^{-1}(\alpha+\beta))$ に属する $\alpha+x_n$ のうちで最大のものを $\alpha+\gamma$ とし，

$$x\in(\alpha,\alpha+\gamma) \quad \text{ならば} \quad F(x) = \varphi(x,\alpha)$$
$$x\in[\alpha+\gamma,\beta-\gamma] \quad \text{ならば} \quad F(x) = \varphi(\alpha+\gamma,\alpha)$$
$$x\in(\beta-\gamma,\beta) \quad \text{ならば} \quad F(x) = \varphi(\beta,x)$$

と定める．(7) により $\varphi(\alpha+\gamma,\alpha) = \psi(\gamma) = \varphi(\beta,\beta-\gamma)$ に注意す

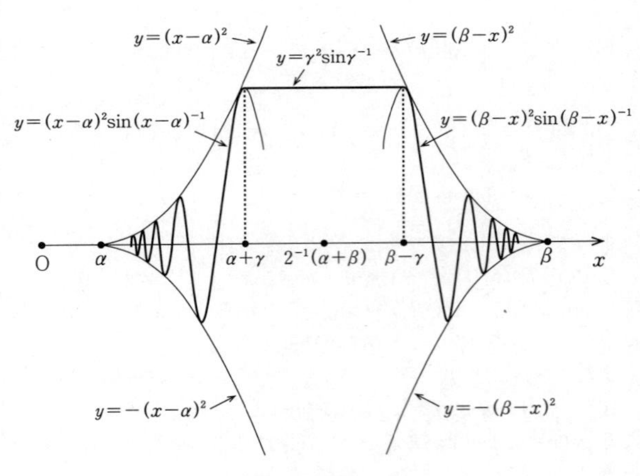

付録-3 図

る．また，$F(\alpha+\gamma)=\psi(\gamma)$ なのだから $F'(\alpha+\gamma)=\psi'(\gamma)=0$, $F(\beta-\gamma)=\psi(\gamma)$ なのだから $F'(\beta-\gamma)=-\psi'(\gamma)=0$ にも注意する．

ii) 以上 i) で定義した函数 F は $[0,1]$ で微分可能である．

まず，A の各余区間 (α,β) の点 x では，(4) により

$$x\in(\alpha,\alpha+\gamma) \quad \text{ならば}\ F'(x)=2(x-\alpha)\sin(x-\alpha)^{-1}-\cos(x-\alpha)^{-1},$$

$$x\in[\alpha+\gamma,\beta-\gamma] \quad \text{ならば}\ F'(x)=0,$$

$$x\in(\beta-\gamma,\beta) \quad \text{ならば}\ F'(x)=-2(\beta-x)\sin(\beta-x)^{-1}+\cos(\beta-x)^{-1}$$

また，$x\in A$ のとき，$x+h\in A$ ならば $F(x+h)=F(x)=0$ だから

$$h^{-1}[F(x+h)-F(x)]=0.$$

$x+h\in(\alpha,\beta), h>0$ ならば，$x+h\in(\alpha,\alpha+\gamma)$ であるか，$x+h\in[\alpha+\gamma,\beta-\gamma]$ であるか，$x+h\in(\beta-\gamma,\beta)$ であるかにしたがって，

$$|F(x+h)|\leqq(x+h-\alpha)^2\leqq h^2,\quad |F(x+h)|\leqq\gamma^2\leqq h^2,$$
$$|F(x+h)|\leqq(x+h-\beta)^2\leqq h^2.$$

すなわち，

$$|h^{-1}[F(x+h)-F(x)]|=|h^{-1}||F(x+h)|\leqq|h|.$$

よって，

$$\lim_{h\to+0}|h^{-1}[F(x+h)-F(x)]|=0.$$

同様にして

$$\lim_{h\to-0}|h^{-1}[F(x+h)-F(x)]|=0$$

だから，いずれにしても

$$x\in A \text{ ならば } F'(x)=0.$$

iii）$x\in A$ のとき，正数 δ がどんなに小さい正数であっても，$(\alpha,\beta)\subseteq(x,x+\delta)$, $A\cap(\alpha,\beta)=\varnothing$, $\alpha\in A$ なる開区間 (α,β) があるのだから，自然数 n を十分大きくとって，$(2n\pi+\pi)^{-1}<(2n\pi)^{-1}<\gamma$ とすると，(5) により，$F'(\alpha+(2n\pi+\pi)^{-1})=\varphi'(\alpha+(2n\pi+\pi)^{-1},\alpha)=\psi'((2n\pi+\pi)^{-1})=1$, $F'(\alpha+(2n\pi)^{-1})=\psi'((2n\pi)^{-1})=-1$. よって，$\lim_{h\to0}F'(x)$ は存在しえないから，F' は A の点では不連続である．

iv）$f=F'$ とおくと，上でみたとおり，$[0,1]$ において $|f(x)|\leqq3$ で，f は有界である．しかしながら，f は A の点で不連続で，しかも $m(A)=2^{-1}>0$ だから，1) により，f は R 積分可能ではありえない．すなわち，原始函数をもち有界な函数で，しかも R 積分可能でない函数がえられたのである．

§4. f_n が $[a,b]$ で R 積分可能で $f=\lim_n f_n$ が有界でも，f は

$[a, b]$ で R 積分可能とは限らない（I, §4, 4)).

［反例］ $[-1,1]\cap\boldsymbol{Q}$ は可付番無限集合だから

$$[-1,1]\cap\boldsymbol{Q} = \{a_1, a_2, \cdots, a_n, \cdots\}$$

とする.

$x = a_i\ (i=1,2,\cdots,n)$ ならば $f_n(x) = 1$

$a_1, a_2, \cdots, a_n$ 以外の $[-1,1]$ の点 x では $f_n(x) = 0$

とすると，I, §4, 注意 1 により，函数 f_n は $[-1,1]$ で R 積分可能である.

いま，

$x\in[-1,1]\cap\boldsymbol{Q}$ ならば $f(x) = 1$

$[-1,1]\cap\boldsymbol{Q}$ 以外の点 x では $f(x) = 0$

とすると，

$$\lim_n f_n = f.$$

しかるに，$[-1,1]$ のどの分割

$$\Delta : [x_0, x_1], [x_1, x_2], \cdots, [x_{n-1}, x_n] \quad (x_0=-1, x_n=1)$$

をとっても，各 $[x_{i-1}, x_i]$ には有理数も無理数もあるのだから（II, §2, 2)），$\xi_i\ (i=1,2,\cdots,n)$ が有理数のときは

$$S_\Delta = \sum_{i=1}^{n} 1\cdot(x_i - x_{i-1}) = 1-(-1) = 2.$$

$\xi_i\ (i=1,2,\cdots,n)$ が無理数のときは

$$S_\Delta = \sum_{i=1}^{n} 0\cdot(x_i - x_{i-1}) = 0.$$

したがって，$\rho_\Delta\to 0$ のとき，S_Δ が同じ定数 I に近づくことはありえない．すなわち，f は R 積分不可能なのである.

この f は **Dirichlet**（ディリクレ）**の函数**という名で知られている．なお，

$$f(x) = \lim_m \lim_n [\cos(m!\pi x)]^{2n}.$$

§5. $f_n\,(n=1,2,\cdots)$ および $f=\lim_n f_n$ が $[a,b]$ で R 積分可能でも，$\lim_n\int_a^b f_n(x)dx=\int_a^b f(x)dx$ とは限らない（I，§4，4））.

［反例］ $[0,1]$ で $f_n(x)=2n^2xe^{-n^2x^2}$ とすると，$\lim_n f_n(x)=0$. しかるに，

$$\int_0^1 f_n(x)dx = 1-e^{-n^2} \to 1.$$

$$\int_0^1 f(x)dx = 0.$$

注意 1. §9 を参照.

§6. 可測でない集合（III，§1）

ξ は 0 または無理数を表わすこととし，

(1)　　$A(\xi) = \{\xi+r \mid r\in \boldsymbol{Q}\},\quad \boldsymbol{Q} = \{r_1, r_2, \cdots, r_n, \cdots\}$

とおく.

$A(\xi')\cap A(\xi'')\neq\emptyset$ ならば，$x\in A(\xi')\cap A(\xi'')$ とすると，$x=\xi'+r'=\xi''+r'', r'\in\boldsymbol{Q}, r''\in\boldsymbol{Q}$. よって $r\in\boldsymbol{Q}$ ならば，いつでも，$\xi''+r=\xi'+r'-r''+r\in A(\xi')$，すなわち，$A(\xi'')\subseteq A(\xi')$. 同様に $A(\xi')\subseteq A(\xi'')$ だから，$A(\xi')=A(\xi'')$. したがって，異なる $A(\xi'), A(\xi'')$ は共通の元をもたない.

また，$x\in\boldsymbol{R}$ で x が有理数ならば，$x\in A(0)$，また，x が無理数 ξ にひとしければ，$x\in A(\xi)$. よって，$\boldsymbol{R}$ の点 x は $A(\xi)$ のどれかに属している.

いま，$\xi\neq0$ とし各 $A(\xi)$ から，$0<\bar{\xi}\leqq2^{-1}$ なる代表選手 $\bar{\xi}$ を一つずつえらび出す. 有理数 r_n を適当にえらべば，ξ がどの無理数でも $0<\xi-r_n\leqq2^{-1}$ なるようにできるから，そういう $\xi-r_n$ のうち r_n の番号の最小なものを $\bar{\xi}$ と定める. $A(0)$ の代表選手 $\bar{\xi}$ は 0 であるとし，こうして定めた代表選手 $\bar{\xi}$ の全体を C で表わすと C は可測でない集合である.

かりに，C が可測であるとしてみると矛盾が生ずることを示そ

う．

$n \geqq 2$, $C_n=\{\bar{\xi}+n^{-1}|\bar{\xi}\in C\}$ とおくと，$p \neq q$ ならば $C_p \cap C_q=\varnothing$ である．もし，$C_p \cap C_q \neq \varnothing$ なら $\bar{\xi}_1+p^{-1}=\bar{\xi}_2+q^{-1}$, $\bar{\xi}_1 \in C$, $\bar{\xi}_2 \in C$ だから $\bar{\xi}_2=\bar{\xi}_1+p^{-1}-q^{-1}\neq\bar{\xi}_1$ で，$A(\bar{\xi}_1)=A(\bar{\xi}_2)$，したがって，同じ $A(\bar{\xi}_1)$ から代表選手が二つえらばれていたことになるからである．同様にして，どの C_n をとっても $C_n \cap C=\varnothing$ であることが示される．なお，$C_n \subseteq [0,1]$ に注意する．

さて，条件 L4) によれば，C と C_n とは合同なのだから，どの n $(n \geqq 2)$ についても $m(C_n)=m(C)$．よって，L2) により，

$$m\left(\bigcup_{p=2}^{n} C_p\right) = \sum_{p=2}^{n} m(C_p) = (n-1)m(C) \leqq m([0,1]) = 1.$$

この不等式はすべての自然数について成りたつのだから，$m(C)=0$ でなければならない．

ところで，いま

$$B_n = \{r_n+\bar{\xi}\,|\,\bar{\xi}\in C\} \quad (n=1,2,\cdots)$$

とおくと，B_n は C と合同だから $m(B_n)=0$．また，$p \neq q$ ならば，前と同様に，$B_p \cap B_q=\varnothing$．

しかるに，$\boldsymbol{R}=\bigcup_{n=1}^{\infty}B_n$ なのだから，$m(\boldsymbol{R})=\sum_{n=1}^{\infty}m(B_n)=0$．これは，$m(\boldsymbol{R})=+\infty$ と矛盾する結果である．

§7. ルベグ可測な集合はボレル集合であるとは限らない（III, §8, VIII, §3, §6）．

［反例］　$m^*(A)=0$ で，しかも A がボレル集合でないものがあることを示そう．$m^*(A)=0$ なら A がルベグ可測であることは III, §12, 2) で，すでに，示しておいたとおりである．

そういう A をつくって見せるのには準備に多少手間がかかる．以下，段階的に話を進めよう．

g は $\boldsymbol{R}$ で連続な狭義の増加函数で

(1)　$$\lim_{x\to-\infty} g(x) = -\infty, \quad \lim_{x\to+\infty} g(x) = +\infty$$

であるとする．ここに，g が狭義の増加函数というのは

$x_1 < x_2$ なら，かならず，$g(x_1) < g(x_2)$

であるという意味である．

1)　g は $\boldsymbol{R}$ から $\boldsymbol{R}$ への全単射である．

［証明］　単射なことは明らかである．よって，$g(\boldsymbol{R})=\boldsymbol{R}$ を証明すればよいわけである．

x を任意の実数とすると，(1) により，$g(x_1)<x<g(x_2), x_1<x_2$ なる x_1, x_2 があるから，連続函数の中間値定理により，$x_1<\xi<x_2$, $g(\xi)=x$ なる ξ がなければならない．よって，$x\in\boldsymbol{R}$ ならば $x\in g(\boldsymbol{R})$，すなわち，$\boldsymbol{R}\subseteq g(\boldsymbol{R})$ だから $\boldsymbol{R}=g(\boldsymbol{R})$．

2)　g の逆函数 g^{-1} は連続な狭義の増加函数で $\boldsymbol{R}$ から $\boldsymbol{R}$ への全単射である．

［証明］　i)　かりに，$x_1<x_2$, $g^{-1}(x_1)\geqq g^{-1}(x_2)$ だとしてみる．$x_1'=g^{-1}(x_1)$, $x_2'=g^{-1}(x_2)$ とおくと，$x_2'\leqq x_1'$, $g(x_2')>g(x_1')$．これは g が増加函数という仮設に反する．よって，g^{-1} は狭義の増加函数である．

ii)　かりに，x_0 で g^{-1} が連続でないとすると，$g^{-1}(x_0-0)<g^{-1}(x_0)$ であるか，$g^{-1}(x_0)<g^{-1}(x_0+0)$．$g^{-1}(x_0-0)<g^{-1}(x_0)$ の場合，$\alpha=g^{-1}(x_0-0)$ とおくと，$x<x_0$ ならば，$g^{-1}(x)<\alpha<g^{-1}(x_0)$，したがって，$x<g(\alpha)<x_0$．これでは，$g(\alpha)<x<x_0$ なる x がありえないことになり不合理である．$g^{-1}(x_0)<g^{-1}(x_0+0)$ の場合も，同様にして不合理に導かれる．よって，g^{-1} は連続でなければならない．

iii)　$\lim_{x\to+\infty} g^{-1}(x)=+\infty$ を証明する．かりに，$\lim_{x\to+\infty} g^{-1}(x)=M<+\infty$ とすると，どの x に対しても，$g^{-1}(x)\leqq M$，すなわち，$x\leqq g(M)$ となり，これは g の定義域が $\boldsymbol{R}$ であることと矛盾する．したがって，$\lim_{x\to+\infty} g^{-1}(x)=+\infty$．また，同様にして，$\lim_{x\to-\infty} g^{-1}(x)=$

$-\infty$．これで，1）により，g^{-1} の連続な全単射であることが示された．

3） A がボレル集合ならば $g(A)$ もボレル集合である．

［証明］ 例により，ボレル集合族を $\mathfrak{B}$ で表わし，$\mathfrak{B}'=\{g(X)\,|\,X\in\mathfrak{B}\}$ とおく．$\emptyset\in\mathfrak{B}$，$g(\emptyset)=\emptyset$ だから，$\emptyset\in\mathfrak{B}'$（M1））．$g(X)\in\mathfrak{B}'$ ならば $(g(X))^c=g(X^c)$，$X^c\in\mathfrak{B}$ だから，$(g(X))^c\in\mathfrak{B}'$（M2））．また，$g(X_n)\in\mathfrak{B}'(n=1,2,\cdots)$ であるならば，$\bigcup_{n=1}^{\infty}g(X_n)=g(\bigcup_{n=1}^{\infty}X_n)$，$\bigcup_{n=1}^{\infty}X_n\in\mathfrak{B}$ だから，$\bigcup_{n=1}^{\infty}g(X_n)\in\mathfrak{B}'$（M3））．さらに，$a'=g^{-1}(a)$，$b'=g^{-1}(b)$ とおくと，$[a,b)=g([a',b'))$，$[a',b')\in\mathfrak{B}$ だから，$[a,b)\in\mathfrak{B}'$（M4））．しかるに，$\mathfrak{B}$ は条件 M1)—M4) をみたす最小の集合族だから，$\mathfrak{B}\subseteq\mathfrak{B}'$．

同様にして，$\mathfrak{B}''=\{g^{-1}(X)\,|\,X\in\mathfrak{B}\}$ とおくと，$\mathfrak{B}\subseteq\mathfrak{B}''$．よって，$\{g(X)\,|\,X\in\mathfrak{B}\}\subseteq\{g(X)\,|\,X\in\mathfrak{B}''\}$，すなわち，$\mathfrak{B}'\subseteq\mathfrak{B}$．これで，$\mathfrak{B}=\mathfrak{B}'$ なることがわかったわけである．

4） N は Cantor の零集合であるとし，VI，§5，例1の f をとって，

$$
\begin{array}{lll}
x<0 & \text{ならば} & g(x)=x \\
0\leqq x\leqq 1 & \text{ならば} & g(x)=\lambda f(x)+(1-\lambda)x \quad (0<\lambda<1) \\
1<x & \text{ならば} & g(x)=x
\end{array}
$$

とおくと $M=g(N)$ は閉集合で，$\lambda\leqq m(M)\leqq 1$．

［証明］ g が $\boldsymbol{R}$ で連続な狭義の増加函数で条件（1）をみたすことは明らかである．

また，$g^{-1}(M^c)=N^c$ で N^c は開集合だから，N^c の g^{-1} による原像 M^c は開集合*，よって，M は閉集合である．

$M\subseteq[0,1]$ だから，$M\subseteq G$ なる有界な開集合 G をとって，II，§9，問1により，

---

* VII，§5，1）は $\boldsymbol{R}$ 上の連続函数にもあてはまる．

$$G = \bigcup_{n=1}^{\infty} (a_n, b_n) \quad (\text{直和})$$

であるとする．$M \subseteq \bigcup_{n=1}^{\infty} (a_n, b_n)$ なのだから，Borel-Lebesgue の被覆定理によれば

$$M \subseteq (a_{n(1)}, b_{n(1)}) \cup (a_{n(2)}, b_{n(2)}) \cup \cdots \cup (a_{n(k)}, b_{n(k)})$$

なる有限個の開区間 $(a_{n(1)}, b_{n(1)}), (a_{n(2)}, b_{n(2)}), \cdots, (a_{n(k)}, b_{n(k)})$ をえらぶことができる．これを，簡単のため，$(\alpha_1, \beta_1), (\alpha_2, \beta_2), \cdots, (\alpha_k, \beta_k)$ と書き改めて，$0 \in (\alpha_1, \beta_1)$，$1 \in (\alpha_k, \beta_k)$ であるとしておく．

$$g^{-1}(\alpha_i) = \alpha_i', \quad g^{-1}(\beta_i) = \beta_i' \quad (i=2, 3, \cdots, k-1),$$

$$\alpha_1' = 0, \quad \beta_1' = g^{-1}(\beta_1), \quad \alpha_k' = g^{-1}(\alpha_k), \quad \beta_k' = 1$$

とおけば，

$$N \subseteq \left(\bigcup_{i=2}^{k-1} (\alpha_i', \beta_i') \right) \cup [(\alpha_1', \beta_1') \cup (\alpha_k', \beta_k')]$$

で，N の余区間では f は定数にひとしいから，

$$\sum_{i=1}^{k} [f(\beta_i') - f(\alpha_i')] = f(1) - f(0) = 1.$$

しかるに，

$$m(G) \geqq \sum_{i=1}^{k} (\beta_i - \alpha_i) = \sum_{i=1}^{k} [g(\beta_i') - g(\alpha_i')]$$

$$> \lambda \sum_{i=1}^{k} [f(\beta_i') - f(\alpha_i')] = \lambda,$$

よって，

$$1 \geqq m(M) = \inf\{m(G) \,|\, M \subseteq G\} \geqq \lambda.$$

5）ボレル集合でない零集合が存在する．

［証明］上記 4）における g や M は，実をいうと，λ の値によって左右され一定ではない．よって，$\lambda = 1 - 2^{-n}$ $(n = 1, 2, \cdots)$ のときの g, M をそれぞれ g_n, M_n で表わすと

$$1 - 2^{-n} \leqq m(M_n) \leqq 1.$$

したがって，$M_0 = \bigcup_{n=1}^{\infty} M_n$ とおけば，どの自然数 n に対しても，

$1-2^{-n} \leqq m(M_0)$ だから，$m(M_0) \geqq 1$．しかるに，また，$M_0 \subseteq [0, 1]$ だから $m(M_0) \leqq 1$．よって，結局，

$$m(M_0) = 1.$$

ところで，いま，C を§6でえられた可測でない集合とし，$A_n = g_n^{-1}(C \cap M_n)$ $(n=1, 2, \cdots)$ とおいてみる．$A_1, A_2, \cdots, A_n, \cdots$ のなかには，かならず，ボレル集合でないものがあることを示そう．

かりに，どの A_n もボレル集合であるとすると，3）によれば，$C \cap M_n = g_n(A_n)$ $(n=1, 2, \cdots)$ はボレル集合だから，$C \cap M_0 = \bigcup_{n=1}^{\infty} (C \cap M_n)$ もボレル集合でなければならない．しかるに，$M' = [0, 1] - M_0$ とおくと $C = (C \cap M_0) \cup (C \cap M')$ において，$m^*(C \cap M') \leqq m(M') = 0$ で $C \cap M'$ は零集合だから可測，また，$C \cap M_0$ もボレル集合だから可測，したがって，C が可測であるという不都合な結果にたち至るのである．なお，$A_n \subseteq g_n^{-1}(M_n) = N$，$m(N) = 0$ だから $m(A_n) = 0$ であることに注意する．

§8. f および g が A で L 積分可能でも $f \cdot g$ が A で L 積分可能であるとは限らない（V，§5，注意 4，164 ページ）．

［反 例］ $A = (0, 1]$，$A_n = ((n+1)^{-1}, n^{-1}]$，$f(x) = g(x) = x^{-\frac{1}{2}}$ とすると，V，§6，注意 2 により，

$$\int_A f(x)dx = \int_A g(x)dx = \sum_{n=1}^{\infty} \int_{A_n} x^{-\frac{1}{2}} dx = \sum_{n=1}^{\infty} \int_{\frac{1}{n+1}}^{\frac{1}{n}} x^{-\frac{1}{2}} dx.$$

しかるに，

$$\int_{\frac{1}{n+1}}^{\frac{1}{n}} x^{-\frac{1}{2}} dx < \sqrt{n+1}\left(\frac{1}{n} - \frac{1}{n+1}\right) = \sqrt{n+1} \cdot \frac{1}{n(n+1)} < n^{-\frac{3}{2}}$$

だから，

$$\int_A f(x)dx = \int_A g(x)dx < \sum_{n=1}^{\infty} n^{-\frac{3}{2}}.$$

この最右辺の級数は収束するから，f および g は A で積分可能

である．しかし，$f(x)\cdot g(x)=x^{-1}$ について同様のことを行なえば

$$\int_A f(x)\cdot g(x)dx = \sum_{n=1}^{\infty}\int_{\frac{1}{n+1}}^{\frac{1}{n}} \frac{1}{x}dx > \sum_{n=1}^{\infty} n\cdot\frac{1}{n(n+1)} = \sum_{n=1}^{\infty}\frac{1}{n+1}$$

だから，

$$\int_A f(x)\cdot g(x)dx = +\infty.$$

§9. いつでも $\lim_n(\mathrm{L})\int_A f_n(x)dx=(\mathrm{L})\int_A \lim_n f_n(x)dx$ とは限らない（V，§6，注意 1）．

［反例］　$A=[0,1]$ とし，$n=1,2,\cdots$ に対し

$$0<x<n^{-1} \text{ なら } f_n(x)=n$$
$$x=0 \text{ か } n^{-1}\leqq x<1 \text{ なら } f_n(x)=0$$

とおいて，函数 f_n を定めると，A の各点 x において

$$\lim_n f_n(x)=0.$$

よって，$f_n\ (n=1,2,\cdots)$，$\lim_n f_n$ はそれぞれ有界で可測な正値函数である．しかしながら，

$$\int_0^1 f_n(x)dx = \int_0^{\frac{1}{n}} n\,dx+\int_{\frac{1}{n}}^1 0\,dx = n\cdot n^{-1}=1,$$

$$\int_0^1 \lim_n f_n(x)dx=0.$$

注意 1. V，§8 で示されるように，R 積分可能ならば L 積分可能なのだから，本章§5 の反例も実はこの場合の反例になっている．念のため，もう一つ，ここにあげておいた．

§10. 函数 f が $[a,b]$ で微分可能でも f' が $[a,b]$ で L 積分可能とは限らない（VI，§9，注意 1）．

［反例］　$[0,1]$ で

$$f(0)=0,\quad x\neq 0 \text{ ならば } f(x)=x^2\cos(\pi x^{-2})$$

によって，函数fを定義すると，

$f'(0)=0,$

$x\neq 0$ ならば $f'(x)=2x\cos(\pi x^{-2})+2\pi x^{-1}\sin(\pi x^{-2}).$

$0<a<b\leqq 1$ ならば，$[a,b]$ で f' は連続だから積分可能で

$$\int_a^b f'(x)dx = b^2\cos(\pi b^{-2})-a^2\cos(\pi a^{-2}).$$

とくに，$a_n=2^{\frac{1}{2}}(4n+1)^{-\frac{1}{2}}$, $b_n=(2n)^{-\frac{1}{2}}$ とすると

$$\int_{a_n}^{b_n} f'(x)dx = (2n)^{-1}.$$

$[a_n, b_n]\,(n=1,2,\cdots)$ は交わらないから，$A=\bigcup_{n=1}^{\infty}[a_n, b_n]$ とおくと，

$$\int_0^1 |f'(x)|dx \geqq \int_A |f'(x)|dx > \sum_{n=1}^{\infty}\frac{1}{2n} = +\infty.$$

§11. f **が** $\boldsymbol{R}^2$ **から** $\boldsymbol{R}^2$ **の上への連続写像のとき，開集合** G **の像** $f(G)$ **が開集合であるとは限らない**（VII, §5, 注意 1, 244 ページ）．

［反例］ $x'=x\cos y$, $y'=x\sin y$ によって $\langle x,y\rangle$ に $\langle x',y'\rangle$ を対応させる写像を f とする．

$G=\{\langle x,y\rangle\,|\,0<y<2^{-1}\pi\}$ とおくと

$$f(G)=\{\langle x',y'\rangle\,|\,x'>0, y'>0\}\cup\{\langle x',y'\rangle\,|\,x'<0, y'<0\}\cup\{\langle 0,0\rangle\}$$

は開集合ではない．$\langle 0,0\rangle$ は $f(G)$ の点ではあるが，その内点ではないからである．

§12. $\boldsymbol{p}$ **進記法**（III, §12）

p が自然数で $p\geqq 2$ のとき，どの実数 α をとっても，α は

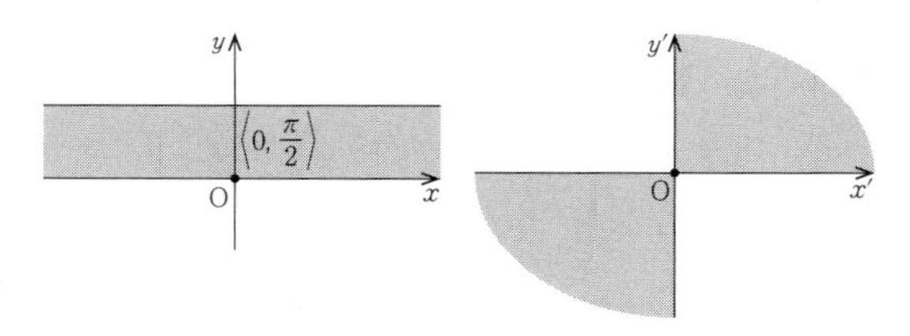

付録–4 図

(1)
$$\alpha_0+\sum_{n=1}^{\infty}\alpha_n p^{-n}$$

(α_0 は整数，$\alpha_n(n=1, 2, \cdots)$ は整数で $0\leqq\alpha_n\leqq p-1$)

なる級数として表わすことができる．これを α の **p 進記法**という．

［証明］ $[x]$ は x より大きくない最大の整数を表わす記号とする（Gauss（ガウス）の記号）．便宜上，$q_0=\alpha$ とおいて

$$q_1 = p(q_0-\alpha_0),\quad \alpha_0 = [q_0]$$

とすると，

$$0 \leqq q_1 < p.$$

つぎに，

$$q_2 = p(q_1-\alpha_1),\quad \alpha_1 = [q_1]$$

とおくと

$$0 \leqq q_2 < p,\quad 0 \leqq \alpha_1 \leqq p-1.$$

一般に，$n=1, 2, \cdots$ に対し

(2)
$$q_n = p(q_{n-1}-\alpha_{n-1}),\quad \alpha_{n-1} = [q_{n-1}]$$

とおけば

(3)
$$0 \leqq q_n < p,\quad 0 \leqq \alpha_{n-1} \leqq p-1.$$

よって，

$$\alpha-\alpha_0 = q_0-\alpha_0 = q_1 p^{-1},\quad q_1 p^{-1}-\alpha_1 p^{-1} = q_2 p^{-2}, \cdots,$$
$$q_n p^{-n}-\alpha_n p^{-n} = q_{n+1} p^{-(n+1)}$$

だから，これらを辺々加え合わせると，

$$0 \leqq \alpha - \alpha_0 - \sum_{i=1}^{n} \alpha_i p^{-i} = q_{n+1} p^{-(n+1)} < p^{-n}.$$

したがって，$n \to +\infty$ とすれば等式 (1) がえられる．

このとき，もし，ある n に対し

$$\alpha_{n+i} = p-1 \quad (i=1, 2, \cdots)$$

であるとすると，(2) により，

$$p - q_{n+i} = p(p - q_{n+i-1}) = p^2(p - q_{n+i-2}) = \cdots = p^i(p - q_n)$$

だから，

$$p - q_n = p^{-i}(p - q_{n+i}) < p^{-(i-1)}.$$

ここで，$i \to +\infty$ ならしめると，$p - q_n \leqq 0$ という (3) との矛盾が生ずる．よって，いまのようにして定めた $\alpha_n (n=1, 2, \cdots)$ の中には $p-1$ に等しくないものが無限にたくさんあるわけである．

逆に，級数 (1) が一つの実数を表わしていることはいうまでもないであろう．

ところで，α が与えられたとき，(1) のほかに，もう一つその和が α に等しい級数

(4)
$$\beta_0 + \sum_{n=1}^{\infty} \beta_n p^{-n}$$

(β_0 は整数，β_n は整数で $0 \leqq \beta_n \leqq p-1$ $(n=1, 2, \cdots)$)

があったとする．

いま，$\alpha_n - \beta_n \neq 0$ なる α_n, β_n があるとして，その中で番号が最小のものを α_r, β_r とすると，

(5)
$$(\alpha_r - \beta_r) + \sum_{n=r+1}^{\infty} (\alpha_n - \beta_n) p^{-(n-r)} = 0, \quad \alpha_r - \beta_r \neq 0.$$

しかるに，

$$\left| \sum_{n=r+1}^{\infty} (\alpha_n - \beta_n) p^{-(n-r)} \right| \leqq \sum_{n=r+1}^{\infty} |\alpha_n - \beta_n| p^{-(n-r)}$$

$$\leqq \sum_{n=r+1}^{\infty}(p-1)p^{-(n-r)}=1$$

だから，(5) が成りたつためには

$$(6)\qquad \alpha_r-\beta_r=1\text{ で，}n\geqq r+1\text{ ならば }\alpha_n-\beta_n=-(p-1),\text{ すなわち，}\alpha_n=0,\ \beta_n=p-1$$

か，または，

$$\alpha_r-\beta_r=-1\text{ で，}n\geqq r+1\text{ ならば }\alpha_n-\beta_n=p-1,\text{ すなわち，}\alpha_n=p-1,\ \beta_n=0\quad(n=r+1,r+2,\cdots)$$

のいずれかでなければならない．

しかし，さきに示したように，後者の場合はおこりえないのだから，どうしても，(6) でなければならないことになる．また，実際，(6) の場合には

$$\beta_0+\sum_{n=1}^{\infty}\beta_n p^{-n}=\sum_{n=1}^{r-1}\alpha_n p^{-n}+(\alpha_r-1)p^{-r}+\sum_{n=r+1}^{\infty}(p-1)p^{-n}$$

$$=\sum_{n=1}^{r}\alpha_n p^{-n}-p^{-r}+p^{-r}=\sum_{n=1}^{r}\alpha_n p^{-n}=\alpha$$

なのである．(4) もまた α の $\boldsymbol{p}$ **進記法**とよばれる．

したがって，実数 α の p 進記法において，ある番号から先きの α_n が全部 0 にひとしいとき，あるいは全部 $p-1$ にひとしいとき，また，そのときに限って，α には 2 通りの p 進記法があるわけである．

参考書について

本書では《ルベグ積分とはどんなものか》を説明することに終始したので，ルベグ積分の函数空間への応用などについて解説する暇がなかった．ルベグ積分ばかりでなく，そういう方面をも扱った本としては次のようなものがある．

1°．河田敬義，積分論（1959　共立全書）

2°．伊藤清三，ルベーグ積分入門（1963　裳華房）

3°．P. R. Halmos, Measure Theory（1950）

4°．H. L. Royden, Real Analysis（1963）

5°．I. P. Natanson, Theory of Functions of a Real Variable, vol. I（1955), vol. II（1960）

これらの本はそれぞれ特色をもっているが，本書をよみ終った読者は，まず，1°をよんでみるのが得策であろう．細部の説明がもっとていねいであったらという憾みがあるが，よくまとまっていて，積分論全体への展望をもとうとするものにとって好適な良書である．

《入門》という名がついているが，2°は相当高級な専門書の感がする．もっとも説明はかなりていねいであるようである．最後の1章をあげてフーリエ解析の解説に当てているし，1°と併せてよんでいい本であろう．

抽象的な測度空間における積分論を解説したものとして，3°はよく整理された本であるが，よんでいて無味乾燥の感をまぬかれない．積分論と密接な関係のある確率論をも扱っているのは特色の一つであろう．

4°は，ダニエル（Daniell）積分のために一章を設けるなど，大きさの割りに内容豊富である．説明が簡潔明快でよんでいて快適な本である．

5° はロシア語からの英訳で，ユークリッド空間での積分論を 1 変数の場合から始めて，函数空間への応用をもふくめ，ていねい過ぎるくらいていねいに説明してある．初学者に好適の良書である．ただし，各章末の演習問題にはずいぶん手ごわいものが入っているようである．

なお，VIII 章で測度空間を設定するとき，ルベグ測度に課せられた要求 L1)，L2)，L3)，L4) のうち，あとの二つはこれを考慮しないことにしておいた．しかし，L3) は別として，L4) の方はこれを抽象化し，L1)，L2) とともに，その L4) の抽象化された形のものを満足するようなハール (Haar) 測度なるものが考案されているのである．ことは位相群に関係するのであるが，このハール測度については前記 1° および 3° にその解説がのっている．

VI, §9, 注意 1 で言及しておいたダンジョワ積分やペロン積分についての解説は，次の本にのっている．

6°. S. Saks, Theory of the Integral (1937)

もっとも，ペロン積分だけのことなら，次の本の方が小さいし，手ごろであろう．

7°. E. Kamke, Das Lebesguesche Integral (1925)

また，縦線集合の測度をもってユークリッド空間におけるルベグ積分を定義し，そこから積分論を展開したものとしては次の本がある．

8°. 小松勇作，ルベック積分 (1956　共立全書)

9°. C. Carathéodory, Vorlesungen über reelle Funktionen (1918)

このうち，8° には演習問題が豊富にのせられていることを付記しておこう．さらに，

10°. 辻 正次，実函数論 (1962　槇書店)

は 450 ページに近い大冊で，積分に関したいろいろな事柄が百科

全書的に書きそろえてある．定理の証明など原論文の証明に近い形で書かれたものが多く，座右において参照するのに便利である．

最後に，III, §4, 1）の証明法は次の本から借用したことを言い添えておく．

11°. J. von Neumann, Functional Operators, vol. 1, Measures and Integrals（1950）.

問 の 答

II. 実数・点集合・函数

§2. 問 1. $l=\inf A, L=\sup A$ とすると，$x\in A'$ なら $x\in A$ だから，$l\leqq x\leqq L$.

§4. 問 1. $f'(x)=((1+e^{-x})^{-1})'=(1+e^{-x})^{-2}\cdot e^{-x}>0$ だから f は狭義の増加函数．よって f は単射である．$\lim_{x\to-\infty} f(x)=0$, $\lim_{x\to+\infty} f(x)=1$ だから $f(\boldsymbol{R})=(0,1)$.

§6. 問 1. $(a,b)\cap\boldsymbol{Q}$ は $\boldsymbol{Q}$ の部分集合だから，§5, 1) により可付番集合である．これが，かりに，有限集合で，$(a,b)\cap\boldsymbol{Q}=\{c_1, c_2, \cdots, c_k\}, c_1<c_2<\cdots<c_k$ であるとすると，$a<c<c_1$ なる有理数がないことになり，有理数の稠密性（§2, 2)）に背くことになる．　問 2. $f:\boldsymbol{Z}\sim\boldsymbol{N}$ とし，$\langle p,q\rangle\in\boldsymbol{Z}\times\boldsymbol{Z}$ なるとき，$g(\langle p,q\rangle)=\langle f(p), f(q)\rangle$ とおけば $g:\boldsymbol{Z}\times\boldsymbol{Z}\sim\boldsymbol{N}\times\boldsymbol{N}$.

§7. 問 1. i) $x\in A\cup B$ ならば $x\in B$ か $x\in A$. $x\in A$ のときも $A\subseteq B$ により $x\in B$. すなわち，いずれにしても $x\in B$. よって，$A\cup B\subseteq B$. しかるに (1) により $B\subseteq A\cup B$ だから $A\cup B=B$. ii) $A\subseteq A\cup B=B$.　問 2. i) $x\in A$ ならば，$A\subseteq B$ により，$x\in B$. よって，$x\in A\cap B$ だから，$A\subseteq A\cap B$. これと $A\cap B\subseteq A$ から $A\cap B=A$. ii) $A=A\cap B\subseteq B$.　問 3. $x\in A\cap(B\cup C)$ ならば $x\in A$ で $x\in B$ か $x\in C$. よって $x\in A\cap B$ か $x\in A\cap C$. すなわち $x\in(A\cap B)\cup(A\cap C)$ だから $A\cap(B\cup C)\subseteq(A\cap B)\cup(A\cap C)$. 逆に，$x\in(A\cap B)\cup(A\cap C)$ ならば $x\in A\cap B$ か $x\in A\cap C$. したがって，$x\in A$ で $x\in B$ か $x\in C$, すなわち，$x\in A$ で $x\in(B\cup C)$ だから　$x\in A\cap(B\cup C)$. よって，$(A\cap B)\cup(A\cap C)\subseteq A\cap(B\cup C)$. $A\cup(B\cap C)=(A\cup B)\cap(A\cup C)$ の証明も同様.

§8. 問 1. $x\in\boldsymbol{R}-\{a_1, a_2, \cdots, a_n\}$ のとき $\rho=\min\{|x-a_1|, \cdots,$

$|x-a_n|\}$とおけば$U(x\,;\rho)\subseteq \boldsymbol{R}-\{a_1,a_2,\cdots,a_n\}$. また, $x\in \boldsymbol{R}-\boldsymbol{N}$のときは, ある自然数$n$に対し$n<x<n+1$か$x<1$. よって, $\rho=\min\{|x-n|,|n+1-x|\}$または$\rho=1-x$とおけば$U(x\,;\rho)\subset\boldsymbol{R}-\boldsymbol{N}$.　問2. $x\in A$ならば$x\in G(x)\subseteq A$なる開集合$G(x)$があるから, $A\subseteq\bigcup_{x\in A}G(x)\subseteq A$, すなわち, $A=\bigcup_{x\in A}G(x)$.

§9. 問1. $x\in G$とし, $\alpha(x)=\inf\{\xi|(\xi,x)\subseteq G\}$, $\beta(x)=\sup\{\xi|(x,\xi)\subseteq G\}$とおくと, $G=\bigcup_{x\in G}(\alpha(x),\beta(x))$. $(\alpha(x_1),\beta(x_1))\cap(\alpha(x_2),\beta(x_2))\neq\emptyset$ならば$(\alpha(x_1),\beta(x_1))=(\alpha(x_2),\beta(x_2))$だから, 上の等式の右辺は直和と考えてよい. 各$(\alpha(x),\beta(x))$に$\alpha(x)<r<\beta(x)$なる有理数を対応させる写像$f$は$\boldsymbol{Q}$の中への単射だから, $(\alpha(x),\beta(x))$の集合は可付番集合である (§5, 2)).

§10. 問1. $A^c=\{x|x<0\}\cup\{x|x>1\}\cup\left(\bigcup_{n=1}^{\infty}\left(\dfrac{1}{n+1},\dfrac{1}{n}\right)\right)$.
問2. i) かりに, $U\cap A$が有限集合とすると, $U\cap(A-\{x\})$も有限集合 : $U\cap(A-\{x\})=\{a_1,a_2,\cdots,a_k\}$. $\rho=\min\{|x-a_1|,|x-a_2|,\cdots,|x-a_k|\}$とおけば, $U\cap U(x\,;\rho)\cap(A-\{x\})=\emptyset$となって, xがAの集積点であるという仮設に背く. ii) $U\cap A$が無限集合なら, $U\cap(A-\{x\})\neq\emptyset$.

§12. 問1. $\underline{a}_n=\inf\{a_n,\cdots,a_{n+p},\cdots\}\leqq\inf\{b_n,\cdots,b_{n+p},\cdots\}=\underline{b}_n$. よって, $\varliminf_n a_n=\sup\{\underline{a}_1,\underline{a}_2,\cdots,\underline{a}_n,\cdots\}\leqq\sup\{\underline{b}_1,\underline{b}_2,\cdots,\underline{b}_n,\cdots\}=\varliminf_n b_n$.　問2. $\bar{a}_n=\sup\{a_1,\cdots,a_n,\cdots\}$, $\underline{a}_n=a_n$だから$\varlimsup_n a_n=\inf\{\bar{a}_1,\cdots,\bar{a}_n,\cdots\}=\sup\{a_1,\cdots,a_n,\cdots\}$. $\varliminf_n a_n=\sup\{\underline{a}_1,\cdots,\underline{a}_n,\cdots\}=\sup\{a_1,\cdots,a_n,\cdots\}$. よって$\varlimsup_n a_n=\varliminf_n a_n$ (注意4).　問3. $-a_n=b_n$とおくと$\underline{b}_n=\inf\{b_n,\cdots,b_{n+p},\cdots\}=\inf\{-a_n,\cdots,-a_{n+p},\cdots\}=-\sup\{a_n,\cdots,a_{n+p},\cdots\}=-\bar{a}_n$. よって, $\lim_n\underline{b}_n=-\lim_n\bar{a}_n$.

III. ルベグ測度

§4. 問1. 2) により$\sum_{i=1}^{n}|I_i|\leqq|I|$だから$\sum_{n=1}^{\infty}|I_n|=$

$\lim_n \sum_{i=1}^n |I_i| \leqq |I|$. また，4）により，$|I| \leqq \sum_{n=1}^\infty |I_n|$.

§5. 問 1. $\varepsilon>0$ ならば $[a,b]\subset[a,b+\varepsilon)$ だから $m^*([a,b])\leqq |[a,b+\varepsilon)|=b-a+\varepsilon$. よって，$m^*([a,b])\leqq b-a$. しかるに，$[a,b)\subset[a,b]$ だから，$b-a=m^*([a,b))\leqq m^*([a,b])$. つぎに $(a,b)\subset[a,b)$ だから $m^*((a,b))\leqq m^*([a,b))=b-a$. しかるに $[a,b)\subset[a-\varepsilon,b)=[a-\varepsilon,a]\cup(a,b)$. よって，$b-a=m^*[a,b)\leqq m^*([a-\varepsilon,a]) + m^*((a,b)) = \varepsilon+m^*((a,b))$. すなわち，$m^*((a,b))\geqq b-a-\varepsilon$. よって，$m^*((a,b))\geqq b-a$.

§6. 問 1. $\bigcup_{p=1}^\infty A_{n+p-1}$ は 5）により可測．よって 6）により $\overline{\lim_n} A_n=\bigcap_{n=1}^\infty(\bigcup_{p=1}^\infty A_{n+p-1})$ も可測．$\underline{\lim_n} A_n$ についても同様．

§8. 問 1. M2）により，$A_n{}^c\in\mathfrak{L}$. M3）により $\bigcup_{n=1}^\infty A_n{}^c\in\mathfrak{L}$. よって，$\bigcap_{n=1}^\infty A_n=(\bigcup_{n=1}^\infty A_n{}^c)^c\in\mathfrak{L}$.　　問 2. M1)，M4）は明らかである．条件 M1)，M2)，M3)，M4）をみたすようなどの集合族 $\mathfrak{L}$ をとっても，$\mathfrak{B}\subseteq\mathfrak{L}$. よって，$A\in\mathfrak{B}$ なら $A\in\mathfrak{L}$ だから $A^c\in\mathfrak{L}$. したがって，A^c はそういう $\mathfrak{L}$ すべての交わりである $\mathfrak{B}$ の元である．つぎに，$A_n\in\mathfrak{B}$ なら $A_n\in\mathfrak{L}$ だから $\bigcup_{n=1}^\infty A_n\in\mathfrak{L}$. よって，$\bigcup_{n=1}^\infty A_n$ はそういう $\mathfrak{L}$ すべての交わりである $\mathfrak{B}$ の元である．

§9. 問 1. $F\subseteq\bigcup_{n=1}^\infty I_n'$, $\sum_{n=1}^\infty|I_n'|<m(F)+\dfrac{\varepsilon}{2}$, $I_n'=[a_n,b_n)$, $0<\eta_n<\min\{\varepsilon 2^{-(n+1)},(b_n-a_n)2^{-1}\}$, $J_n=[a_n-\eta_n,b_n)$ とすると，$F\subseteq\bigcup_{n=1}^\infty J_n^i$ だから，Borel-Lebesgue の被覆定理により，$F\subseteq\bigcup_{p=1}^l J_{n(p)}^i\subseteq\bigcup_{p=1}^l J_{n(p)}$ なる $J_{n(1)},J_{n(2)},\cdots,J_{n(l)}$ がある．§4 の I1)，I2）により $\bigcup_{p=1}^l J_{n(p)}$ は有限個の半開区間の直和として表わされる：$F\subseteq\bigcup_{p=1}^l J_{n(p)}=\bigcup_{p=1}^k I_p$（直和）．よって，$\sum_{p=1}^k|I_p|=m(\bigcup_{p=1}^k I_p)=m(\bigcup_{p=1}^l J_{n(p)})\leqq\sum_{p=1}^l|J_{n(p)}|\leqq\sum_{n=1}^\infty|J_n|<\sum_{n=1}^\infty|I_n'|+\sum_{n=1}^\infty\eta_n<m(F)+\dfrac{\varepsilon}{2}+\dfrac{\varepsilon}{2}$.

§10. 問 1. $A_n=\bigcup_{p=1}^\infty[n+p-1,n+p)$ だから，L2）により，$m(A_n)=\sum_{p=1}^\infty m([n+p-1,n+p))=1+1+1+\cdots=+\infty$.

§12. 問 1. B は可測だから $m^*(A)=m^*(A\cap B)+m^*(A\cap B^c)=m^*(B)+m^*(A\cap B^c)$. よって，$m^*(A-B)=m^*(A\cap B^c)$

$=0$. $A=B\cup(A-B)$ で B および $A-B$ は可測だから A も可測. **問 2.** i)（必要）§11, 2) の証明と注意1により $G_{n+1}\subseteq G_n$, $\lim_n m(G_n)=m(A)$ なる $G_n (n=1,2,\cdots)$ がある. また, §11, 3) により, $m(A)\geqq m(F_n')>m(A)-\dfrac{1}{n}$ なる F_n' をとり, $F_n=\bigcup_{p=1}^n F_p'$ とおくと, $F_n\subseteq F_{n+1}$ で $m(A)\geqq m(F_n)>m(A)-\dfrac{1}{n}$. よって $\lim_n m(F_n)=m(A)$. ii)（十分）$A_*=\bigcup_{n=1}^\infty F_n$, $A^*=\bigcap_{n=1}^\infty G_n$ とおくと A_* および A^* は可測. §10, 3) により, $m(A_*)=\lim_n m(F_n)$. また, $\lim_n m(G_n)=m(A)<+\infty$ だから, §10, 4) により $m(A^*)=\lim_n m(G_n)$. したがって, $m(A_*)=m(A^*)$, $A_*\subseteq A\subseteq A^*$, $m(A_*)\leqq m^*(A)\leqq m(A^*)$ だから, $m(A_*)=m^*(A)$. よって, 問1により A は可測. **問 3.** $B=X-A$ とおくと, $X-B^*\subseteq X-B=A\subseteq A^*$ で, $m^*(A-(X-B^*))\leqq m(A^*-(X-B^*))=m(A^*)-m(X-B^*)$ $=m(A^*)-(m(X)-m(B^*))=m^*(A)+m^*(B)-m(X)=0$. よって, $A-(X-B^*)$ は零集合だから可測. $X-B^*$, $A-(X-B^*)$ は可測だから, $A=(X-B^*)\cup(A-(X-B^*))$ も可測.

IV. 可測函数

§2. **問 1.** $B(f>c)=A(f>c)\cap B$. **問 2.** i) $A(f(x)\neq f(x))=\emptyset$ だから $f\sim f\ (A)$. ii) $A(f(x)\neq g(x))=A(g(x)\neq f(x))$ だから, $f\sim g\ (A)$ ならば, $g\sim f\ (A)$. iii) $A(f(x)\neq g(x))$, $A(g(x)\neq h(x))$ が零集合であるならば, $A(f(x)\neq h(x))\subseteq A-(A(f(x)=g(x))\cap A(g(x)=h(x)))=(A-A(f(x)=g(x)))\cup(A-A(g(x)=h(x)))=A(f(x)\neq g(x))\cup A(g(x)\neq h(x))$. よって, $A(f(x)\neq h(x))$ は零集合. **問 3.** i) f が A で下に半連続のときは, 連続函数のときと同様にして, $A(f(x)>c)=A\cap G$（G は開集合）. ii) 次に, f が上に半連続の

ときは，$A(f(x)<c)=A(-f(x)>c)$ で $-f$ が下に半連続だから i）により $A(f(x)<c)$ は可測.

§5. 問 1. $a \in A$ ならばある p に対し $a \in A_p$. $A_1, A_2, \cdots, A_n$ は交わらないのだから，$A-A_p$ は $n-1$ 個の閉集合の結びで閉集合である．よって，$(A-A_p)^c$ は開集合で $a \in (A-A_p)^c$ だから，$U(a\,;\rho) \subseteq (A-A_p)^c$ なる ρ がある．したがって，$x \in A \cap U(a\,;\rho)$ ならば，$x \in A, x \notin A-A_p$ だから $f(x)=c_p=f(a)$.
問 2. i）増加函数列のとき：$\lim_n f_n(x)=\sup\{f_1(x), f_2(x), \cdots, f_n(x), \cdots\}$（II, §12, 問 2）. ii）減少函数列のとき：$\{-f_1, -f_2, \cdots, -f_n, \cdots\}$ は増加函数列だから，i）により $\lim_n[-f_n(x)]=\sup\{-f_1(x), -f_2(x), \cdots, -f_n(x), \cdots\}$. したがって，$\lim_n f_n(x)=\inf\{f_1(x), f_2(x), \cdots, f_n(x), \cdots\}$.

§6. 問 1. i）A が可測のとき：$c<0$ ならば $\boldsymbol{R}(\chi_A>c)=\boldsymbol{R}$, $0\leqq c<1$ ならば $\boldsymbol{R}(\chi_A>c)=A$, $1\leqq c$ ならば $\boldsymbol{R}(\chi_A>c)=\emptyset$. ii）$\chi_A$ が $\boldsymbol{R}$ で可測のとき：$A=\boldsymbol{R}(\chi_A=1)$ だから A は可測.

V. ルベグ積分

§1. 問 1. (1) において $A_i'=\{x+c \mid x \in A_i\}$ とおくと，$A'=A_1' \cup \cdots \cup A_k'$, $i \neq j$ なら $A_i' \cap A_j'=\emptyset$. $\inf\{\varphi(x) \mid x \in A_i'\}=\inf\{f(x) \mid x \in A_i\}=a_i$. $m(A_i')=m(A_i)$.

§5. 問 1. $f=f^+-f^-, g=g^+-g^-$ において $g^+\leqq f^+, f^-\leqq g^-$ だから，§2, 1）により $\int_A g^+(x)dx\leqq\int_A f^+(x)dx$, $\int_A f^-(x)dx\leqq\int_A g^-(x)dx$. よって，$\int_A g^+(x)dx-\int_A g^-(x)dx\leqq\int_A f^+(x)dx-\int_A f^-(x)dx$.　　問 2. $A(|f(x)|=+\infty)$ を N とし，N では $g(x)=0$, A のそのほかの点では $g(x)=f(x)$ とおく．$c\geqq 0$ ならば $A(g(x)>c)=A(f(x)>c)-A(f(x)=+\infty)$ は可測. $c<0$ ならば $A(g(x)>c)=A(f(x)>c)\cup A(f(x)=-\infty)$ は可測. よって，g は A で可測で，$\int_A f(x)dx=\int_{A-N} f(x)dx+\int_N f(x)dx$

$= \int_{A-N} f(x)dx = \int_{A-N} g(x)dx = \int_A g(x)dx.$ 問 3. $\left|\int_A f(x)dx\right| = \left|\int_A f^+(x)dx - \int_A f^-(x)dx\right| \leqq \left|\int_A f^+(x)dx\right| + \left|\int_A f^-(x)dx\right| = \int_A f^+(x)dx + \int_A f^-(x)dx = \int_A |f(x)|dx.$ 問 4. $\int_A |f(x)|dx \leqq \int_A h(x)dx < +\infty$ (§2, 1)). よって, $|f|$は積分可能. ゆえに, 6) により f は積分可能. また, 6) により $\left|\int_A f(x)dx\right| \leqq \int_A |f(x)|dx \leqq \int_A h(x)dx.$ 問 5. 6) により $|g|$ は積分可能. よって, 5) により $(|\Lambda|+|\lambda|)|g|$ は積分可能. $|f\cdot g| \leqq (|\Lambda|+|\lambda|)|g|$ だから, 8) により $|f\cdot g|$ は積分可能. ゆえに, 6) により $f\cdot|g|$, $f\cdot g$ は積分可能. $\lambda|g| \leqq f\cdot|g| \leqq \Lambda|g|$ だから $\lambda\int_A |g(x)|dx \leqq \int_A f(x)\cdot|g(x)|dx \leqq \Lambda\int_A |g(x)|dx.$ 問 6. $A' = A(f(x)>0)$ とおくと, $\int_{A'} f(x)dx = 0$ だから, $m(A')=0$ (§2, 5)). $A'' = A(f(x)<0) = A(-f(x)>0)$ とおくと, $\int_{A''}[-f(x)]dx = 0$ だから, $m(A'')=0$ 問 7. §1, 問 1 により, $\int_{A'} \varphi^+(x)dx = \int_{A'} f^+(x+c)dx = \int_A f^+(x)dx < +\infty.$ $\int_{A'} \varphi^-(x)dx = \int_{A'} f^-(x+c)dx = \int_A f^-(x)dx < +\infty.$

VI. 微分法と積分法

§7. 問 1. $f = \varphi - \psi$ で φ, ψ が増加函数ならば $p(a,b) \leqq \varphi(b) - \varphi(a)$, $n(a,b) \leqq \psi(b) - \psi(a)$ だから, $T(a,b) = P(a,b) + N(a,b) \leqq \varphi(b) - \varphi(a) + \psi(b) - \psi(a).$

§8. 問 1. f' は積分可能だから (§7, 3)) $\varphi(x) = f(x) - \int_a^x f'(t)dt$ とおけば, ほとんど至るところ $\varphi'(x) = f'(x) - f'(x) = 0$. φ は絶対連続でないのだから定数値函数ではありえない. よって, 特異函数である. $f = \varphi + g$, $f = \psi + h$ で φ, ψ は特異函数, g, h は絶対連続であるとすると $(g-h)' = (\psi-\varphi)' = \psi' - \varphi'$ で $\psi' - \varphi'$ はほとんど至るところ 0 だから, ほとんど至るところ

$(g-h)'=0$．しかるに，$g-h$ は絶対連続だから $g-h=0$．すなわち，$g=h, \varphi=\psi$.

VII．多変数の函数の積分

§1．問 1．iii）の証明：$x_1-x_2=u_1, x_2-x_3=u_2, y_1-y_2=v_1, y_2-y_3=v_2$ とおくと $x_1-x_3=u_1+u_2, y_1-y_3=v_1+v_2$ だから，$(u_1{}^2+v_1{}^2)^{\frac{1}{2}}+(u_2{}^2+v_2{}^2)^{\frac{1}{2}} \geqq [(u_1+u_2)^2+(v_1+v_2)^2]^{\frac{1}{2}}$ を示す．この両辺を 2 乗して $(u_1{}^2+v_1{}^2)^{\frac{1}{2}}(u_2{}^2+v_2{}^2)^{\frac{1}{2}} \geqq u_1u_2+v_1v_2$ を示せばよい．$u_1u_2+v_1v_2 \leqq 0$ ならば明らかだから，$u_1u_2+v_1v_2>0$ として，また，両辺を 2 乗した不等式 $(u_1{}^2+v_1{}^2)(u_2{}^2+v_2{}^2) \geqq (u_1u_2+v_1v_2)^2$ を示せばよいことになる．ところで，ξ を未知数とする 2 次方程式 $\xi^2(u_1{}^2+v_1{}^2)+2\xi(u_1u_2+v_1v_2)+(u_2{}^2+v_2{}^2)=0$ の左辺は $(\xi u_1+u_2)^2+(\xi v_1+v_2)^2$ だから，この方程式は相異なる実根をもちえない．よって，その判別式が正ではないことから，最後の不等式が出る．

問 2．$\mathrm{P}_1 \in U(\mathrm{P}\,;\rho), \rho'=\rho-\mathrm{dist}(\mathrm{P}, \mathrm{P}_1), \mathrm{P}_2 \in U(\mathrm{P}_1\,;\rho')$ ならば $\mathrm{dist}(\mathrm{P}, \mathrm{P}_2) \leqq \mathrm{dist}(\mathrm{P}, \mathrm{P}_1)+\mathrm{dist}(\mathrm{P}_1, \mathrm{P}_2) < \mathrm{dist}(\mathrm{P}, \mathrm{P}_1)+\rho'=\rho$.

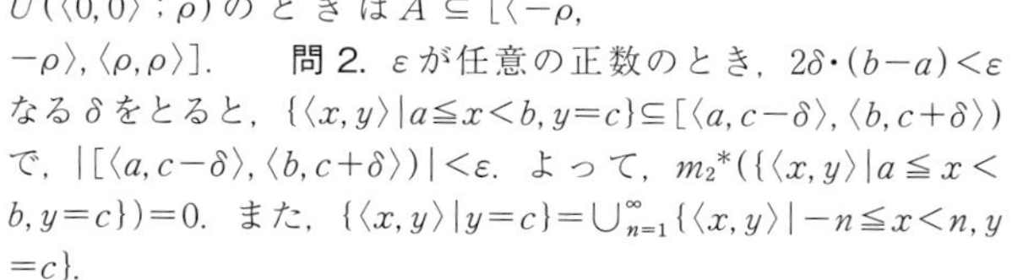

§2．問 1．$A \subseteq [\langle a, b\rangle, \langle a', b'\rangle]$ のとき，$\rho=\sqrt{a^2+b^2+a'^2+b'^2}$ とおくと，$A \subseteq U(\langle 0,0\rangle\,;\rho)$．逆に，$A \subseteq U(\langle 0,0\rangle\,;\rho)$ のときは $A \subseteq [\langle -\rho, -\rho\rangle, \langle \rho, \rho\rangle]$.　　問 2．$\varepsilon$ が任意の正数のとき，$2\delta\cdot(b-a)<\varepsilon$ なる δ をとると，$\{\langle x, y\rangle \mid a \leqq x<b, y=c\} \subseteq [\langle a, c-\delta\rangle, \langle b, c+\delta\rangle)$ で，$|[\langle a, c-\delta\rangle, \langle b, c+\delta\rangle)|<\varepsilon$．よって，$m_2{}^*(\{\langle x, y\rangle \mid a \leqq x < b, y=c\})=0$．また，$\{\langle x, y\rangle \mid y=c\}=\bigcup_{n=1}^{\infty}\{\langle x, y\rangle \mid -n \leqq x<n, y=c\}$.

§5．問 1．i）（必要）$\mathrm{P}_0'=f(\mathrm{P}_0)=\langle x_0', y_0'\rangle, f(U) \subseteq U(\mathrm{P}_0'\,;\varepsilon)$ とする．$U(\mathrm{P}_0\,;\delta) \subseteq U$ なる δ をとると，$\mathrm{P}=\langle x, y\rangle \in U(\mathrm{P}_0\,;\delta)$

ならば $f(\mathrm{P}) \in U(\mathrm{P}_0' ; \varepsilon)$ だから，$|g(x,y)-g(x_0,y_0)| \leqq \mathrm{dist}(\mathrm{P}', \mathrm{P}_0') < \varepsilon, |h(x,y)-h(x_0,y_0)| < \mathrm{dist}(\mathrm{P}',\mathrm{P}_0')<\varepsilon$. ii)（十分）$U(\mathrm{P}_0' ; \varepsilon)\subseteq U'$ なる ε をとる．$\langle x,y\rangle \in U(\mathrm{P}_0 ; \delta)$ なら，$\sqrt{2}|g(x,y)-g(x_0,y_0)|<\varepsilon, \sqrt{2}|h(x,y)-h(x_0,y_0)|<\varepsilon$ となるような δ をえらぶと，$\mathrm{P}\in U(\mathrm{P}_0 ; \delta)$ なる P に対しては $\mathrm{dist}(f(\mathrm{P}_0),f(\mathrm{P}))<\varepsilon$. よって，$f(\mathrm{P}) \in U(\mathrm{P}_0' ; \varepsilon) \subseteq U'$.　　**問 2.** $\mathrm{P}_1=\langle x_1,y_1\rangle, \mathrm{P}_2=\langle x_2,y_2\rangle$ とすると，$(\mathrm{dist}(f(\mathrm{P}_1),f(\mathrm{P}_2)))^2=(\alpha_1x_1+\alpha_2y_1-\alpha_1x_2-\alpha_2y_2)^2+(\beta_1x_1+\beta_2y_1-\beta_1x_2-\beta_2y_2)^2=(\alpha_1{}^2+\beta_1{}^2)(x_1-x_2)^2+2(\alpha_1\alpha_2+\beta_1\beta_2)(x_1-x_2)(y_1-y_2)+(\alpha_2{}^2+\beta_2{}^2)(y_1-y_2)^2=(x_1-x_2)^2+(y_1-y_2)^2=(\mathrm{dist}(\mathrm{P}_1,\mathrm{P}_2))^2$.

VIII. 測度空間

§5. 問 1. $A_1=\boldsymbol{X}_1, A_n=\boldsymbol{X}_n-\boldsymbol{X}_{n-1} (n=2,3,\cdots)$ とおく．

§6. 問 1. $X_n=A_n\cup B_n\in\overline{\mathfrak{M}}, A_n\in\mathfrak{M}, B_n\subseteq N_n\in\mathfrak{M}, \mu(N_n)=0$ で，$X_1,X_2,\cdots X_n,\cdots$ が交わらなければ $A_1,A_2,\cdots,A_n,\cdots$ も交わらない．$\mu(\bigcup_{n=1}^{\infty}N_n)=0$ だから $\overline{\mu}(\bigcup_{n=1}^{\infty}X_n)=\mu(\bigcup_{n=1}^{\infty}A_n)=\sum_{n=1}^{\infty}\mu(A_n)=\sum_{n=1}^{\infty}\overline{\mu}(X_n)$.　　**問 2.** $A=A\cap(A\cup B)=A\cap(A_1\cup B_1)=(A\cap A_1)\cup(A\cap B_1)$ だから，$A\subseteq(A\cap A_1)\cup N_1$. よって，$\mu(A)\leqq\mu(A\cap A_1)+\mu(N_1)=\mu(A\cap A_1)$. しかるに，$\mu(A\cap A_1)\leqq\mu(A)$ だから，$\mu(A)=\mu(A\cap A_1)$. 同様に $\mu(A_1)=\mu(A\cap A_1)$.　　**問 3.** $X\in\overline{\mathfrak{M}}, \overline{\mu}(X)=0, X=A\cup B, A\in\mathfrak{M}, B\subseteq N\in\mathfrak{M}, \mu(N)=0$ とすると，$\mu(A)=0$. よって，$A\cup N\in\mathfrak{M}, \mu(A\cup N)=0$. $X_1\subseteq X$ ならば $X_1\subseteq A\cup B\subseteq A\cup N$ だから，$X_1=\emptyset\cup X_1$, $\emptyset\in\mathfrak{M}, X_1\subseteq A\cup N, A\cup N\in\mathfrak{M}, \mu(A\cup N)=0$. よって，$X_1\in\overline{\mathfrak{M}}$.
問 4. IV，§2，4）および V，§5，3）の証明と同様．

§7. 問 1. $K_1=I_1, K_n=I_n-\bigcup_{p=1}^{n-1}I_p (n=2,3,\cdots)$ とおくと，$\bigcup_{n=1}^{\infty}K_n=\bigcup_{n=1}^{\infty}I_n$ で，この左辺は直和である．しかも，I2）により，各 K_n は有限個の区間の直和だから，II，§6，注意 1 により，$\bigcup_{n=1}^{\infty}K_n$ は区間の列の直和である．

§8. 問 1. $\boldsymbol{X}_n=\bigcup_{i=1}^{n} I_i$ とおくと，$\mu(\boldsymbol{X}_n)\leqq\sum_{i=1}^{n}|I_i|<+\infty$, $\boldsymbol{X}_n\subseteq\boldsymbol{X}_{n+1}$, $\boldsymbol{X}=\bigcup_{n=1}^{\infty}\boldsymbol{X}_n$.

IX. 測度空間における集合函数

§1. 問 1. $\boldsymbol{X}_n\in\mathfrak{M}$, $\mu(\boldsymbol{X}_n)<+\infty$, $\boldsymbol{X}_n\subseteq\boldsymbol{X}_{n+1}$, $\boldsymbol{X}=\bigcup_{n=1}^{\infty}\boldsymbol{X}_n$, $\boldsymbol{Y}_n\in\mathfrak{M}$, $\nu(\boldsymbol{Y}_n)<+\infty$, $\boldsymbol{Y}_n\subseteq\boldsymbol{Y}_{n+1}$, $\boldsymbol{X}=\bigcup_{n=1}^{\infty}\boldsymbol{Y}_n$ とすると，$\boldsymbol{X}=\bigcup_{n=1}^{\infty}(\boldsymbol{X}_n\cap\boldsymbol{Y}_n)$, $\boldsymbol{X}_n\cap\boldsymbol{Y}_n\in\mathfrak{M}$. $\mu(\boldsymbol{X}_n\cap\boldsymbol{Y}_n)<+\infty$, $\nu(\boldsymbol{X}_n\cap\boldsymbol{Y}_n)<+\infty$ だから，$\lambda(\boldsymbol{X}_n\cap\boldsymbol{Y}_n)=\mu(\boldsymbol{X}_n\cap\boldsymbol{Y}_n)+\nu(\boldsymbol{X}_n\cap\boldsymbol{Y}_n)<+\infty$.

§2. 問 1. A が正集合，$A'\subseteq A$, $A'\in\mathfrak{M}$, $X\subseteq A'$, $X\in\mathfrak{M}$ ならば $X\subseteq A$ だから $\nu(X)\geqq 0$. A が負集合のときも同様.　問 2. $X\in\mathfrak{M}$ のとき，$\nu^+(X)=\nu(X\cap A)=\nu_1(X\cap A)-\nu_2(X\cap A)$ で $\nu_2(X\cap A)\geqq 0$ だから，$\nu^+(X)\leqq\nu_1(X\cap A)$. よって，$\nu_1(X)\geqq\nu_1(X\cap A)\geqq\nu^+(X)$. 同様に $\nu_2(X)\geqq\nu^-(X)$. また，$|\nu|=\nu^++\nu^-\leqq\nu_1+\nu_2$.

§3. 問 1. i) $\nu\ll\mu$ とする. $|\nu|(X)=\nu^+(X)+\nu^-(X)$, $\nu^+(X)\geqq 0$, $\nu^-(X)\geqq 0$ だから，$|\nu|(X)=0$ なら $\nu^+(X)=\nu^-(X)=0$. ii) $\nu^+\ll\mu$, $\nu^-\ll\mu$ とする. $\nu^+(X)=\nu^-(X)=0$ ならば $|\nu|(X)=\nu^+(X)+\nu^-(X)=0$.　問 2. $\boldsymbol{X}=A\cup B$, $A\cap B=\emptyset$, $|\nu|(A)=|\mu|(B)=0$ とする. $X\in\mathfrak{M}$ ならば $|\nu|(X)=|\nu|(X\cap A)+|\nu|(X\cap B)=|\nu|(X\cap B)$. しかるに，$\nu\ll\mu$ で $|\mu|(X\cap B)=0$ なのだから，$|\nu|(X\cap B)=0$. よって，$|\nu|(X)=0$.

X. 直積測度空間と Fubini の定理

§3. 問 1. $\boldsymbol{X}_n\subseteq\boldsymbol{X}_{n+1}$, $\mu(\boldsymbol{X}_n)<+\infty$, $\boldsymbol{X}=\bigcup_{n=1}^{\infty}\boldsymbol{X}_n$, $\boldsymbol{Y}_n\subseteq\boldsymbol{Y}_{n+1}$, $\nu(\boldsymbol{Y}_n)<+\infty$, $\boldsymbol{Y}=\bigcup_{n=1}^{\infty}\boldsymbol{Y}_n$ とすると，$\boldsymbol{X}\times\boldsymbol{Y}=\bigcup_{n=1}^{\infty}(\boldsymbol{X}_n\times\boldsymbol{Y}_n)$, $(\boldsymbol{X}_n\times\boldsymbol{Y}_n)\subseteq(\boldsymbol{X}_{n+1}\times\boldsymbol{Y}_{n+1})$. $\lambda(\boldsymbol{X}_n\times\boldsymbol{Y}_n)=\mu(\boldsymbol{X}_n)\nu(\boldsymbol{Y}_n)<+\infty$.

§5. 問 1. $(E_n)_x\in\mathfrak{N}$ だから $E_x=\bigcup_{n=1}^{\infty}(E_n)_x\in\mathfrak{N}$. 同様に $E^y\in\mathfrak{M}$. $g_n(x)=\nu((E_n)_x)$, $h_n(y)=\mu((E_n)^y)$ とおくと，g_n は $\boldsymbol{X}$ で

可測だから，$g=\sum_{n=1}^{\infty}g_n$ も $\boldsymbol{X}$ で可測．同様に h は $\boldsymbol{Y}$ で可測．$\int_X g_n(x)d\mu=\int_Y h_n(y)d\nu$ だから $\int_X g(x)d\mu=\sum_{n=1}^{\infty}\int_X g_n(x)d\mu=\sum_{n=1}^{\infty}\int_Y h_n(y)d\nu=\int_Y h(y)d\nu$.　　**問 2.** $E\cup E_n\in\mathfrak{A}^*, E\cup E_{n+1}\subseteq E\cup E_n$ で $E\cup E_1$ は有界だから $E\cup(\bigcap_{n=1}^{\infty}E_n)=\bigcap_{n=1}^{\infty}(E\cup E_n)\in\mathfrak{A}^*$．$E\cap E_n\in\mathfrak{A}^*, E\cap E_{n+1}\subseteq E\cap E_n$ で $E\cap E_1$ は有界だから，$E\cap(\bigcap_{n=1}^{\infty}E_n)=\bigcap_{n=1}^{\infty}(E\cap E_n)\in\mathfrak{A}^*$．$E_n-E\in\mathfrak{A}^*, E_{n+1}-E\subseteq E_n-E$ で E_1-E は有界だから $(\bigcap_{n=1}^{\infty}E_n)-E=\bigcap_{n=1}^{\infty}(E_n-E)\in\mathfrak{A}^*$．$E-E_n\in\mathfrak{A}^*$，$E-E_n\subseteq E-E_{n+1}$ だから，$E-\bigcap_{n=1}^{\infty}E_n=\bigcup_{n=1}^{\infty}(E-E_n)\in\mathfrak{A}^*$.　　**問 3.** M1) $E\in\mathfrak{A}^*$ とすれば $\emptyset=E-E\in\mathfrak{A}^*$．M2) $\boldsymbol{X}\times\boldsymbol{Y}\in\mathfrak{K}\subseteq\mathfrak{A}^*$ だから，$E\in\mathfrak{A}^*$ ならば $\boldsymbol{X}\times\boldsymbol{Y}-E\in\mathfrak{A}^*$．M3) $E_n'=\boldsymbol{I}_n\cap(\bigcup_{p=1}^{n}E_p)$ とおくと，$E_n'\in\mathfrak{A}^*$ で，$E_n'\subseteq E'_{n+1}$. よって $\bigcup_{n=1}^{\infty}E_n=\bigcup_{n=1}^{\infty}E_n'\in\mathfrak{A}^*$.　　**問 4.** $(\boldsymbol{X}\times\boldsymbol{Y})(f(x,y)>c)\in\mathfrak{A}_0\subseteq\overline{\mathfrak{A}}$ だから，$\overline{\mathrm{A}}1$) により $\boldsymbol{X}(f^y(x)>c)=((\boldsymbol{X}\times\boldsymbol{Y})(f(x,y)>c))^y\in\mathfrak{M}$．同様に $\boldsymbol{Y}(f_x(y)>c)\in\mathfrak{N}$.

文庫版解説

赤　攝　也

本書の著者吉田洋一は，ロングセラー『零の発見』（岩波新書）の著者として広くその名を知られている．もちろん数学者である．

しかし，数学には代数，幾何，解析等々の多くの分野があるが，吉田がどのような分野の専門家であったかは，あまり知られていないのではないか．現役の数学者でも，お若い方々なら同様なのではないかと思う．

実は吉田がもっとも関心をもっていたのは，実函数論および複素函数論なのである．吉田は，数多くの数学書を書いているが，その中で特に多いのがやはり上の二つの分野に関するものである．さらに，それらの中でいちばん読まれたのが，前者では本書『ルベグ積分入門』（培風館・新数学シリーズ），後者では『函数論』（岩波全書）であって，どちらも名著のほまれが高い．だが，この二冊はどちらもかなり前に出版されたものなので売り切れとなって久しい．だが，名著だとの評判はずっと語り継がれていて，復刊を望む声が絶えない．

したがって，筑摩書房が前者の文庫化を企画したのはまさしく「正解」であって，筆者も同社の関係者に深い敬意をいだいているのである．

“ルベグ積分”は解析学の大きな部門である関数解析や確率論の必須の道具であるばかりでなく，それ自身の理論，つまり“ルベグ積分論”は数学の数多くの理論の中でもひときわ美しいものの一つであり，さらに，多くの数学者の恰好の腕試しの場でもある．もっと委しくいえば，理論の構成に関心をもつ専門家たちが，それぞれの構成法の美を競い合うのにまことによいテーマなのである．その結果として多くの書物が書かれてきたわけだが，筆者は，本書はその中でも屈指のものと信じている．

入門書としては，スラスラ読めるというほどやさしくはない．だが，著者はたいそうリラックスして，しかし周到に書いているのでゆっくりゆっくり読んでいけば，さあて？ と考え込むことはまずないと思う．読者は著者の忠告を全面的に受け入れ，各所にある“問”は必ず解くようにされるとよい．“注意”も重要である．

話は変わるが，著者はすぐれた随筆家でもあって，文集『数学の影絵』により，第一回エッセイストクラブ賞を受賞している．その筆力は本書にもよく表れていて，理論を展開していく文章はまことに快い．それが理論の理解に資するところは非常に大きいと思う．文体は古風かもしれないが，ぜひ最後（参考文献）まで楽しく読んでいただきたい．

2015 年 5 月 29 日

（せき・せつや／数学者）

索　引

タ　行

ナ　行

ハ　行

マ 行

ヤ 行

ラ・ワ行

記　号

本書は一九六五年一月二十日、培風館から刊行された。

生物学のすすめ　ジョン・メイナード＝スミス　木村武二訳

現代生物学では何が問題になるのか。20世紀生物学に多大な影響を与えた大家が、複雑な生命現象を理解するためのキー・ポイントを易しく解説。

現代の古典解析　森毅

おなじみ一刀斎の秘伝公開！　極限と連続に始まり、指数関数と三角関数を経て、偏微分方程式に至る。見晴らしのきく、読み切り22講義。

ベクトル解析　森毅

1次元線形代数学から多次元へ、1変数の微積分から多変数へ。応用面と異なる、教育的重要性を軸に展開するユニークなベクトル解析のココロ。

対談　数学大明神　森毅　安野光雅

数楽的センスの大饗宴！　読み巧者の数学者と数学ファンの画家が、とめどなく繰り広げる興趣つきぬ数学談義。（河合雅雄・亀井哲治郎）

線型代数　森毅

理工系大学生必須の線型代数を、その生態のイメージと意味のセンスを大事にしつつ、基礎的な概念をひとつひとつユーモアを交え丁寧に説明する。

新版　数学プレイ・マップ　森毅

一刀斎の案内で数の世界を気ままに歩き、勝手に遊ぶ数学エッセイ。「微積分の七不思議」「数学の大いなる流れ」他三篇を増補。（亀井哲治郎）

フィールズ賞で見る現代数学　マイケル・モナスティルスキー　眞野元訳

「数学のノーベル賞」とも称されるフィールズ賞。その誕生の歴史、および第一回から二〇〇六年までの歴代受賞者の業績を概説。

思想の中の数学的構造　山下正男

レヴィ＝ストロースと群論？　ニーチェやオルテガの遠近法主義、ヘーゲルと解析学、孟子と関数概念……。数学的アプローチによる比較思想史。

熱学思想の史的展開1　山本義隆

熱の正体は？　その物理的特質とは？　『磁力と重力の発見』の著者による壮大な科学史。熱力学入門書としての評価も高い。全面改稿。

フラクタル幾何学(下)　B・マンデルブロ　広中平祐監訳

「自己相似」が織りなす複雑で美しい構造とは。その数理とフラクタル発見までの歴史を豊富な図版とともに紹介。

数学基礎論　前原昭二　竹内外史

集合をめぐるパラドックス、ゲーデルの不完全性定理からファジー論理、P=NP問題などのより現代的な話題まで。大家による入門書。（田中一之）

現代数学序説　松坂和夫

『集合・位相入門』などの名教科書で知られる著者による、懇切丁寧な入門書。組合せ論・初等数論を中心に、現代数学の一端に触れる。（荒井秀男）

不思議な数eの物語　E・マオール　伊理由美訳

自然現象や経済活動に頻繁に登場する超越数e。この数の出自と発展の歴史を描いた一冊。ニュートン、オイラー、ベルヌーイ等のエピソードも満載。

フォン・ノイマンの生涯　ノーマン・マクレイ　渡辺正／芦田みどり訳

コンピュータ、量子論、ゲーム理論など数多くの分野で絶大な貢献を果たした巨人の足跡を辿り、「人類最高の知性」に迫る。ノイマン評伝の決定版。

工学の歴史　三輪修三

オイラー、モンジュ、フーリエ、コーシーらは数学者であり、同時に工学の課題に方策を授けていた。「ものつくりの科学」の歴史をひもとく。

関数解析　宮寺功

偏微分方程式論などへの応用をもつ関数解析。バナッハ空間論からベクトル値関数、半群の話題まで、その基礎理論を過不足なく丁寧に解説。（新井仁之）

ユークリッドの窓　レナード・ムロディナウ　青木薫訳

平面、球面、歪んだ空間、そして……。幾何学的世界像は今なお変化し続ける。『スタートレック』の脚本家が誘う三千年のタイムトラベルへようこそ。

ファインマンさん　最後の授業　レナード・ムロディナウ　安平文子訳

科学の魅力とは何か？　創造とは、そして死とは？　老境を迎えた大物理学者との会話をもとに書かれた、珠玉のノンフィクション。（山本貴光）

作用素環の数理
J・フォン・ノイマン
長田まりゑ編訳
終戦直後に行われた講演「数学者」と、「作用素環について」I～IVの計五篇を収録。一分野としての作用素環論を確立した記念碑的業績を網羅する。

新・自然科学としての言語学
福井直樹
気鋭の文法学者によるチョムスキーの生成文法解説書。文庫化にあたり旧著を大幅に増補改訂し、付録として黒田成幸の論考「数学と生成文法」を収録。

電気にかけた生涯
藤宗寛治
実験・観察にすぐれたファラデー、電磁気学にまとめたマクスウェル、ほかにクーロンやオームなど科学者十二人の列伝を通して電気の歴史をひもとく。

科学の社会史
古川安
大学、学会、企業、国家などと関わりながら「制度化」の歩みを進めて来た西洋科学。現代に至るまでの約五百年の歴史を概観した定評ある入門書。

ロバート・オッペンハイマー
藤永茂
マンハッタン計画を主導し原子爆弾を生み出したオッペンハイマーの評伝。多数の資料をもとに、政治に翻弄、欺かれた科学者の愚行と内的葛藤に迫る。

πの歴史
ペートル・ベックマン
田尾陽一／清水韶光訳
円周率だけでなく意外なところに顔をだすπ。ユークリッドやアルキメデスによる探究の歴史に始まり、オイラーの発見したπの不思議にいたる。

やさしい微積分
L・S・ポントリャーギン
坂本實訳
微積分の基本概念・計算法を全盲の数学者がイメージ豊かに解説。版を重ねて読み継がれる定番の入門教科書。練習問題・解答付きで独習にも最適。

科学と仮説
アンリ・ポアンカレ
南條郁子訳
科学の要件とは何か？　仮説の種類と役割とは？　数学と物理学を題材に、関連しあう多様な問題を論じる。規約主義を初めて打ち出した科学哲学の古典。

フラクタル幾何学（上）
B・マンデルブロ
広中平祐監訳
「フラクタルの父」マンデルブロの主著。膨大な資料を基に、地理・天文・生物などあらゆる分野から事例を収集・報告したフラクタル研究の金字塔。

調査の科学　林知己夫
消費者の嗜好や政治意識を測定するとは？　集団特性の数量的表現の解析手法を開発した統計学者による社会調査の論理と方法の入門書。（吉野諒三）

インドの数学　林隆夫
ゼロの発明だけでなく、数表記法、平方根の近似公式、順列組み合せ等大きな足跡を残してきたインドの数学を古代から16世紀まで原典に則して辿る。

幾何学基礎論　D・ヒルベルト　中村幸四郎訳
20世紀数学全般の公理化への出発点となった記念碑的著作。ユークリッド幾何学を根源まで遡り、斬新な観点から厳密に基礎づける。（佐々木力）

素粒子と物理法則　R・P・ファインマン／S・ワインバーグ　小林澈郎訳
量子論と相対論を結びつけるディラックのテーマを対照的に展開したノーベル賞学者による追悼記念講演。現代物理学の本質を堪能させる三重奏。

ゲームの理論と経済行動I（全3巻）　ノイマン／モルゲンシュテルン　銀林／橋本／宮本監訳　阿部／橋本訳
今やさまざまな分野への応用いちじるしい「ゲーム理論」の嚆矢とされる記念碑的著作。第I巻はゲームの形式的記述とゼロ和2人ゲームについて。

ゲームの理論と経済行動II　ノイマン／モルゲンシュテルン　銀林／橋本／宮本監訳　銀林／下島訳
第I巻でのゼロ和2人ゲームの考察を踏まえ、第II巻ではプレイヤーが3人以上の場合のゼロ和ゲーム、およびゲームの合成分解について論じる。

ゲームの理論と経済行動III　ノイマン／モルゲンシュテルン　銀林／橋本／宮本監訳　銀林／宮本訳
第III巻では非ゼロ和ゲームにまで理論を拡張。これまでの数学的結果をもとにいよいよ経済学的解釈を試みる。全3巻完結。（中山幹夫）

計算機と脳　J・フォン・ノイマン　柴田裕之訳
脳の振る舞いを数学で記述することは可能か？　現代のコンピュータの生みの親でもあるフォン・ノイマン最晩年の考察。新訳。（野﨑昭弘）

数理物理学の方法　J・フォン・ノイマン　伊東恵一編訳
多岐にわたるノイマンの業績を展望するための文庫オリジナル編集。本巻は量子力学・統計力学など物理学の重要論文四篇を収録。全篇新訳。

一般相対性理論
P・A・M・ディラック
江沢洋訳
一般相対性理論の核心に最短距離で到達すべく、卓抜した数学的記述で簡明直截に書かれた天才ディラックによる入門書。詳細な解説を付す。

幾何学
ルネ・デカルト
原亨吉訳
哲学のみならず数学においても不朽の功績を遺したデカルト。『方法序説』の本論として発表された『幾何学』、初の文庫化！　（佐々木力）

不変量と対称性
今井淳／寺尾宏明／中村博昭
変えても変わらない不変量とは？　そしてその意味や用途とは？　ガロア理論や結び目の現代数学に現われる、上級の数学センスをさぐる7講義。

数とは何かそして何であるべきか
リヒャルト・デデキント
渕野昌訳・解説
「数とは何かそして何であるべきか？」「連続性と無理数」の二論文を収録。現代の視点から数学の基礎付けを試みた充実の訳者解説を付す。新訳。

数学的に考える
キース・デブリン
冨永星訳
ビジネスにも有用な数学的思考法とは？　言葉を厳密に使う、量を用いて考える、分析的に考えるといったポイントからとことん丁寧に解説する。

代数的構造
遠山啓
群・環・体など代数の基本概念の構造を、構造主義の歴史をおりまぜつつ、卓抜な比喩とていねいな計算で確かめていく抽象代数学入門。　（銀林浩）

現代数学入門
遠山啓
現代数学、恐るるに足らず！　学校数学より日常の感覚の中に集合や構造、関数や群、位相の考え方を探る大人のための入門書。（エッセイ　亀井哲治郎）

代数入門
遠山啓
文字から文字式へ、そして方程式へ。巧みな例示と丁寧な叙述で「方程式とは何か」を説いた最晩年の名著。遠山数学の到達点がここに！　（小林道正）

オイラー博士の素敵な数式
ポール・J・ナーイン
小山信也訳
数学史上最も偉大で美しい式を無限級数の和やフーリエ変換、ディラック関数などの歴史的側面を説明した後、計算式を用い丁寧に解説した入門書。

飛行機物語　鈴木真二

なぜ金属製の重い機体が自由に空を飛べるのか？その工学と技術を、リリエンタール、ライト兄弟などのエピソードをまじえ歴史的にひもとく。

なめらかな社会とその敵　鈴木健

近代の根本的なバージョンアップを構想した画期的著作、ついに文庫化！　複雑な世界を複雑なまま生きることはいかにして可能か。本書は今こそ新しい。

集合論入門　赤攝也

「ものの集まり」という素朴な概念が生んだ奇妙な世界、集合論。部分集合・空集合などの基礎から、丁寧な叙述で連続体や順序数の深みへと誘う。

確率論入門　赤攝也

ラプラス流の古典確率論とボレル‐コルモゴロフ流の現代確率論。両者の関係性を意識しつつ、確率の基礎概念と数理を多数の例とともに丁寧に解説。

現代の初等幾何学　赤攝也

ユークリッドの平面幾何を公理的に再構成するには？　現代数学の考え方に触れつつ、幾何学が持つ面白さも体感できるよう初学者への配慮溢れる一冊。

現代数学概論　赤攝也

初学者には抽象的でとっつきにくい〈現代数学〉。「集合」「写像とグラフ」「群論」「数学的構造」といった基本的概念を手掛かりに概説した入門書。

数学と文化　赤攝也

諸科学や諸技術の根幹を担う数学、また「論理的・体系的な思考」を培う数学。この数学とは何ものなのか？　数学の思想と文化を究明する入門概説。

微積分入門　W・W・ソーヤー　小松勇作訳

微積分の考え方は、日常生活のなかから自然に出てくるもの。∫や lim の記号を使わず、具体例に沿って説明した定評ある入門書。（瀬山士郎）

新式算術講義　高木貞治

算術は現代でいう数論。数の自明を疑わない明治の読者にその基礎を当時の最新学説で説く。「解析概論」の著者若き日の意欲作。（高瀬正仁）

数学序説　吉田洋一／赤攝也

数学は嫌いだ、苦手だという人のために。幅広いトピックを歴史に沿って解説。刊行から半世紀以上にわたり読み継がれてきた数学入門のロングセラー。

ルベグ積分入門　吉田洋一

リーマン積分ではなぜいけないのか。反例を示しつつ、ルベグ積分誕生の経緯と基礎理論を丁寧に解説。いまだ古びない往年の名教科書。（赤攝也）

微分積分学　吉田洋一

基本事項から初等関数や多変数の微積分、微分方程式などを、具体例と注意すべき点を挙げ丁寧に叙述。長年読まれ続けてきた大定番の入門書。（赤攝也）

数学の影絵　吉田洋一

数学の抽象概念は日常の中にこそ表裏する。数学の影を澄んだ眼差しで観照し、その裡にある無限の広がりを軽妙に綴った珠玉のエッセイ。（高瀬正仁）

私の微分積分法　吉田耕作

ニュートン流の考え方にならうと微積分はどのように展開される？　対数・指数関数、三角関数から微分方程式、数値計算の話題まで。（俣野博）

力学・場の理論　L・D・ランダウ／E・M・リフシッツ／水戸巌ほか訳

圧倒的に名高い「理論物理学教程」に、ランダウ自身が構想した入門篇があった！　幻の名著「小教程」がいまよみがえる。（山本義隆）

量子力学　L・D・ランダウ／E・M・リフシッツ／好村滋洋／井上健男訳

非相対論的量子力学から相対論的理論までを、簡潔で美しい理論構成で登る入門教科書。大教程2巻をもとに新構想の別版。（江沢洋）

幾何学の基礎をなす仮説について　ベルンハルト・リーマン／菅原正巳訳

相対性理論の着想の源泉となった、リーマンの記念碑的講演。ヘルマン・ワイルの格調高い序文・解説とミンコフスキーの論文「空間と時間」を収録。

新　物理の散歩道　第2集　ロゲルギスト

ゴルフのバックスピンは芝の状態に無関係、昆虫の羽ばたき、コマの不思議、流れ模様など意外な展開と多彩な話題の科学エッセイ。（呉智英）

ちくま学芸文庫

ルベグ積分入門（せきぶんにゅうもん）

二〇一五年八月　十　日　第一刷発行
二〇二三年六月十五日　第八刷発行

著　者　吉田洋一（よしだ・よういち）

発行者　喜入冬子
発行所　株式会社　筑摩書房
東京都台東区蔵前二―五―三　〒一一一―八七五五
電話番号　〇三―五六八七―二六〇一（代表）
装幀者　安野光雅
印刷所　株式会社精興社
製本所　株式会社積信堂

ISBN978-4-480-09685-2 C0141